Aktuelle Forschung Medizintechnik – Latest Research in Medical Engineering

Editor-in-Chief:
Th. M. Buzug, Lübeck, Deutschland

Unter den Zukunftstechnologien mit hohem Innovationspotenzial ist die Medizintechnik in Wissenschaft und Wirtschaft hervorragend aufgestellt, erzielt überdurchschnittliche Wachstumsraten und gilt als krisensichere Branche. Wesentliche Trends der Medizintechnik sind die Computerisierung, Miniaturisierung und Molekularisierung. Die Computerisierung stellt beispielsweise die Grundlage für die medizinische Bildgebung, Bildverarbeitung und bildgeführte Chirurgie dar. Die Miniaturisierung spielt bei intelligenten Implantaten, der minimalinvasiven Chirurgie, aber auch bei der Entwicklung von neuen nanostrukturierten Materialien eine wichtige Rolle in der Medizin. Die Molekularisierung ist unter anderem in der regenerativen Medizin, aber auch im Rahmen der sogenannten molekularen Bildgebung ein entscheidender Aspekt. Disziplinen übergreifend sind daher Querschnittstechnologien wie die Nano- und Mikrosystemtechnik, optische Technologien und Softwaresyseme von großem Interesse.

Diese Schriftenreihe für herausragende Dissertationen und Habilitationsschriften aus dem Themengebiet Medizintechnik spannt den Bogen vom Klinikingenieurwesen und der Medizinischen Informatik bis hin zur Medizinischen Physik, Biomedizintechnik und Medizinischen Ingenieurwissenschaft.

Editor-in-Chief:
Prof. Dr. Thorsten M. Buzug
Institut für Medizintechnik,
Universität zu Lübeck

Editorial Board:
Prof. Dr. Olaf Dössel
Institut für Biomedizinische Technik,
Karlsruhe Institute for Technology

Prof. Dr. Heinz Handels
Institut für Medizinische Informatik,
Universität zu Lübeck

Prof. Dr.-Ing. Joachim Hornegger
Lehrstuhl für Mustererkennung,
Universität Erlangen-Nürnberg

Prof. Dr. Marc Kachelrieß
German Cancer Research
Center, Heidelberg

Prof. Dr. Edmund Koch
Klinisches Sensoring und Monitoring,
TU Dresden

Prof. Dr.-Ing. Tim C. Lüth
Micro Technology
and Medical Device Technology,
TU München

Prof. Dr.-Ing. Dietrich Paulus
Institut für Computervisualistik,
Universität Koblenz-Landau

Prof. Dr.-Ing. Bernhard Preim
Institut für Simulation und Graphik,
Universität Magdeburg

Prof. Dr.-Ing. Georg Schmitz
Lehrstuhl für Medizintechnik,
Universität Bochum

Sebastian T. Gollmer

3D-Bildsegmentierung mittels statistischer Formmodelle

Korrespondenzfindung, Modellierung, Segmentierung und ihre wechselseitigen Abhängigkeiten

Mit einem Geleitwort von Prof. Dr. Thorsten M. Buzug

Sebastian T. Gollmer
Universität zu Lübeck, Deutschland

Dissertation Universität zu Lübeck, 2015

Aktuelle Forschung Medizintechnik – Latest Research in Medical Engineering
ISBN 978-3-658-09810-0   ISBN 978-3-658-09811-7 (eBook)
DOI 10.1007/978-3-658-09811-7

Die Deutsche Nationalbibliothek verzeichnet diese Publikation in der Deutschen Nationalbibliografie; detaillierte bibliografische Daten sind im Internet über http://dnb.d-nb.de abrufbar.

Springer Vieweg
© Springer Fachmedien Wiesbaden 2015
Das Werk einschließlich aller seiner Teile ist urheberrechtlich geschützt. Jede Verwertung, die nicht ausdrücklich vom Urheberrechtsgesetz zugelassen ist, bedarf der vorherigen Zustimmung des Verlags. Das gilt insbesondere für Vervielfältigungen, Bearbeitungen, Übersetzungen, Mikroverfilmungen und die Einspeicherung und Verarbeitung in elektronischen Systemen.
Die Wiedergabe von Gebrauchsnamen, Handelsnamen, Warenbezeichnungen usw. in diesem Werk berechtigt auch ohne besondere Kennzeichnung nicht zu der Annahme, dass solche Namen im Sinne der Warenzeichen- und Markenschutz-Gesetzgebung als frei zu betrachten wären und daher von jedermann benutzt werden dürften.
Der Verlag, die Autoren und die Herausgeber gehen davon aus, dass die Angaben und Informationen in diesem Werk zum Zeitpunkt der Veröffentlichung vollständig und korrekt sind. Weder der Verlag noch die Autoren oder die Herausgeber übernehmen, ausdrücklich oder implizit, Gewähr für den Inhalt des Werkes, etwaige Fehler oder Äußerungen.

Gedruckt auf säurefreiem und chlorfrei gebleichtem Papier

Springer Fachmedien Wiesbaden ist Teil der Fachverlagsgruppe Springer Science+Business Media
(www.springer.com)

Vorwort des Reihenherausgebers

Das Werk *3D-Bildsegmentierung mittels statistischer Formmodelle. Korrespondenzfindung, Modellierung, Segmentierung und ihre wechselseitigen Abhängigkeiten* von Dr. Sebastian Gollmer ist der 20. Band der Reihe exzellenter Dissertationen des Forschungsbereiches Medizintechnik im Springer Vieweg Verlag. Die Arbeit von Dr. Gollmer wurde durch einen hochrangigen wissenschaftlichen Beirat dieser Reihe ausgewählt. Springer Vieweg verfolgt mit dieser Reihe das Ziel, für den Bereich Medizintechnik eine Plattform für junge Wissenschaftlerinnen und Wissenschaftler zur Verfügung zu stellen, auf der ihre Ergebnisse schnell eine breite Öffentlichkeit erreichen.

Autorinnen und Autoren von Dissertationen mit exzellentem Ergebnis können sich bei Interesse an einer Veröffentlichung ihrer Arbeit in dieser Reihe direkt an den Herausgeber wenden:

Prof. Dr. Thorsten M. Buzug
Reihenherausgeber Medizintechnik

Institut für Medizintechnik
Universität zu Lübeck
Ratzeburger Allee 160
23562 Lübeck
Web: www.imt.uni-luebeck.de
Email: buzug@imt.uni-luebeck.de

Geleitwort

Das vorliegende Werk *3D-Bildsegmentierung mittels statistischer Formmodelle: Korrespondenzfindung, Modellierung, Segmentierung und ihre wechselseitigen Abhängigkeiten* behandelt die Methoden der Segmentierung tomografischer Bilddaten unter Verwendung statistischer Formmodelle. Hierbei wird auf Fragestellungen der wechselseitigen Abhängigkeit von Modellerstellung bzw. Korrespondenzfindung, Formmodellierung und 3D-Bildsegmentierung fokussiert und jeweils neue Lösungsvorschläge entwickelt, implementiert und evaluiert.

Dr. Gollmer gibt nach einer Einleitung in das Thema zunächst einen generellen Überblick über deformierbare Modelle und die Grundlagen zu Formen und deren Repräsentation. Es werden die Methoden der linearen statistischen Formmodellierung und Formrekonstruktion darüber hinaus formal eingeführt. Im Werk wird dann die für die Modellerstellung zentrale Korrespondenzfindung, die letztlich auch deren wesentliche Herausforderung darstellt, diskutiert. In diesem Zusammenhang werden der neuartige, im Rahmen dieser Arbeit entwickelte Distmin-Algorithmus sowie die wesentlichen Aspekte der populationsbasierten Korrespondenzoptimierung vorgestellt. Tatsächlich stellt die populationsbasierte Korrespondenzoptimierung einen wesentlichen Baustein für die daran anschließende Evaluierung der Korrespondenzgüte dar.

Dabei werden zum einen die eigenen Beiträge zur Evaluierungsmethodik vorgestellt. Zum anderen wird konzeptionell vorgestellt, wie der Grad der Abhängigkeit unterschiedlicher Einflussfaktoren auf die Korrespondenzoptimierung experimentell evaluiert werden kann. Es wird dabei auch auf die Bedeutung einer geeigneten Initialisierung hingewiesen, wobei sich das in der vorliegenden Arbeit entwickelte Distmin-Verfahren als vorteilhaft herauskristallisiert. Darüber hinaus konnte Dr. Gollmer ein neues, auf der Segmentierung von Binärbildern basierendes Evaluierungsverfahren entwickeln. Dieses Verfahren ermöglicht die unmittelbare Bewertung unterschiedlicher Korrespondenzverfahren auf die zu erwartende Segmentierungsgüte.

Das Werk beschäftigt sich folgend mit der nichtlinearen Formmodellierung als Erweiterung der linearen statischen Formmodellierung. Die Grenzen des linearen Modells werden von ihm anhand künstlicher Phantomdaten gezeigt und motivieren die Untersuchung der dem linearen Modell zugrundeliegenden Normalverteilungsannahme für unterschiedliche anatomische Strukturen mit Hilfe von univariaten und multivariaten statistischen Testverfahren. Eine solche Untersuchung erfolgte überhaupt erstmals im Rahmen der Arbeit von Sebastian Gollmer. Die konkreten Ergebnisse der Evaluierung motivieren insbesondere die formale Einführung nichtlinearer Methoden der Formmodellierung, welche im Anschluss daran diskutiert werden.

Dr. Gollmer diskutiert den Stand der Wissenschaft hinsichtlich der formmodellbasierten Segmentierung medizinischer Bilddaten. Anschließend wird ein neuartiger Algorithmus für die formmodellbasierte Segmentierung eingeführt. Im Rahmen dieser Arbeit wird das Potenzial dieses relaxierten aktiven Formmodells zur Generierung exzellenter Segmentierungsergebnisse gezeigt. Im hinteren Teil des Werkes entwickelt Dr. Gollmer einen neuen Algorithmus für die vollautomatische Unterkiefersegmentierung und setzt das relaxierte aktive Formmodell erfolgreich für die simultane Segmentierung unterschiedlicher abdominaler Organe ein. Aus dem Vergleich der mit unterschiedlichen Korrespondenzverfahren und Formmodellen jeweils erzielten Segmentierungsergebnisse bewertet er die praktische Relevanz dieser Komponenten und die zukünftigen Entwicklungsmöglichkeiten.

Das Werk von Dr. Sebastian Gollmer ist in vielerlei Hinsicht als überragend zu beurteilen. Sprachlich schnörkellos und mit hoher Präzision reihen sich Originalbeiträge in dieser Arbeit aneinander.

Prof. Dr. Thorsten M. Buzug
Institut für Medizintechnik
Universität zu Lübeck

Danksagung

An dieser Stelle danke ich all jenen, die mich unterstützt und zum Gelingen dieser Arbeit beigetragen haben. Prof. Dr. Thorsten M. Buzug danke ich herzlich dafür, dass er mir die Möglichkeit gegeben hat am Institut für Medizintechnik der Universität zu Lübeck zu promovieren. Außerdem danke ich ihm sehr für die Freiheit, die er mir stets bei der Ausrichtung meiner Forschungstätigkeit gegeben hat. Meinen ehemaligen Kollegen am Institut für Medizintechnik danke ich für die Zusammenarbeit, viele schöne Erinnerungen an die Lübecker Zeit und so manchen geselligen Kneipenabend.

Besonderer Dank gilt meinen Kooperationspartnern für die stets konstruktive Zusammenarbeit. Insbesondere bedanke ich mich bei Dr. Matthias Kirschner und Dr. Stefan Wesarg für die jederzeit offene Zusammenarbeit mit dem Fachgebiet Graphisch-Interaktive Systeme der Technischen Universität Darmstadt. Arpad Bischof, IMAGE Information Systems Europe Ltd., und Prof. Dr. med. Jörg Barkhausen, Klinik für Radiologie und Nuklearmedizin des UKSH Campus Lübeck danke ich für Ihre Bereitschaft, abdominale Computertomographieaufnahmen zur Verfügung zu stellen. Dr. med. Martin Simon und Florian Schierp danke ich für ihre Zeit und Energie, die sie für die manuelle Segmentierung dieser Computertomographieaufnahmen aufgewendet haben. Weiterhin danke ich Dr. Johannes Ulrici und Christian Beckhaus von der Firma Sirona für die Bereitstellung diverser Dental-Computertomographieaufnahmen.

Für das fleißige Korrekturlesen dieser Arbeit bedanke ich mich sehr herzlich bei Dr. Konstantin Ens, Volker Gerdes, Alina Gollmer, Benjamin Gollmer, Dominik Gollmer, Katharina Gollmer und Matthias Kleine.

Meinen Eltern und Geschwistern danke ich dafür, dass sie mich stets unterstützt und mir aufmunternd zur Seite gestanden sind. Schließlich danke ich meiner lieben Frau Alina für ihr (fast) immer vorhandenes Verständnis für viele Wochenend- und Abend- bis Nachtschichten, ihre ständige und bedingungslose Unterstützung, Hilfe und Motivation und vor allem für ihre grenzenlose Liebe, die mir immer wieder Kraft gibt.

Kurzfassung

Die Segmentierung medizinischer Volumenbilddaten spielt in der modernen computergestützten Diagnose und Therapie eine essentielle Rolle. Sie wird beispielsweise für die Quantifizierung von Form- oder Volumenänderungen, die präoperative Planung komplexer chirurgischer Eingriffe oder die Erstellung eines Bestrahlungsplans für die Radiotherapie benötigt. Aus Gründen der Effizienz und zur Vermeidung subjektiver Einflüsse ist eine automatisierte Segmentierung wünschenswert. Eine Möglichkeit, dies zu realisieren ist die Verwendung statistischer Formmodelle. Diese integrieren die zu erwartende Formvariabilität einer bestimmten Objektklasse und zeichnen sich daher durch eine hohe Robustheit gegenüber unterschiedlichsten, die Segmentierung erschwerende Einflussfaktoren aus.

Ein wesentlicher Aspekt und gleichzeitig Voraussetzung für die Modellerstellung ist die vergleichsweise komplexe Korrespondenzfindung. Ein weiterer Gesichtspunkt ist, dass die Beschreibung der Formvariabilität mittels unterschiedlicher Modelle erfolgen kann. Sowohl der Einfluss der Korrespondenzfindung als auch der Modellierung werden in dieser Arbeit erstmals hinsichtlich ihrer praktischen Relevanz für die Segmentierungsgüte evaluiert. Zu diesem Zweck wird ein neues Evaluierungsverfahren entwickelt, welches den Prozess der Segmentierung quasi simuliert. Im Gegensatz zu bisherigen Evaluierungsverfahren ist es dadurch möglich, den Einfluss unterschiedlicher Segmentierungsverfahren bzw. deren Komponenten auf die zu erwartende Segmentierungsgüte unmittelbar zu quantifizieren. So wird in dieser Arbeit der Vorteil der populationsbasierten Korrespondenzoptimierung gegenüber paarweisen Korrespondenzverfahren demonstriert und durch die im Rahmen realer Segmentierungsanwendungen erzielten Ergebnisse bestätigt. Dies belegt die Relevanz des neuen Evaluierungsverfahrens und weist erstmals die praktische Bedeutung der populationsbasierten Korrespondenzoptimierung für die Segmentierung nach.

Die dem klassischen statistischen Formmodell zugrunde liegende Annahme einer multivariaten Normalverteilung der Formvariabilität wird in dieser Arbeit erstmals mittels multivariater statistischer Testverfahren quantitativ untersucht. Die Ergebnisse belegen, dass die Formparameter in vielen Fällen nicht normalverteilt sind, was eine bedeutende formale Erweiterung zu der qualitativen Motivation in bisherigen Arbeiten darstellt. Die Überlegenheit nichtlinearer Modelle gegenüber dem klassischen linearen Formmodell wird bei der Segmentierung unterschiedlicher Daten demonstriert, wodurch die Ergebnisse der statistischen Testverfahren in einer realen Applikation bestätigt werden.

In Erweiterung des aktiven Formmodells wird in dieser Arbeit das relaxierte aktive Formmodell (rAFM) entwickelt und dessen statistisch signifikante Überlegenheit in unterschiedlichen Anwendungen der Segmentierung demonstriert. Im Vergleich zu alternativen Verfahren aus der Literatur zeichnet sich das rAFM durch seine einfache Anwendung aus, da nur ein einziger Parameter festgelegt werden muss. Wie das aktive Formmodell ermöglicht es die simultane Segmentierung mehrerer Objekte unter Verwendung eines Multi-Objekt-Formmodells, wobei mit dem rAFM signifikant bessere Ergebnisse erzielt werden. Des Weiteren wird am Beispiel der Unterkiefersegmentierung gezeigt, dass mit dem rAFM eine exzellente, dem Stand der Technik entsprechende Segmentierungsgenauigkeit möglich ist. Unter Verwendung eines in dieser Arbeit entwickelten Korrespondenzverfahrens gelingt letzteres, im Unterschied zu bisherigen formmodellbasierten Ansätzen, von der Korrespondenzfindung bis zur Segmentierung gänzlich ohne manuelle Interaktion. Dies unterstreicht zum einen die praktische Relevanz der entwickelten Methoden und ist zum anderen ein Indiz dafür, dass sie das Potenzial besitzen, eine tragende Rolle für zukünftige Anwendungen statistischer Formmodelle in der (medizinischen) Bildverarbeitung zu spielen.

Inhaltsverzeichnis

1 Einführung — 1
  1.1 Motivation — 1
  1.2 Gliederung und eigene Beiträge — 2

2 Formmodellierung — 5
  2.1 Deformierbare Modelle — 5
  2.2 Form und Formrepräsentation — 8
  2.3 Statistische Formmodelle — 10
    2.3.1 Ausrichtung der Formen — 11
    2.3.2 Lineare Formmodellierung — 13
    2.3.3 Formrekonstruktion und Formenergie — 16
  2.4 Korrespondenzfindung — 20
    2.4.1 Stand der Technik — 20
    2.4.2 Korrespondenzfindung mittels Oberflächenparametrisierung — 22
    2.4.3 Korrespondenzoptimierung — 26

3 Evaluierung der Korrespondenzgüte — 33
  3.1 Stand der Technik — 33
  3.2 Evaluierungsmethoden — 35
    3.2.1 Korrespondenzgüte — 36
    3.2.2 Parametrisierungsgüte — 37
    3.2.3 Formbasierte Metriken — 38
    3.2.4 Segmentierungsgüte — 39
  3.3 Experimente — 41
    3.3.1 Oberflächenparametrisierung — 41
    3.3.2 Korrespondenzoptimierung — 42
    3.3.3 Studiendesign — 44
  3.4 Ergebnisse und Diskussion — 46
    3.4.1 Oberflächenparametrisierung — 46
    3.4.2 Korrespondenzoptimierung — 49
    3.4.3 Vergleich von Korrespondenz- und Segmentierungsevaluierung — 55
  3.5 Zusammenfassung und Schlussfolgerungen — 59

4 Nichtlineare Formmodellierung — 63
- 4.1 Nichtlineare Modellierungsansätze 63
- 4.2 Untersuchung der Normalverteilungsannahme 66
  - 4.2.1 Univariate Testverfahren 68
  - 4.2.2 Multivariate Testverfahren 70
  - 4.2.3 Experimente 74
  - 4.2.4 Ergebnisse und Diskussion 76
- 4.3 Kernbasierte Formmodellierung 78
  - 4.3.1 Kern-PCA 79
  - 4.3.2 Formrekonstruktion und Formenergie 82
- 4.4 Zusammenfassung und Schlussfolgerungen 87

5 Formmodellbasierte Segmentierung medizinischer Bilder — 89
- 5.1 Stand der Technik 89
- 5.2 Relaxiertes aktives Formmodell 95
- 5.3 Regularisierung im aktiven Formmodell 98
  - 5.3.1 Parameterregularisierung 98
  - 5.3.2 Glättung des Verschiebungsvektorfeldes 99
- 5.4 Modellierung lokaler Bildmerkmale 100
  - 5.4.1 Heuristisches Intensitätsmodell 101
  - 5.4.2 Nichtlineares Modell 103

6 Anwendungen — 107
- 6.1 Unterkiefersegmentierung 108
  - 6.1.1 Modellerstellung 109
  - 6.1.2 Unterkieferlokalisation 111
  - 6.1.3 Experimente 112
  - 6.1.4 Ergebnisse und Diskussion 114
- 6.2 Segmentierung abdominaler Organe 121
  - 6.2.1 Modellerstellung 122
  - 6.2.2 Experimente 125
  - 6.2.3 Ergebnisse und Diskussion 129
- 6.3 Zusammenfassung und Schlussfolgerungen 140

7 Zusammenfassung und Ausblick — 143

A Gradient der Kernfunktion — 147
- A.1 RBF-Kern 148
- A.2 Polynom-Kern 148

Abkürzungsverzeichnis — 149

Publikationen — 151

Literaturverzeichnis — 155

1
Einführung

1.1 Motivation

Mit der steigenden Verbreitung digitaler Bilder im letzten Viertel des vergangenen Jahrhunderts, rückte deren Verarbeitung und Analyse zunehmend in das Interesse der Forschung. Insbesondere die automatische Erkennung bzw. Detektion, Extraktion bzw. Segmentierung, Rekonstruktion und Verfolgung (engl.: tracking) bestimmter Objekte und Strukturen waren und sind bis heute wesentliche Fragestellungen der Computervision[1].

Im Laufe der 1980er Jahre setzte sich zunehmend die Erkenntnis durch, dass unter ausschließlicher Verwendung von auf Pixelebene extrahierter Bildinformation häufig keine zufriedenstellende Bildinterpretation möglich ist. Ursachen dafür sind z.b. Rauscheinflüsse, relevante Information verbergende Artefakte oder ein geringer Kontrast zwischen unmittelbar benachbarten Objekten. Erfolgversprechender ist dagegen das Einbringen von a priori-Wissen über die gesuchte Struktur wie z.B. deren Form, Lage oder bildelementbasierte Merkmale.

Parallel dazu fanden in der Medizin dreidimensionale Bildgebungsmodalitäten wie z.B. die Computertomographie (CT) [32] oder die Magnetresonanztomographie (MRT) [213] zunehmend Verbreitung in der klinischen Anwendung. Heute eröffnen die Qualität und Quantität dieser dreidimensionalen Bilddaten ganz neue Anwendungsfelder für die computergestützte Diagnostik und Therapie [120]. Dabei spielt die Bildsegmentierung, d.h. die Zusammenfassung aller zu einem bestimmten Objekt gehörenden Bildelemente, in

---
[1]Wissenschaftsdisziplin, die sich mit der Akquisition, Verarbeitung, Analyse und dem Verstehen digitaler Bilder beschäftigt.

vielen Fällen eine essentielle Rolle (vgl. Kapitel 6). Gleichzeitig ist die manuelle Durchführung dieses Verarbeitungsschrittes durch den Mediziner aus Effizienz- und damit Kostengründen quasi nicht praktikabel und zudem unweigerlich subjektiven Einflüssen unterworfen.
Eine Möglichkeit der automatisierten und vergleichsweise effizienten Bildsegmentierung stellt die Verwendung statistischer Formmodelle [52] dar. Diese integrieren die zu erwartende Formvariabilität einer bestimmten Objektklasse und erlauben somit die Trennung benachbarter Strukturen mit ähnlichen Intensitätswerten, die Verbesserung der Robustheit gegenüber Bildrauschen sowie die Extrapolation bei fehlender Bildinformation. In den vergangenen Jahren wurden bereits einige, die formmodellbasierte Bildsegmentierung betreffende Fragestellungen, in wissenschaftlichen Veröffentlichungen beleuchtet (z.B. [126] und Referenzen darin). Nichtsdestoweniger besteht Handlungsbedarf, um die Lücke zu schließen zwischen der Forschung einerseits und andererseits dem tatsächlichen Einsatz statistischer Formmodelle für die Bildsegmentierung in einer als Medizinprodukt zugelassenen Software. Denn erst das Schließen dieser Lücke ermöglicht den Einsatz dieser Technologie für die Diagnostik, Behandlung oder Therapie von Patienten und damit zu deren Vorteil. Die in dieser Arbeit adressierten Fragestellungen bezüglich

- der automatisierten Modellerstellung,
- dem Zusammenhang zwischen Modellerstellung und Segmentierungsgüte sowie
- der automatischen Segmentierung

sollen helfen, dieses Ziel zu erreichen.

1.2 Gliederung und eigene Beiträge

Die vorliegende Arbeit ist in sieben Kapitel gegliedert. Im Anschluss an die vorliegende Einführung wird in Kapitel 2 ein genereller Überblick über deformierbare Modelle gegeben. Außerdem werden Grundlagen bezüglich Formen und deren Repräsentation erörtert und die Methoden der linearen statistischen Formmodellierung und Formrekonstruktion formal eingeführt. Des Weiteren wird die Korrespondenzfindung diskutiert, welche die wesentliche Herausforderung bei der Modellerstellung darstellt. In diesem Zusammenhang werden der neuartige, im Rahmen dieser Arbeit entwickelte und in den Konferenzbeiträgen [P11, P18] veröffentlichte Distmin-Algorithmus sowie die wesentlichen Aspekte der populationsbasierten Korrespondenzoptimierung vorgestellt.

Die populationsbasierte Korrespondenzoptimierung ist ein wesentlicher Baustein für die daran anschließende Evaluierung der Korrespondenzgüte in Kapitel 3. Aufbauend auf der Evaluierungsmethodik, welche erstmals auf der Konferenz *International Symposium on Biomedical Imaging* vorgestellt wurde [P5], werden dort in einer hochschulübergreifenden Studie zwischen der TU Darmstadt, Fachbereich Graphisch-Interaktive Systeme (GRIS) und der Universität zu Lübeck, Institut für Medizintechnik, der Grad

1.2 Gliederung und eigene Beiträge

der Abhängigkeit unterschiedlicher Einflussfaktoren auf die Korrespondenzoptimierung experimentell evaluiert. Die Ergebnisse zur Bedeutung einer geeigneten Initialisierung, wobei sich das in dieser Arbeit entwickelte Distmin-Verfahren als vorteilhaft herauskristallisierte, wurde auf der Konferenz *Information Processing in Medical Imaging* vorgestellt [P18]. Weiterhin wird in diesem Kapitel ein neues, auf der Segmentierung von Binärbildern basierendes Evaluierungsverfahren entwickelt. Dieses ermöglicht die unmittelbare Bewertung unterschiedlicher Korrespondenzverfahren für die zu erwartende Segmentierungsgüte und wurde in einem Zeitschriftenartikel veröffentlicht [P14].

In Erweiterung des linearen statistischen Formmodells beschäftigt sich Kapitel 4 mit der nichtlinearen Formmodellierung. Limitierungen des linearen Modells werden anhand artifizieller Daten veranschaulicht und nichtlineare Alternativen diskutiert. Anschließend wird die dem linearen Modell zugrundeliegende Normalverteilungsannahme für unterschiedliche anatomische Strukturen mit Hilfe von univariaten und multivariaten statistischen Testverfahren untersucht. Eine solche Untersuchung erfolgte überhaupt erstmals im Rahmen der vorliegenden Arbeit und wurde zu Teilen in einem Konferenzbeitrag veröffentlicht [P1]. Die Erkenntnisse dieser Evaluierung motivieren die formale Einführung nichtlinearer Methoden der Formmodellierung und Formrekonstruktion, durch die Kapitel 4 abgerundet wird.

In Kapitel 5 wird zunächst der Stand der Technik bezüglich der formmodellbasierten Segmentierung medizinischer Bilddaten diskutiert. Anschließend wird das relaxierte aktive Formmodell eingeführt, ein neuartiger, im Rahmen dieser Arbeit entwickelter Algorithmus für die formmodellbasierte Segmentierung, der zunächst auf dem *International Symposium on Biomedical Imaging* vorgestellt [P10] und in weiterentwickelter und verbesserter Form als Zeitschriftenartikel veröffentlicht wurde [P12]. Abschließend führt das Kapitel verschiedene Ansätze der Modellierung lokaler Bildmerkmale ein, welche in den im Rahmen dieser Arbeit betrachteten Anwendungen zum Einsatz kommen.

Schließlich werden in Kapitel 6 die zuvor entwickelten Verfahren für die Segmentierung unterschiedlicher anatomischer Strukturen bzw. Organe eingesetzt. Zunächst wird ein neues Verfahren für die vollautomatische Segmentierung des Unterkiefers aus Niedrigdosis-CT-Aufnahmen mit Kegelstrahlgeometrie vorgestellt. Dieses benötigt im Unterschied zu bisherigen Arbeiten weder für die Korrespondenzfindung, noch für die Unterkieferlokalisation, noch für die Segmentierung manuelle Interaktion. Im Rahmen dieser Anwendung wird zudem erstmals der Einfluss des Verfahrens zur Korrespondenzfindung auf die erzielbare Segmentierungsgüte untersucht. Dies stellt eine konsequente Erweiterung der Evaluierungsstudie in Kapitel 3 für reale Applikationen dar. Die genannten Aspekte wurden in unterschiedlichen Konferenzbeiträgen veröffentlicht [P8, P9]. Des Weiteren konnte im Rahmen dieser Anwendung das Potenzial des relaxierten aktiven Formmodells zur Generierung exzellenter Segmentierungsergebnisse demonstriert werden. Eine weitergehende Evaluierung der Robustheit der Unterkiefersegmentierung sowie der Möglichkeit, diese zukünftig in einer als Medizinprodukt zugelassenen Software zu nutzen, erfolgt derzeit bei der Sicat GmbH & Co. KG, Standort Bonn. Im zweiten Teil von Kapitel 6 wird die Segmentierung abdominaler Organe untersucht, wobei das relaxierte aktive Formmodell erfolgreich für simultane Segmentierung unterschiedlicher Organe eingesetzt wird. Diese Multi-Objekt-Segmentierung wurde in Teilen auf Konferenzbeiträgen veröffentlicht [P16, P17]. Motiviert durch die Erkenntnisse aus Kapitel 3 bzw. Kapitel 4 zum Einfluss des Korrespondenzfindung bzw. zur Normalverteilungsannahme, werden in den genannten Applikationen unterschiedliche Korrespondenzverfahren sowohl für die lineare als auch für die nichtlineare Formmodellierung eingesetzt. Aus dem Vergleich der jeweils erzielten Segmentierungsergebnisse wird am Ende von Kapitel 6 zum einen die praktische Relevanz dieser Komponenten bewertet und zum anderen werden zukünftige Entwicklungsmöglichkeiten aufgezeigt.

Das abschließende Kapitel 7 fasst die gewonnenen Erkenntnisse und die geleisteten Entwicklungen zusammen und identifiziert deren Potenzial für zukünftige Anwendungen. Außerdem werden Zielsetzungen für nachfolgende Arbeiten formuliert.

2 Formmodellierung

In diesem Kapitel werden die Grundlagen und Konzepte der statistischen Formmodellierung dargestellt. Statistische Formmodelle (SFM) gehören zu den deformierbaren Modellen, wobei zu dieser Arbeit verwandte Ansätze dieser Kategorie zunächst in Abschnitt 2.1 kurz dargestellt werden. Anschließend erfolgt die Darstellung der den SFM zugrunde liegenden Formrepräsentation (Abschnitt 2.2) sowie die Einführung der statistischen Formmodelle in Abschnitt 2.3. Schließlich wird in Abschnitt 2.4 die Korrespondenzfindung, welche die wesentliche Herausforderung bei der statistischen Formmodellierung darstellt, erörtert.

2.1 Deformierbare Modelle

Die automatische Detektion und Segmentierung von Strukturen in digitalen Bildern ist eine relevante Problemstellung für die Analyse medizinischer Bilddaten. Beispielsweise zeigt Abb. 2.1(a) eine Computertomographie-Aufnahme eines menschlichen Kopfes. Klassischerweise sind bei dieser auf der Schwächung von Röntgenstrahlung basierenden Bildgebungsmodalität [32, 155] die drei Gewebeklassen „Weichgewebe", „Knochen" und „Luft" gut durch die im Bild dargestellten Intensitätswerte unterscheidbar. Von praktischer Relevanz für Diagnose oder Therapie ist allerdings die Identifikation einer oder mehrerer bestimmter anatomischer Strukturen, wie z.B. des Unterkieferknochens (Abb. 2.1(b)). Sofern kein automatisches Verfahren zur Verfügung steht, erfordert dies die manuelle Identifikation der einzelnen, zur interessierenden anatomischen Struktur gehörenden Elemente der Volumenaufnahme bzw. Voxel (von engl.: volume

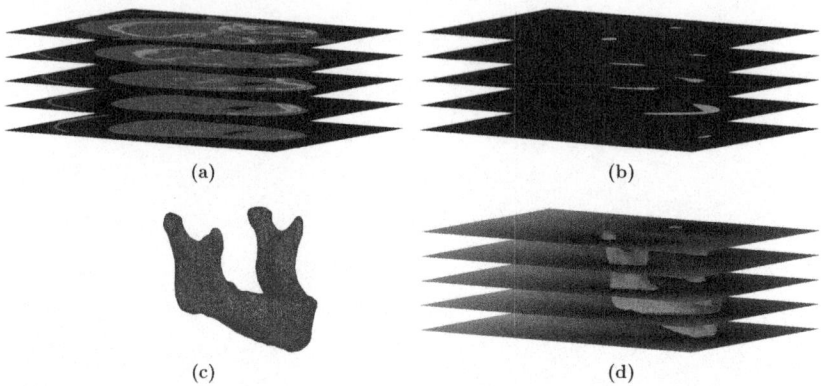

Abb. 2.1: CT-Aufnahme des Kopfes (a) und Segmentierung des Unterkieferknochens (Binärvolumen) (b). Diese (Knochen-) Kontur kann entweder explizit repräsentiert werden, z.B. als Oberflächentriangulierung (c), oder implizit als die Nullstellenmenge (orange markierte Oberfläche) einer Hyperfläche (d), die hier durch den euklidischen Abstand definiert ist.

element in Anlehnung an Pixel für engl.: picture element). Aufgrund unmittelbar benachbarter Strukturen mit ähnlichem Intensitätswert, im Fall des Unterkieferknochens sind dies z.b. die Zähne oder der Oberkieferknochen, ist eine solche Isolation selbst bei einem augenscheinlich unkomplizierten Fall wie in Abb. 2.1(a) mit einfachen Mitteln (z.b. Schwellwert basiert) nicht immer erfolgreich. Weiterhin wird die Bildqualität häufig durch Artefakte oder Bildrauschen negativ beeinflusst, weshalb sich in den letzten Jahren zunehmend modellbasierte Segmentierungsansätze etabliert haben.

Ausgangspunkt für den Einsatz deformierbarer Modelle für die automatische Detektion und Segmentierung von Strukturen in digitalen Bildern ist die wegweisende Arbeit von Kass et al. [158]. Seitdem wurde eine Vielzahl unterschiedlicher Modellierungsansätze vorgeschlagen. Deren wesentliche Gemeinsamkeit ist die Integration von a priori-Wissen über die gesuchte Struktur, um auf diese Weise die Anpassung des Modells unter Berücksichtigung von geeigneten Bildmerkmalen zu steuern. Die Art des Vorwissens kann dabei von ganz unterschiedlicher Natur sein. Zudem unterscheiden sich die Modelle hinsichtlich der zugrunde liegenden Repräsentation (s. auch Abschnitt 2.2), sowie in der Art und Weise der Anpassung an die Bildinformation. In [221] findet sich eine vergleichende Übersicht unterschiedlicher Modellierungsansätze.

In der Arbeit von Kass et al. [158] wird eine (mindestens) $\mathcal{C}_1$-kontinuierliche, parametrisierte Kontur („Snake") durch Lösung eines geeigneten Systems partieller Differentialgleichungen (PDEs von engl.: partial differential equations) derart evolviert, dass ein sich aus interner und externer Energie zusammensetzendes Funktional minimiert wird.

2.1 Deformierbare Modelle

Formal bedeutet diese Art der Repräsentation die Abbildung einer Parameterdomäne Ω auf eine Kontur C, $\boldsymbol{\omega}: \Omega \to C$. Für den Fall, dass die Kontur C eine Kurve repräsentiert, d.h. $C = \boldsymbol{\omega}(\Omega) \subset \mathbb{R}^2$ gilt beispielsweise $\Omega = [0,1] \subset \mathbb{R}$. Die Parameterdomäne Ω bietet den Vorteil der Dimensionsreduktion, muss jedoch topologisch mit C übereinstimmen. Die Übertragung des Ansatzes von Kass et al. auf eine Oberfläche erfordert somit die Erstellung einer $\mathcal{C}_1$-kontinuierlichen, zweidimensionalen Parametrisierung. Für dieses nicht-triviale Problem wird in [292] eine Lösung für tubuläre und in [287] für geschlossene Strukturen vorgeschlagen, während der Fourier-basierte Ansatz in [278] für beide Topologien adaptiert werden kann. Dagegen umgehen Delingette et al. [75] das Problem durch die Einführung des sogenannten Simplexnetzes, einer diskreten, frei deformierbaren Oberflächenrepräsentation. Im Simplexnetz wird die aktuelle Position jedes Vertex durch räumlich und zeitlich veränderliche Parameter beschrieben und unter dem Einfluss von internen und externen Kräften evolviert. Ein Simplexnetz ist die topologisch duale Repräsentation einer Oberflächentriangulierung (vgl. Abb. 2.1(c)). Jeder Vertex des Simplexnetzes lässt sich einem Dreieck der entsprechenden Oberflächentriangulierung zuweisen und jede Zelle des Simplexnetzes einem Dreiecksknoten. Die feste Konnektivität der Vertices eines Simplexnetzes bietet den Vorteil, deren Verteilung und damit die Glattheit des Netzes besser kontrollieren und auf diese Weise Einfluss auf die internen Kräfte nehmen zu können [74]. [212] gibt eine Übersicht über frei deformierbare Modelle und deren Anwendungen.

Ein Nachteil parametrischer Modelle ist die Festlegung auf eine bestimmte Topologie in Abhängigkeit von der Parameterdomäne Ω. Um diese Einschränkung zu umgehen, wird in [211] die Einbettung der „Snake" in eine regelmäßige Gitterstruktur vorgeschlagen und auf Basis dieses Gitters einer iterativen, potenziell topologieveränderlichen Reparametrisierung unterzogen.

Im Gegensatz zu der zuvor skizzierten, expliziten Repräsentation einer Kontur, wird diese bei den nicht-parametrischen Modellen implizit durch die Nullstellenmenge einer skalaren Funktion ω repräsentiert. Formal gilt $\omega : \mathbb{R}^3 \to \mathbb{R}, C = \{\mathbf{v} \in \mathbb{R}^3 \,|\, \omega(\mathbf{v}) = 0\}$, für den Fall, dass es sich bei der Kontur $C \subset \mathbb{R}^3$ um eine Oberfläche handelt. Im Level-Set-Ansatz [232], der durch [33, 205] in die Computervision und (medizinische) Bildanalyse eingeführt wurde, wird, ähnlich zu den deformierbaren Modellen, eine Kontur durch Minimierung eines Energiefunktionals über die Zeit evolviert. Allerdings wird die Kontur C in einen höherdimensionalen Raum bzw. eine Hyperfläche eingebettet, welche durch die Funktion $\omega(\mathbf{v}) = \mathrm{s}(\mathbf{v})\, \|\mathbf{v} - \boldsymbol{\rho}\|$ definiert ist, wobei $\boldsymbol{\rho} \in C^t$, und C^t ist die Kontur zum Entwicklungszeitpunkt t. Mit $\|\cdot\|$ wird in dieser Arbeit, sofern nicht anders angegeben, die 2-Norm bezeichnet. Die Funktion $\mathrm{s}(\mathbf{v})$ weist allen Punkten $\mathbf{v}$ innerhalb der Kontur ein negatives Vorzeichen zu. Abb. 2.1(d) zeigt diese Funktion exemplarisch für den Unterkieferknochen, allerdings ohne Berücksichtigung des Vorzeichens. Zur besseren Interpretation der Distanzkarte ist die den Knochen repräsentierende Nullstellenmenge orange markiert.

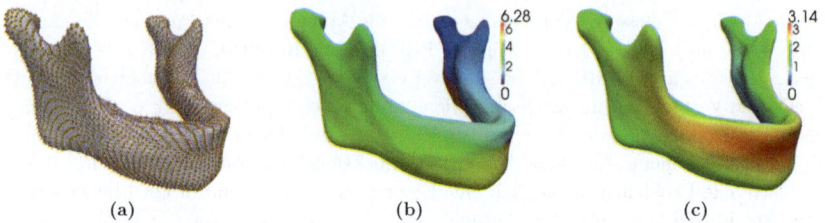

(a) (b) (c)

Abb. 2.2: Formrepräsentation der Oberfläche in Abb. 2.1(c) mittels Landmarken (a) und mittels sphärischen Harmonischen (b), (c). In (a) wird die Konnektivität der Landmarken durch eine Triangulierung hergestellt. Die Farben in (b) bzw. (c) kodieren die Werte der Koordinaten $\phi \in [0,2\pi)$ bzw. $\theta \in [0,\pi]$ der Parameterdomäne $\mathbb{S}^2$ (s. Text).

Die Einbettung in einen höherdimensionalen Raum ist mathematisch elegant, bietet den Vorteil, dass sowohl Merkmale von Kanten (z.B. [34]), als auch von Bildregionen (z.B. [36, 234]) eingesetzt werden können und ermöglicht inhärent beliebige Topologieänderungen, da die Funktion ω stets existiert. Andererseits führt diese Einbettung zu langen Rechenzeiten, denen z.B. durch Kombination mit Fast-Marching-Methoden begegnet wird [204].

2.2 Form und Formrepräsentation

Nachfolgend wird in dieser Arbeit die Bezeichnung „Form" gemäß der allgemein anerkannten Definition von Kendall [161] verwendet:

Definition 1 (Form). *Form ist sämtliche geometrische Information, welche invariant gegenüber einer Änderung von Position, Skalierung und Rotation ist.*

Technisch gesehen ist dies gleichbedeutend mit der Anwendung einer Ähnlichkeitstransformation auf ein Objekt.

Um die Form S zu beschreiben, gibt es eine Vielzahl von Ansätzen. Tatsächlich sind viele Formrepräsentationen entweder auf Formen in 2D oder auf Formen in 3D anwendbar, d.h. entweder auf Kurven oder auf Oberflächen (vgl. Abschnitt 2.1). In dieser Arbeit werden ausschließlich explizit als Oberfläche repräsentierte Formen in 3D betrachtet. Eine solche Form wird als $S \in \mathcal{X} \subset \mathbb{R}^3$ bezeichnet, wobei $\mathcal{X}$ der Raum einer Form gemäß Definition 1 ist. Die einfachste und gleichzeitig eine sehr flexible Art und Weise der Formrepräsentation ist die Verwendung einer festgelegten Anzahl von $n_p \in \mathbb{N}^+$ diskreten Punkten, welche auf der Objektgrenze verteilt werden. Diese Punkte werden als Landmarken bezeichnet, wobei nach [81] gilt:

2.2 Form und Formrepräsentation

Definition 2 (Landmarke). *Eine Landmarke ist ein korrespondierender Punkt, der auf jedem Objekt sowohl innerhalb als auch zwischen unterschiedlichen Populationen dieselbe Position markiert.*

Während Dryden und Mardia [81] zwischen anatomischen, mathematischen und Pseudo-Landmarken unterscheiden, wird in dieser Arbeit, entsprechend dem Gros der SFM-Literatur (s. [126] und Referenzen darin), der Begriff Landmarke für die Bezeichnung korrespondierender Punkte benutzt. Jede Landmarke $\mathbf{x}^{(j)} \in S$, $j = 1, \ldots, n_p$ wird durch das Tripel bzw. 3-Tupel $(x^{(j)}, y^{(j)}, z^{(j)})$ der drei räumlichen kartesischen Koordinaten beschrieben, deren zeilenweise Anordnung eine diskrete, $n_p \times 3$-dimensionale Matrixrepräsentation der Form S ergibt. Üblicherweise werden die Koordinaten aller Landmarken jedoch zum sogenannten Formvektor

$$\mathbf{x} := (\underbrace{x^{(1)}, y^{(1)}, z^{(1)}}_{\mathbf{x}^{(1)}}, \ldots, \underbrace{x^{(n_p)}, y^{(n_p)}, z^{(n_p)}}_{\mathbf{x}^{(n_p)}})^\mathsf{T} \in \mathbb{R}^{3n_p}. \tag{2.1}$$

konkateniert. Anschaulich können die Landmarken $\mathbf{x}^{(j)}$ als Abtastpunkte der Form S interpretiert werden. Gemäß der Klassifikation in [81] handelt es sich dabei somit um Semi-Landmarken, denn es ist intuitiv ersichtlich, dass diese Abtastpunkte unterschiedlich gewählt und sich dadurch relativ zueinander verschieben können (s. Abschnitt 2.4). Damit diese Verschiebung nicht in einer Änderung der Topologie der zugrundeliegenden Form S resultiert, ist es nicht ausreichend, lediglich die einzelnen Landmarken zu betrachten, sondern deren Konnektivität muss ebenfalls berücksichtigt werden. Zu diesem Zweck werden die einzelnen Landmarken zu Polygonen verbunden, wobei die Triangulierung am häufigsten anzutreffen ist (vgl. Abb. 2.2(a)).

Für eine gegebene Population von Formen $\{S_i\,;\, i = 1, \ldots, n_s\}$ mit korrespondierenden Abtastpunkten $\mathbf{x}_i^{(j)}$ sind die Formvektoren $\{\mathbf{x}_i\,;\, i = 1, \ldots, n_s\}$ Bestandteil des sogenannten Formenraums $\mathbb{R}^{3n_p}$. Die Variabilität der Landmarken $\mathbf{x}_i^{(j)}$ und damit der Formen kann mit Standardverfahren der Datenanalyse (vgl. Abschnitt 2.3.2) ausgewertet werden (z.B. [21, 81, 207]). Ein Modell für die statistisch zu erwartende Variabilität der einzelnen Landmarken, wurde von Cootes et al. als „Point Distribution Model" (PDM) [49] für die Analyse von Objekten in digitalen Bildern eingeführt [43] (s. Abschnitt 2.3).

Im Fall von Formen in 2D kann diese punktbasierte Formrepräsentation als diskrete eindimensionale Parametrisierung $\omega : \Omega \to \mathbf{x}$, $j \mapsto \mathbf{x}^{(j)} \in S$, wobei $j \in \Omega = \{1, \ldots, n_p\}$ dargestellt werden. Dagegen lässt sich für die Oberfläche einer Form in 3D mit dieser diskreten Parameterdomäne keine eindeutige Abbildung ω definieren. Stattdessen hat sich die Verwendung einer sphärischen Parametrisierung [28] als populärer Ansatz im Zusammenhang mit 3D-Formmodellen etabliert. Formal stellt

$$\omega : \mathbb{S}^2 \to S, \ (\theta, \phi) \mapsto (x, y, z) \in S \tag{2.2}$$

eine solche, auf der Einheits-2-Sphäre $\mathbb{S}^2 = \{(\theta, \phi) \in \mathbb{R}^2 : \theta \in [0, \pi], \phi \in [0, 2\pi)\}$ basierende Parametrisierung dar (vgl. Abb. 2.2(b),(c)). Mit Hilfe einer solchen Parametrisierung kann die Formvariabilität z.b. auf Basis der statistischen Verteilung der Koeffizienten von sphärischen Harmonischen (SPHARM) [160, 287], sphärischen Wavelets [227] oder der Landmarken an sich [285] modelliert werden.

Eine potenziell kompaktere Repräsentation, im Vergleich zu der mittels Landmarken, basiert auf der medialen Formbeschreibung [17, 18] und wurde 1999 von Pizer et al. als „M-reps" in die medizinische Bildanalyse eingeführt [240]. Diese Repräsentation verwendet mediale Grundelemente (die auch als Atome bezeichnet werden). Dabei handelt es sich um vierwertige Tupel, die neben der Position auf der zentralen Achse, Parameter zur Beschreibung der Abstandsvektoren zur Objektgrenze beinhalten und auf diese Weise die lokale Dicke des Objekts quantifizieren. Damit ist die Modellierung der Formvariabilität durch getrennte statistische Analyse von Position und Dicke sowohl zwei- als auch dreidimensionaler [149] Formen möglich. Dagegen schlagen Fletcher et al. [94, 95] die Erweiterung des Modellierungsansatzes von Cootes et al. [52] (s. Abschnitt 2.3) auf die medialen Grundelemente vor. Da diese im Gegensatz zu Landmarken nicht zu einem euklidischen Vektorraum gehören, wird anstelle der PCA (engl.: Principal Component Analysis, vgl. Abschnitt 2.3.2) die PGA (engl.: Principal Geodesic Analysis) eingesetzt. Ein anwendungsbezogener Vergleich zwischen auf M-reps sowie auf Landmarken basierender statistischer Formmodelle findet sich in [282].

2.3 Statistische Formmodelle

Die statistische Analyse von Formen geht bereits beinahe 100 Jahre zurück [295]. In dieser Arbeit werden statistische Methoden für die Erstellung eines Modells einer bestimmten Form eingesetzt, wobei ausschließlich punktbasierte Formrepräsentationen zum Einsatz kommen. Statistische Methoden der Formanalyse werden allerdings auch im Level-Set-Ansatz verwendet (vgl. Abschnitt 2.1) und haben sich dort sowohl für nichtparametrische [57, 190, 300], als auch für parametrische Modelle [56, 59, 290] etabliert. Einen Überblick über die Integration statistischer Methoden in den Level-Set-Ansatz gibt [58].

Das prinzipielle Vorgehen bei der Erstellung landmarkenbasierter statistischen Formmodelle zeigt Abb. 2.3. Ausgangspunkt ist eine Menge von $n_s \in \mathbb{N}^+$ Formen einer bestimmten Anatomie bzw. Objektklasse, wie z.B. eines Knochens oder eines Organs[2] (erste und zweite Spalte in Abb. 2.3). Basierend auf diesen Formen, die häufig unter dem Begriff Trainingspopulation oder Trainingsformen zusammengefasst werden, soll die (statistisch) zu erwartende Formvariabilität der jeweiligen Anatomie beschrieben werden (vierte Spalte in Abb. 2.3). Bei diesem Vorgehen stellt die Bestimmung der korrespondierenden Punkte (Landmarken, dritte Spalte in Abb. 2.3) die wesentliche Herausforderung dar

---

[2]In Abb. 2.3 ist der Hippocampus zu sehen, ein Bestandteil des Gehirns der bei der Alzheimerkrankheit sichtbare Veränderungen erfährt. Die Hippocampus-Daten wurden freundlicherweise von M. Styner und Kollegen, University of North Carolina at Chapel Hill (UNC), Neuro Image Analysis Laboratory, zur Verfügung gestellt (SPHARM-PDM UNC Toolbox, http://www.nitrc.org/projects/spharm-pdm/ [Zugriff am: 04. Juni 2008]).

2.3 Statistische Formmodelle

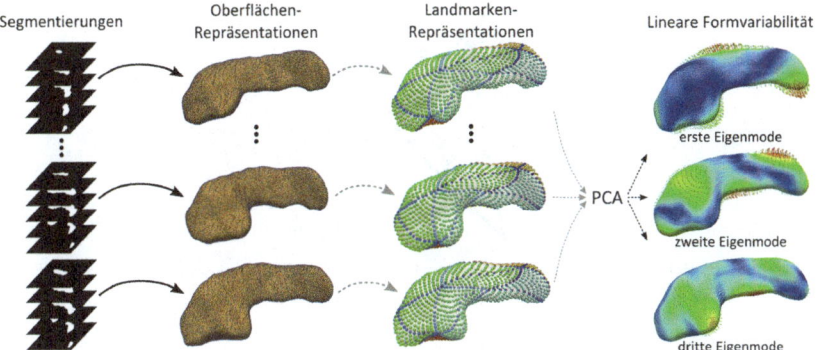

Abb. 2.3: Prinzip der Erstellung landmarkenbasierter statistischer Formmodelle. Ausgehend von n_s Segmentierungen (implizite Oberflächen, erste Spalte) einer bestimmten Objektklasse (hier: Hippocampus), lassen sich z.B. mit Hilfe des Marching Cube Algorithmus [201] polygonale Oberflächen (zweite Spalte) generieren. Auf diesen werden korrespondierende Punkte, repräsentiert durch gleichfarbige sphärische Glyphen in der dritten Spalte, festgestellt und darauf basierend die Formvariabilität modelliert (vierte Spalte). Die einzelnen Landmarken bewegen sich bei Variation der unterschiedlichen Moden der Formvariabilität unterschiedlich stark (blau/rot: min./max.) in verschiedene, durch die Vektorglyphen angezeigte Richtungen.

und wird in Abschnitt 2.4 getrennt betrachtet. Für die in diesem Abschnitt behandelte Formmodellierung wird hingegen davon ausgegangen, dass die Korrespondenzfindung bereits abgeschlossen ist.

2.3.1 Ausrichtung der Formen

Definition 1 deutet bereits darauf hin, dass die Formmodellierung zunächst die Ausrichtung der Formen in einem gemeinsamen Koordinatensystem erfordert. Der Grund dafür ist nicht nur die Tatsache, dass die Trainingsformen i.d.R. unterschiedlichen Aufnahmegeräten einer bestimmten Bildgebungsmodalität (z.B. Computertomographie [32, 155] oder Magnetresonanztomographie [213, 317]) mit jeweils eigenem Koordinatensystemen entstammen, sondern auch die Unterschiede in der Anatomie, Größe und Positionierung des Patienten. Dadurch liegen selbst bei Verwendung desselben Aufnahmegerätes verschiedene Lageparameter für die aufgenommenen Bilder und damit auch für die daraus gewonnenen Formen vor (vgl. Abb. 2.3).

Der Standardansatz zur Ausrichtung einer Menge von $n_s > 2$ Formen ist die generalisierte Prokrustesanalyse (engl.: generalized Procrustes analysis, GPA) [110, 114]. Ausgangspunkt ist die gewöhnliche Prokrustes-Analyse, bei der die Form $\mathbf{x}$ mit der Form $\tilde{\mathbf{x}}$ zur Deckung gebracht wird, indem die 2-Norm $\sum_{j=1}^{n_p} \left\| \tilde{\mathbf{x}}^{(j)} - \mathbf{T}\mathbf{x}^{(j)} \right\|$ minimiert

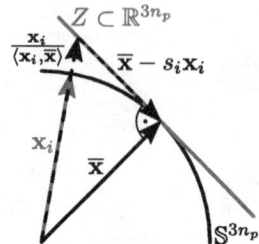

Abb. 2.4: Projektion des Formvektors $\mathbf{x}_i$ in die Tangentialebene von $\bar{\mathbf{x}}$, um durch Skalierung auf Einheitsnorm entstehende Nichtlinearitäten zu vermeiden.

wird. Hierbei bezeichnet **T** eine Ähnlichkeitstransformation, welche sich aus einer Rotationsmatrix, einem Skalierungsfaktor und einem Translationsvektor zusammensetzt. Diese Parameter können analytisch berechnet werden (s. z.B. [141]), was auch bei der GPA ausgenutzt wird. Es handelt sich dabei um ein iteratives Verfahren, bei dem alle Formen $\mathbf{x}_i$, $i = 1, \ldots, n_s$ mit der mittleren Form

$$\bar{\mathbf{x}} = \frac{1}{n_s} \sum_{i=1}^{n_s} \mathbf{x}_i \qquad (2.3)$$

zur Deckung gebracht werden, wobei Letztere in jeder Iteration neu bestimmt wird.

Wie bei jeder Anwendung der Methode der kleinsten Quadrate ist auch die Prokrustes-Analyse sensitiv für Ausreißer. Eine Möglichkeit zur Verbesserung der Robustheit gegen diese ist die Einführung geeigneter Gewichte (z.B. [141]) oder das Ersetzen der 2-Norm durch beispielsweise die 1-Norm [185]. Eine weitere Möglichkeit bietet die Optimierung der Rotation [86] bzw. sämtlicher Lageparameter [68] bezüglich alternativer Ähnlichkeitsmaße wie z.B. der Beschreibungslänge (DL von engl.: Description Length, vgl. Abschnitt 2.4.3). Dieser Ansatz kommt auch in dieser Arbeit zur Anwendung und ist eine der Einflussgrößen, die hinsichtlich ihres Einflusses auf die Güte von SFM in Abschnitt 3.3 untersucht werden.

Um die Konvergenz der GPA zu gewährleisten, wird bei der praktischen Implementierung eine Referenzposition (typischerweise der Ursprung), -orientierung (typischerweise die Orientierung der initialen mittleren Form) und -skalierung benötigt. Letztere kann z.B. dadurch erreicht werden, dass alle Formen auf Einheitsnorm skaliert werden, d.h. $\|\mathbf{x}_i\| = 1$, $i = 1, \ldots, n_s$. Dadurch kommen die einzelnen Formen jedoch auf der Hypersphäre $\mathbb{S}^{3n_p}$ zu liegen (vgl. Abb. 2.4), was für die anschließende lineare Modellierung (Abschnitt 2.3.2) potenziell problematisch ist. Ein einfacher, auch in dieser Arbeit angewendeter Ansatz, den Einfluss dieser Nichtlinearitäten zu reduzieren, ist die Projektion in die Tangentialebene von $\bar{\mathbf{x}}$ (s. Abb. 2.4). Hierbei wird die Größe der mittleren Form festgehalten, $\|\bar{\mathbf{x}}\| = 1$, und die Form $\mathbf{x}_i$, $i = 1, \ldots, n_s$ entsprechend in jeder Iteration mit dem Faktor $\langle \mathbf{x}_i, \bar{\mathbf{x}} \rangle^{-1}$ skaliert. Eine Untersuchung des Einflusses der Projektion in die

2.3.2 Lineare Formmodellierung

Statistische Formmodelle gehören zu den deformierbaren Modellen (vgl. Abschnitt 2.1), wobei die Verformung innerhalb von entsprechend der jeweiligen Objektklasse zu erwartender, (statistisch) plausibler Grenzen erfolgen soll. In diesem Sinn kann der Formvektor $\mathbf{x} \in \mathbb{R}^{3n_p}$ als $3n_p$-dimensionale Zufallsvariable und die Formen der Trainingspopulation, $\{\mathbf{x}_i\,;\ i=1,\ldots,n_s\}$, dementsprechend als unterschiedliche Realisierungen dieser Zufallsvariablen interpretiert werden. Unter der Annahme, dass $\mathbf{x}$ multivariat normalverteilt ist, kann die Likelihood[3] einer Form $\mathbf{x} \in \mathbb{R}^{3n_p}$ durch die (Wahrscheinlichkeits-)-Dichtefunktion (pdf von engl.: probability density function)

$$p(\mathbf{x}) = \frac{\exp\left(-\frac{1}{2}(\mathbf{x}-\boldsymbol{\mu})^\mathsf{T}\mathbf{C}^{-1}(\mathbf{x}-\boldsymbol{\mu})\right)}{(2\pi)^{\frac{3n_p}{2}}|\mathbf{C}|^{\frac{1}{2}}} \qquad (2.4)$$

beschrieben werden. Die Dichtefunktion in Gl. (2.4) wird als $\mathcal{N}_{3n_p}(\boldsymbol{\mu},\mathbf{C})$ und $\mathbf{x}$ somit als $\mathcal{N}_{3n_p}(\boldsymbol{\mu},\mathbf{C})$-verteilt bezeichnet, auch $\mathbf{x} \sim \mathcal{N}_{3n_p}(\boldsymbol{\mu},\mathbf{C})$ geschrieben. Dabei sind der Erwartungswert $\boldsymbol{\mu}$ und die Kovarianzmatrix $\mathbf{C}$ der Gesamtpopulation die beiden (unbekannten) Parameter der multivariaten Normalverteilung. Sofern die Stichprobe $\mathbf{x}_1,\ldots,\mathbf{x}_{n_s}$ unabhängig und identisch verteilt (i.i.d. von engl.: independent and indentically distributed) ist gemäß $\mathcal{N}_{3n_p}(\boldsymbol{\mu},\mathbf{C})$, sind der Mittelwert $\bar{\mathbf{x}}$ (Gl. 2.3)) bzw. die empirische Kovarianzmatrix

$$\mathbf{S} = \frac{1}{n_s}\sum_{i=1}^{n_s}(\mathbf{x}_i-\bar{\mathbf{x}})(\mathbf{x}_i-\bar{\mathbf{x}})^\mathsf{T} \qquad (2.5)$$

der jeweilige Maximum-Likelihood-Schätzer von $\boldsymbol{\mu}$ und $\mathbf{C}$ (z.B. [267]). Durch Multiplikation von $\mathbf{S}$ mit dem Faktor $n_s/(n_s-1)$ ergibt sich der erwartungstreue Schätzer der Kovarianzmatrix $\mathbf{C}$ [123, 222].

Zwar wurde bereits in [115, 207] die Verwendung der Kovarianzmatrix zur Charakterisierung der Inter-Landmarken-Variabilität vorgeschlagen. Der Ansatz, diese für die Modellierung der globalen Formvariabilität einzusetzen, geht jedoch auf die wegweisenden Arbeiten von Cootes et al. [49, 52] zurück. Dabei ergibt sich in der Praxis das Problem, dass die Stichproben-Kovarianzmatrix $\mathbf{S}$ leicht den Rang eines Mehrfachen von 1000 aufweist, was deren Inversion in Gl. (2.4) erheblich erschwert. Zudem ist intuitiv nachvollziehbar, dass die einzelnen Landmarken $\mathbf{x}_i^{(j)}$ der i-ten Trainingsform nicht völ-

---

[3]Der Unterschied zwischen Likelihood und Wahrscheinlichkeit kann folgendermaßen veranschaulicht werden: Sei $p(x,\theta)$ die Wahrscheinlichkeitsfunktion der Zufallsvariablen X mit dem Parameter θ, so nimmt X den Wert x mit der Wahrscheinlichkeit $p(x,\theta)$ an. In der Praxis ist der Wert von θ jedoch häufig nicht bekannt, sondern muss auf Basis der gegebenen Stichprobe $x_1,\ldots,x_{n_s}$ zu $\hat{\theta}$ geschätzt werden. Dann bezeichnet $p(x,\hat{\theta})$ die Likelihood von x. Die Likelihood ist im Gegensatz zur Wahrscheinlichkeit nicht auf das Intervall $[0,1]$ begrenzt.

lig unabhängig voneinander variieren, sondern die Variabilität unterschiedlicher Landmarken mehr oder weniger stark miteinander korreliert. Beiden Problemen kann mit Hilfe der auch als Karhunen-Loeve-Transformation [157, 200] bezeichneten, auf [236] zurückgehende Hauptkomponentenanalyse (PCA von engl.: Principal Component Analysis) [142, 148] begegnet werden. Die PCA ist ein unüberwachtes Lernverfahren und entspricht formal der Eigenwertzerlegung

$$\mathbf{S} = \mathbf{P}\mathbf{\Lambda}\mathbf{P}^\mathsf{T}. \tag{2.6}$$

Die orthogonalen Eigenvektoren bzw. Hauptkomponenten $\mathbf{p}_k$, $k = 1, \ldots, 3n_p$ von $\mathbf{S}$ sind spaltenweise in der Matrix $\mathbf{P}$ angeordnet. $\mathbf{\Lambda} = \operatorname{diag}(\lambda_1, \ldots, \lambda_k)$ ist eine Diagonalmatrix, auf deren Hauptdiagonalen die zu den Eigenvektoren gehörenden, nach absteigender Größe sortierten Eigenwerte λ_k von $\mathbf{S}$, bzw. Varianzen der Hauptkomponenten, zu finden sind. Aufgrund ihrer besseren numerischen Robustheit, wird in der Praxis jedoch häufig die Singulärwertzerlegung [109, 156]

$$\frac{1}{\sqrt{n_s}} \mathbf{X} = \mathbf{U}\mathbf{\Sigma}\mathbf{V}^\mathsf{T} \tag{2.7}$$

bevorzugt. Hierbei sind in der nicht notwendigerweise symmetrischen Datenmatrix $\mathbf{X}$ die Mittelwert befreiten Formvektoren spaltenweise angeordnet,

$$\mathbf{X} = [(\mathbf{x}_1 - \bar{\mathbf{x}}), \ldots, (\mathbf{x}_{n_s} - \bar{\mathbf{x}})] \in \mathbb{R}^{3n_p \times n_s}. \tag{2.8}$$

$\mathbf{U}$ und $\mathbf{V}$ sind orthonormale $3n_p \times 3n_p$, bzw. $n_s \times n_s$ Matrizen, wobei die linken Singulärvektoren $\mathbf{U}$ den Eigenvektoren $\mathbf{P}$ von $\mathbf{S} = \frac{1}{n_s}\mathbf{X}\mathbf{X}^\mathsf{T}$ entsprechen. Auf der Hauptdiagonalen der $3n_p \times n_s$ Diagonalmatrix $\mathbf{\Sigma}$ stehen die Singulärwerte $\sigma_k = \sqrt{\lambda_k}$.

Ziel der PCA ist es, die lineare Transformation $\mathbf{P}$ zu bestimmen, sodass die ursprünglichen Variablen bzw. Formvektoren $\mathbf{x}_i$ im Untervektorraum $F = \{\mathbf{p}_m\}_{m=1}^{n_m} \subset \mathbb{R}^{3n_p}$ möglichst kompakt repräsentiert werden (vgl. Abb. 2.5). Dabei maximieren die neuen, im Zusammenhang mit SFM als Formparameter bezeichneten Variablen

$$\mathbf{b}_i = \mathbf{P}^\mathsf{T}(\mathbf{x}_i - \bar{\mathbf{x}}), \ i = 1, \ldots, n_s, \tag{2.9}$$

die Varianz entlang der Hauptkomponenten, also die Eigenwerte λ_m. Da die Anzahl n_s der Trainingsformen typischerweise deutlich geringer ist als die Anzahl $3n_p$ der Elemente der Formvektoren $\mathbf{x}_i$, ist die Kovarianzmatrix $\mathbf{S}$ unterbesetzt und es können maximal $n_s - 1$ Singulär- bzw. Eigenwerte ungleich Null sein. Da die Kovarianzmatrix $\mathbf{S}$ stets positiv semidefinit ist, können keine Eigenwerte kleiner als Null auftreten. In der Praxis ist jedoch davon auszugehen, dass das Rauschen in den Daten die kleinsten Varianzen verursacht, weshalb nicht alle Eigenwerte ungleich Null benutzt werden, sondern lediglich die ersten $n_m \leq (n_s - 1)$. Dementsprechend werden die Trainingsformen $\mathbf{x}_i$ mit Hilfe der Formparameter $\mathbf{b}_i \in \mathbb{R}^{n_m}$ als Linearkombination der ersten n_m Eigenvektoren

2.3 Statistische Formmodelle

approximiert,

$$\mathbf{x}_i \approx \bar{\mathbf{x}} + \sum_{m=1}^{n_m} \mathbf{b}_i^{(m)} \mathbf{p}_m, \; i = 1, \ldots, n_s.$$

Die Anzahl n_m der verwendeten Formparameter wird zumeist so gewählt, dass ein bestimmter prozentualer Anteil $t_{\max}$ der Gesamtvariabilität $\sum_{m=1}^{n_s-1} \lambda_m$ abgebildet wird,

$$n_m = \underset{n'_m \in \{1, \ldots, n_s-1\}}{\arg\min} \left(\frac{\sum_{m=1}^{n'_m} \lambda_m}{\sum_{m=1}^{n_s-1} \lambda_m} \geq t_{\max} \right) \tag{2.10}$$

wobei typischerweise $t_{\max} \in [0{,}9\,, 0{,}98]$ [126]. Sofern nicht anders erwähnt, wird in der vorliegenden Arbeit $t_{\max} = 0{,}98$ verwendet.

Das durch $\bar{\mathbf{x}} \in \mathbb{R}^{3n_p}$ und $\mathbf{P} \in \mathbb{R}^{3n_p \times n_m}$ parametrisierte, lineare Modell

$$\mathbf{x} = \bar{\mathbf{x}} + \mathbf{P}\mathbf{b} \tag{2.11}$$

beschreibt die zu erwartende Formvariabilität der durch $\mathbf{x}_i$, $i = 1, \ldots, n_s$ repräsentierten Objektklasse (Abb. 2.5). Die Eigenvektoren $\mathbf{p}_m$, $m = 1, \ldots, n_m$ entsprechen somit den Moden der Formvariabilität, wobei dies, wie z.B. in [66] gezeigt, nur dann gilt, wenn die Trainingsformen $\{\mathbf{x}_i\}$ multivariat normalverteilt sind. In der Praxis sind allerdings selbst bei erheblicher Abweichung von dieser Annahme häufig brauchbare Ergebnisse erzielbar (vgl. z.B. [165]). Dieses statistische Formmodell (SFM; engl.: Statistical Shape Model bzw. SSM)[4] [52] wurde von den Erfindern als „Smart Snakes" [43] gegenüber dem Ansatz von Kass et al. [158] abgegrenzt, da die Parameter probabilistisch motiviert sind. Nichtsdestoweniger müssen die Parametergewichte $\mathbf{b}^{(m)}$ innerhalb eines sinnvollen Wertebereiches gewählt werden, um unplausible, nicht der Objektklasse entsprechende Formen zu vermeiden. Die Varianzen der Formparameter $\mathbf{b}^{(m)}$ über die Trainingspopulation $\{\mathbf{x}_i\,;\, i = 1, \ldots, n_s\}$ entsprechen genau den Eigenwerten λ_m. Da die Formparameter zudem linear unabhängig sind, ist die Begrenzung auf ein Mehrfaches der jeweiligen Standardabweichung ein prominenter Ansatz, z.B.

$$\mathbf{b}^{(m)} \in \left[-3\sqrt{\lambda_m}, 3\sqrt{\lambda_m}\right]. \tag{2.12}$$

Alternativ lassen sich die Formparameter als multivariat normalverteilt auffassen (s. Abschnitt 2.3.3, Gl. (2.15)), und die quadrierte Mahalanobisdistanz $\sum_{m=1}^{n_m} \mathbf{b}^{(m)^2}/\lambda_m$, also die Abweichung von der mittleren Form $\bar{\mathbf{x}}$, auf einen geeigneten Grenzwert limitieren [52].

Es ist intuitiv ersichtlich, dass das Modell die durch Trainingspopulation $\{\mathbf{x}_i\}$ repräsentierte Objektklasse umso besser approximiert, desto besser $\{\mathbf{x}_i\}$ die tatsächliche Objektklasse abbildet. In der Praxis muss man jedoch häufig mit einer vergleichsweise kleinen Trainingspopulation auskommen. Aus diesem Grund nutzen [45] die formale

---

[4]In der Literatur ist für das landmarkenbasierte SFM in Gl. (2.11) häufig auch die alternative Bezeichnung Point Distribution Model (PDM, engl. für Punktverteilungsmodell) [43, 49] anzutreffen.

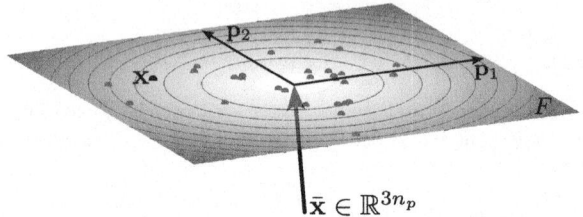

Abb. 2.5: Modellierung der Formvariabilität als multivariate Gaußverteilung $\mathcal{N}_{n_m}(\mathbf{0}, \boldsymbol{\Lambda})$ im PCA-Unterraum. Die Dichtefunktion $p_F(\mathbf{x})$ (s. Gl. (2.15)) ist durch die Farbkodierung (hell/dunkel: hohe/niedrige Wahrscheinlichkeit) sowie die Linien gleicher Dichte (Isolinien) visualisiert. Die schwarzen Punkte repräsentieren die Koordinaten $(\mathbf{b}_i^{(1)}, \mathbf{b}_i^{(2)})$, $i = 1, \ldots, n_s$, d.h. die Formen der Trainingspopulation $\{\mathbf{x}_i\}$ nach Projektion auf die ersten beiden Eigenvektoren der empirischen Kovarianzmatrix $\mathbf{S}$. Durch Variation der Formparameter $\mathbf{b} \sim \mathcal{N}_{n_m}(\mathbf{0}, \boldsymbol{\Lambda})$ lassen sich neue, bislang ungesehene Formen $\mathbf{x} \in F$ mit Hilfe des Modells in Gl. (2.11) generieren.

Ähnlichkeit des Modells in Gl. (2.11) mit dem in [239] vorgeschlagenen, auf der Finite-Elemente-Methode basierenden Modellierungsansatz aus, um künstlich die Trainingspopulation zu vergrößern, indem zusätzliche Variationsmodi generiert werden. Inzwischen wurden mehrere weitere Verfahren mit diesem Ziel vorgeschlagen (z.b. [65, 314]) und in einer vergleichenden Studie [173] der jeweilige Nutzen evaluiert. In der vorliegenden Arbeit wird u.a. untersucht, inwiefern sich der Umfang der Trainingspopulation auf die Normalverteilungsannahme auswirkt (s. Abschnitt 4.2).

2.3.3 Formrekonstruktion und Formenergie

Die im vorherigen Abschnitt 2.3.2 diskutierte statistische Motivation prädestiniert SFM im Besonderen für die Verarbeitung und Analyse medizinischer Bilddaten. Denn während beispielsweise industriell hergestellte Produkte in der Regel einer exakten Vorgabe folgen (müssen), spiegelt die Formvariabilität der in medizinischen Bildern dargestellten Organe, Knochen etc. deren natürliche biologische Variabilität wider.

Sei $\hat{\mathbf{y}} \in \mathbb{R}^{3n_p}$ die geschätzte Rekonstruktion einer bestimmten Objektklasse wie z.B. Leber, Kieferknochen oder Hippocampus, wobei $\hat{\mathbf{y}}$ durch Bildrauschen, begrenzten Bildkontrast oder relevante Bildinformationen verbergende Bildartefakte affektiert ist. Unter Verwendung der Schätzung $\hat{\mathbf{y}}$ soll eine Rekonstruktion $\mathbf{y} \in \mathbb{R}^{3n_p}$ erstellt werden, welche idealerweise mit der wahren jedoch unbekannten Form $\mathbf{y}^*$ übereinstimmt. Zur Eliminierung dieser unerwünschten Einflussfaktoren erscheint es intuitiv sinnvoll, die Schätzung $\hat{\mathbf{y}}$ auf eine plausible, im Rahmen der zu erwartenden Formvariabilität durch das Modell in Gl. (2.11) beschreibbare Form $\mathbf{x}$ zurückzuführen. Es gilt dann

$$\hat{\mathbf{y}} = \bar{\mathbf{x}} + \mathbf{P}\mathbf{b} + \mathbf{r}_{\hat{\mathbf{y}}}, \tag{2.13}$$

2.3 Statistische Formmodelle

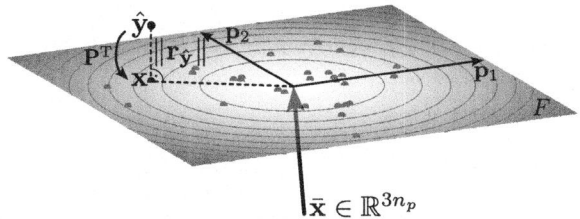

Abb. 2.6: Rekonstruktionsfehler $\|\mathbf{r}_{\hat{\mathbf{y}}}\|$ der Kandidatenrekonstruktion $\hat{\mathbf{y}}$ und die Projektion $\mathbf{P}^\mathsf{T}$. Der Rekonstruktionsfehler entspricht einer euklidischen Norm im zu F orthogonalen Nullraum $F_\perp$.

wobei $\mathbf{r}_{\hat{\mathbf{y}}}$ der Differenzvektor zwischen $\mathbf{x}$ und $\hat{\mathbf{y}}$ ist, der nicht durch das Modell repräsentiert werden kann (vgl. Abb. 2.6). Es kann gezeigt werden (s. Gl. (5.6) und (5.5)), dass die Formparameter

$$\mathbf{b} = \mathbf{P}^\mathsf{T}\left(\hat{\mathbf{y}} - \bar{\mathbf{x}}\right) \tag{2.14}$$

die quadrierte 2-Norm $\|\mathbf{r}_{\hat{\mathbf{y}}}\|^2 = \mathbf{r}_{\hat{\mathbf{y}}}^\mathsf{T}\mathbf{r}_{\hat{\mathbf{y}}}$ des Rekonstruktionsfehlers minimieren. Die beste, mit Hilfe von Gl. (2.11) erzielbare Approximation von $\hat{\mathbf{y}}$ im Sinn des kleinste Quadrate Ansatzes ergibt sich somit durch Projektion von $\hat{\mathbf{y}}$ in den Hauptkomponentenunterraum F. Die Likelihood der rekonstruierten Form $\mathbf{y} = \mathbf{x} \in F$ kann, unter der Annahme, dass die Trainingsformen $\mathbf{x}_i$, $i = 1, \ldots, n_s$ gemäß $\mathcal{N}_{3n_p}(\boldsymbol{\mu}, \mathbf{C})$ (Gl. (2.4)) multivariat normalverteilt sind, mit Hilfe der Wahrscheinlichkeitsdichtefunktion [220]

$$p_F(\mathbf{y}) = p_F(\mathbf{x}) = \frac{\exp\left(-\frac{1}{2}\sum_{m=1}^{n_m}\frac{\mathbf{b}^{(m)2}}{\lambda_m}\right)}{(2\pi)^{\frac{n_m}{2}}\prod_{m=1}^{n_m}\lambda_m^{\frac{1}{2}}} \tag{2.15}$$

beschrieben werden, wobei $\mathbf{b} \sim \mathcal{N}_{n_m}(\mathbf{0}, \boldsymbol{\Lambda})$ [206]. Gl. (2.15) folgt aus Gl. (2.4), indem die inverse Kovarianzmatrix mit Hilfe der Eigenzerlegung in Gl. (2.6) berechnet wird, $\mathbf{S}^{-1} = \mathbf{P}\boldsymbol{\Lambda}^{-1}\mathbf{P}^\mathsf{T}$. Anschließend werden die Formparameter $\mathbf{b}$ (Gl. (2.14)) eingesetzt, sodass für die quadrierte Mahalanobis-Distanz $(\hat{\mathbf{y}} - \bar{\mathbf{x}})^\mathsf{T}\mathbf{S}^{-1}(\hat{\mathbf{y}} - \bar{\mathbf{x}}) = \mathbf{b}^\mathsf{T}\boldsymbol{\Lambda}^{-1}\mathbf{b}$ gilt.

Wie bereits diskutiert (Abschnitt 2.3.2), ist die Kovarianzmatrix häufig unterbesetzt. Deshalb ist in der Praxis die auf der Mahalanobis-Distanz in F basierende Approximation der Kandidatenrekonstruktion $\hat{\mathbf{y}}$ oft nicht ausreichend exakt ist (s. auch Abschnitt 6.1.4 und Abschnitt 6.2.3). Aus diesem Grund schlagen Moghaddam und Pentland [220] die zusätzliche Berücksichtigung des zu F orthogonalen Nullraums $F_\perp = \{\mathbf{p}_k\}_{k=n_m+1}^{3n_p}$ vor. Die zugrunde liegende Annahme ist, dass die Likelihood $p(\mathbf{y})$ (Gl. 2.4)) der Rekonstruktion $\mathbf{y}$ durch das Produkt zweier unabhängiger, gaußscher Randverteilungen in F und in $F_\perp$ geschätzt werden kann. Von letzterem sind jedoch die Varianzen λ_k, $k = n_m + 1, \ldots, 3n_p$ nicht bekannt, sodass mit dem Parameter τ, wobei $\tau = \lambda_k$, $\forall\, k = n_m + 1, \ldots, 3n_p$, die quadrierte Mahalanobis-Distanz $\sum_{k=n_m+1}^{3n_p}\mathbf{b}^{(k)2}\lambda_k^{-1}$

zur (gewichteten) quadrierten Euklidischen Distanz $\tau \sum_{k=n_m+1}^{3n_p} \mathbf{b}^{(k)^2}$ wird und bis auf den Vorfaktor τ mit dem auch als *Distance From Feature Space* bzw. DFFS[5] bezeichneten quadrierten Rekonstruktionsfehler $\|\mathbf{r_y}\|^2$ übereinstimmt:

$$\sum_{k=n_m+1}^{3n_p} \mathbf{b}^{(k)^2} = \|\mathbf{r_y}\|^2 = \|\mathbf{y} - \bar{\mathbf{x}}\|^2 - \sum_{m=1}^{n_m} \mathbf{b}^{(m)^2}. \qquad (2.16)$$

Der rechte Teil von Gl. (2.16) lässt sich ausgehend von $\mathbf{r_y} = \boldsymbol{\Delta} - \mathbf{Pb}$ (Gl. (2.13)) zeigen, wobei $\boldsymbol{\Delta} := \mathbf{y} - \bar{\mathbf{x}}$. Es folgt für die quadrierte 2-Norm des Rekonstruktionsfehlers (vgl. [48])

$$\begin{aligned}\|\mathbf{r_y}\|^2 &= \mathbf{r_y}^\mathsf{T} \mathbf{r_y} \\ &= (\boldsymbol{\Delta} - \mathbf{Pb})^\mathsf{T} (\boldsymbol{\Delta} - \mathbf{Pb}) \\ &= \boldsymbol{\Delta}^\mathsf{T} \boldsymbol{\Delta} - \boldsymbol{\Delta}^\mathsf{T} \mathbf{Pb} - (\mathbf{Pb})^\mathsf{T} \boldsymbol{\Delta} + (\mathbf{Pb})^\mathsf{T} \mathbf{Pb}\end{aligned}$$

und mit $\mathbf{b} = \mathbf{P}^\mathsf{T} \boldsymbol{\Delta}$ bzw. $\mathbf{b}^\mathsf{T} = \boldsymbol{\Delta}^\mathsf{T} \mathbf{P}$ und $(\mathbf{Pb})^\mathsf{T} = \mathbf{b}^\mathsf{T} \mathbf{P}^\mathsf{T}$ sowie $\mathbf{P}^\mathsf{T} \mathbf{P} = \mathbf{E}$, wobei $\mathbf{E}$ die Einheitsmatrix entsprechender Dimension ist, folgt

$$\begin{aligned}\|\mathbf{r_y}\|^2 &= \boldsymbol{\Delta}^\mathsf{T} \boldsymbol{\Delta} - \mathbf{b}^\mathsf{T} \mathbf{b} \\ &= \|\boldsymbol{\Delta}\|^2 - \|\mathbf{b}\|^2 \\ \Rightarrow \|\mathbf{r_y}\|^2 &= \|\mathbf{y} - \bar{\mathbf{x}}\|^2 - \sum_{m=1}^{n_m} \mathbf{b}^{(m)^2}.\end{aligned} \qquad (2.17)$$

Unter Berücksichtigung von Gl. (2.16) schlagen [220] den Schätzer

$$\hat{p}_{F_\perp}(\mathbf{y}) = \frac{\exp\!\left(-\|\mathbf{r_y}\|^2 / (2\tau)\right)}{(2\pi\tau)^{\frac{3n_p - n_m}{2}}} \qquad (2.18)$$

für die Charakterisierung der Likelihood von $\mathbf{y}$ im Nullraum $F_\perp$ vor. Somit ergibt sich, unter der Annahme, dass die wahre Likelihood von $\mathbf{y}$ in F durch Gl. (2.15) beschrieben wird, für $p(\mathbf{y})$ der Schätzer

$$\hat{p}(\mathbf{y}) = p_F(\mathbf{y}) \cdot \hat{p}_{F_\perp}(\mathbf{y}) = \left[\frac{\exp\!\left(-\frac{1}{2} \sum_{m=1}^{n_m} \frac{\mathbf{b}^{(m)^2}}{\lambda_m}\right)}{(2\pi)^{\frac{n_m}{2}} \prod_{m=1}^{n_m} \lambda_m^{\frac{1}{2}}}\right] \cdot \left[\frac{\exp\!\left(-\frac{\|\mathbf{r_y}\|^2}{2\tau}\right)}{(2\pi\tau)^{\frac{3n_p - n_m}{2}}}\right]. \qquad (2.19)$$

---

[5]Als „Feature Space" (engl. für „Merkmalsraum") bezeichnen [220] den Hauptkomponentenunterraum F. Dementsprechend wird dort die (quadrierte) Mahalanobis-Distanz $\mathbf{b}^\mathsf{T} \boldsymbol{\Lambda}^{-1} \mathbf{b}$ *Distance In Features Space* bzw. DIFS genannt.

2.3 Statistische Formmodelle

Wenn

$$p_{F_\perp}(\mathbf{y}) = \frac{\exp\left(-\frac{1}{2}\sum_{k=n_m+1}^{3n_p}\frac{\mathbf{b}^{(k)^2}}{\lambda_k}\right)}{(2\pi)^{\frac{3n_p-n_m}{2}}\prod_{k=n_m+1}^{3n_p}\lambda_k^{\frac{1}{2}}} \qquad (2.20)$$

die wahre Randverteilung in $F_\perp$ ist und somit das Produkt $p_F(\mathbf{y}) \cdot p_{F_\perp}(\mathbf{y})$ die wahre Likelihood für das Auftreten von $\mathbf{y}$ charakterisiert. Dann lässt sich τ durch Minimierung der auch als relative Entropie bezeichneten Kullback-Leibler (KL) Divergenz J [178] zwischen der Dichte $p(\mathbf{y})$ und ihrer Schätzung $\hat{p}(\mathbf{y})$ bestimmen: $J(\tau) = \int p(\mathbf{y}) \log \frac{p(\mathbf{y})}{\hat{p}(\mathbf{y})} \, d\mathbf{y}$ woraus sich der optimale Parameter $\tau^* = \frac{1}{3n_p - n_m}\sum_{k=1}^{3n_p} \lambda_k$ ergibt [220, 298].

Aufgrund der endlichen Größe der Trainingspopulation $\{\mathbf{x}_i\,;\,i=1,\ldots,n_s\}$ kann die als „wahr" angenommene Dichte $p_F(\mathbf{y})$ (Gl. (2.15)) stets nur eine Schätzung der tatsächlichen Wahrscheinlichkeitsdichte im Hauptkomponentenunterraum F sein. Hierbei ist davon auszugehen, dass der mittels Gl. (2.10) bestimmte n_m-te Eigenwert die kleinste, nicht durch Rauschen verursachte Abweichung vom empirischen Mittelwert $\bar{\mathbf{x}}$ darstellt. Dementsprechend ist

$$\tau' = \lambda_\perp = \frac{\lambda_{n_m}}{2} \qquad (2.21)$$

ein plausibler, zuerst in [44] vorgeschlagener Wert für den Parameter τ in Gl. (2.18), der auch in neueren Arbeiten (z.B. [56, 59]) verwendet und auf dieser Weise die unterbestimmte Kovarianzmatrix $\mathbf{S}$ regularisiert wird (s. auch Gl. (2.23)).

Durch Maximierung der Dichtefunktion in Gl. (2.19) kann eine Rekonstruktion $\mathbf{y}$ bestimmt werden, welche im Gegensatz zu einer Maximierung von Gl. (2.15) nicht auf den Unterraum F beschränkt ist [59]. Äquivalent zur Maximierung von Gl. (2.19) ist die Minimierung ihrer negativen Log-Likelihood-Funktion bzw. Formenergie [59]

$$E_{\text{Form}}(\mathbf{y}) = \frac{1}{2}\sum_{m=1}^{n_m} \frac{\mathbf{b}^{(m)^2}}{\lambda_m} + \frac{\|\mathbf{r_y}\|^2}{2\tau'} + K,$$

wobei in der Konstanten K die von $\mathbf{y}$ unabhängigen Terme zusammengefasst sind. Unter Vernachlässigung von K sowie Berücksichtigung von Gl. (2.16) und (2.21) ergibt sich

$$E_{\text{Form}}(\mathbf{y}) = \frac{1}{2}\sum_{m=1}^{n_m}\frac{\mathbf{b}^{(m)^2}}{\lambda_m} + \frac{1}{2\lambda_\perp}\left(\|\mathbf{y}-\bar{\mathbf{x}}\|^2 - \sum_{m=1}^{n_m}\mathbf{b}^{(m)^2}\right) \qquad (2.22a)$$

$$= (2\lambda_\perp)^{-1}\|\mathbf{y}-\bar{\mathbf{x}}\|^2 + \frac{1}{2}\sum_{m=1}^{n_m}(\lambda_m - \lambda_\perp)^{-1}\mathbf{b}^{(m)^2}. \qquad (2.22b)$$

$E_{\text{Form}}(\mathbf{y})$ setzt sich aus den beiden bereits erwähnten Termen DIFS und DFFS zusammen. Die potenziellen Vorteile, die sich aus deren gemeinsamen Minimierung gegenüber der Formrekonstruktion mittels des Standardansatzes in Gl. (2.13) ergeben, werden in

Abschnitt 5.1 und Abschnitt 5.2 weitergehend diskutiert und in Kapitel 6 für die Segmentierung unterschiedlicher anatomischer Strukturen eingesetzt.

2.4 Korrespondenzfindung

Die Lösung des Korrespondenzproblems stellt die wesentliche Herausforderung bei der Erstellung von statistischen Formmodellen dar. Während in 2D die manuelle Identifizierung von mehreren Dutzend Landmarken auf allen Trainingsformen prinzipiell möglich ist und in den Anfängen der SFM durchaus praktiziert wurde [49, 52], stellt dies keinen praktikablen Ansatz in 3D dar: Abgesehen davon, dass mehrere tausend Landmarken pro Trainingsform platziert werden müssen, stellt die Identifikation von exakten Eins-zu-eins-Korrespondenzen auf einer glatten Oberfläche selbst ausgewiesene (medizinische) Experten vor eine sehr große Herausforderung.

Aus diesem Grund wurde in den letzten Jahren eine Vielzahl automatischer Verfahren entwickelt. Eine Möglichkeit, diese zu klassifizieren, ist die Unterscheidung von paarweisen und populationsbasierten Methoden. Beide Ansätze werden in den Abschnitten 2.4.2 bzw. 2.4.3 genauer beleuchtet und im nachfolgenden Kapitel 3 experimentell evaluiert.

2.4.1 Stand der Technik

Der Fokus dieser Arbeit liegt in der Entwicklung von Verfahren für die Auswertung von 3D-Bilddaten. Um von deren vollständigen Informationsgehalt zu profitieren, müssen die entsprechenden Modelle die komplette dreidimensionale Form der jeweiligen Objektklasse abbilden. Andererseits stellt gerade bei der Korrespondenzfindung der Übergang von 2D nach 3D eine nicht-triviale Herausforderung dar (vgl. Abschnitt 2.4.3). Aus diesem Grund werden in der nachfolgenden Diskussion ausschließlich Arbeiten berücksichtigt, die explizit für 3D-Formen entwickelt wurden oder die konzeptionell einfach von 2D auf 3D übertragen werden können. Für einen vollständigen Überblick zum Thema Korrespondenzfindung im Zusammenhang mit statistischen Formmodellen sei der Übersichtsartikel von Heimann und Meinzer [126] bzw. [151] für einen allgemeinen Überblick zur Korrespondenzfindung in der Computervision empfohlen.

Die wesentliche Charakteristik der paarweisen Ansätze ist, dass räumliche Korrespondenzen stets zwischen zwei Formen gefunden werden. Somit handelt es sich letztendlich um ein Registrierungsproblem. Dabei können Korrespondenzen sowohl ausschließlich zwischen als Polygonnetz repräsentierten Formen [15], als auch zwischen Polygonnetz und Binärvolumen [159] hergestellt werden. Eine weitere Möglichkeit ist es, ausschließlich auf die ursprüngliche Bildinformation zurückzugreifen und z.B. etablierte Bildregistrierungsalgorithmen einzusetzen [99, 253]. Zu der landmarkenbasierten Formrepräsentation (Gl. (2.1)) gelangt man beispielsweise, indem diese zunächst auf einer einzigen, häufig als Template bezeichneten Trainingsform definiert und unter Verwendung des jeweiligen Registrierungsalgorithmus auf alle anderen Formen der Trainingspopulation übertragen

2.4 Korrespondenzfindung

werden [61]. Allerdings sind die auf diese Weise gefundenen Korrespondenzen stark von der Wahl der Template-Form abhängig. Um diesen Einfluss zu reduzieren, wird in [311] die mittlere Form als Template eingesetzt und iterativ neu berechnet. Alternativ können aus der Graphentheorie bekannte Methoden zur Erstellung eines „Formen-Baums" eingesetzt werden, wobei jede Form einen Knoten in dem Graphen repräsentiert. Während in [29, 137] die Formen in einem Binärbaum angeordnet werden, wird in [226] ein minimaler Spannbaum (MST von engl.: minimum spanning tree) eingesetzt. Auf diese Weise wird implizit sichergestellt, dass nur ähnliche Formen miteinander registriert werden, wenn die Landmarken ausgehend von einem Wurzelknoten entlang der Kanten des Graphen von einer Form zur nächsten propagiert werden.

In paarweisen Ansätzen bestimmt das jeweilige Registrierungsverfahren häufig implizit das Ähnlichkeitsmaß der Korrespondenzen. Gebräuchlich sind insbesondere auf der räumlichen Distanz basierende Maße, wie sie z.b. auch im sehr häufig eingesetzten Iterative Closest Point (ICP) Algorithmus [15] und dessen Varianten [29, 143, 311] anzutreffen sind. Andere Merkmale, die zur Festlegung der Ähnlichkeit benutzt werden, sind die Krümmung [313], physikalische Eigenschaften wie z.b. die Energie von auf [20] zurückgehenden Thin-Plate-Splines [61, 62] oder die Bildinformation im Fall der (elastischen) Bildregistrierung. So wird in [99, 253] die Ähnlichkeit zwischen Intensitätsbildern mittels der normalisierten gegenseitigen Information [281] (engl.: normalized mutual information) gemessen, während [100] die Konsistenz zwischen den Labeln verschiedener Objektklassen bestimmen.

Bereits in Abschnitt 2.2 wurde die Möglichkeit zur Abbildung der Formen in eine Parameterdomäne diskutiert. Sofern eine Möglichkeit gefunden wird, die parametrisierte Form mit Hilfe geeigneter Basisfunktionen zu beschreiben, lassen sich auf diese Weise inhärent Korrespondenzen definieren. Dazu werden die Positionen der Form identifiziert, an denen die Basisfunktionen identische Koeffizienten aufweisen. Für geschlossene, zur Einheitssphäre $\mathbb{S}^2$ homöomorphe Formen bieten sich sphärische harmonische Funktionen als Parameterdomäne an [28] (s. Abb. 2.2(b),(c)). Dieses sogenannte SPHARM-Modell [160] wurde bereits mehrfach für die Erstellung von SFM für Objektklassen unterschiedlichster Komplexität eingesetzt [67, 103, 283, P9, P18]. Allerdings hängt die Abbildung ω (Gl. (2.2)) in der Praxis von der jeweiligen numerischen Implementierung ab (s. auch Abschnitt 2.4.2), sodass unterschiedliche Implementierungen in unterschiedlichen Parametrisierungen und damit auch unterschiedlichen Korrespondenzen resultieren. Dagegen beansprucht der kürzlich von Kurtek et al. [179, 180] vorgestellte Ansatz, invariant gegenüber der jeweiligen Parametrisierung zu sein.

Im Gegensatz zu den paarweisen Methoden motivieren sich populationsbasierte Ansätze ausgehend von dem zu erstellenden SFM (Gl. (2.11)). Da jede Form der Trainingspopulation $\{S_i\,;\, i = 1, \ldots, n_s\}$ zusätzliche Information zu der zu modellierenden Formvariabilität beiträgt, bedeutet dies im Umkehrschluss, dass die korrespondierenden Positionen $\mathbf{x}_k^{(j)} \in S_k$ und $\mathbf{x}_l^{(j)} \in S_l$, $j = 1, \ldots, n_p$, $k, l \in \{1, \ldots, n_s\}$, $l \neq k$, auch von allen anderen Formen S_i, $i = 1, \ldots, n_s$, $i \neq k$, $i \neq l$ der Trainingspopulation abhängen. Daraus ergibt sich die Anforderung nach einem vom SFM abhängigen Gütekriterium, d.h. einer modellbasierten Zielfunktion. Die Landmarken sind nun möglichst so zu positionieren, dass diese Zielfunktion optimiert wird, um auf diese Weise die „besten" Korrespondenzen für das zugrunde liegende Modell (im vorliegenden Fall der multivariaten Normalverteilung, s. Gl. (2.4)) zu gewinnen. Während die Idee der modellbasierten Korrespondenzfindung auf Kotcheff und Taylor [175] zurückgeht, ist die bekannteste Zielfunktion in diesem Zusammenhang die von Davies et al. [70] vorgeschlagene, auf der Informationstheorie basierende minimale Beschreibungslänge (MDL von engl.: minimum description length). Um diese Zielfunktion zu optimieren, wird in [68] die Korrespondenzfindung mittels Parametrisierung und Reparametrisierung angegangen. Dazu werden alle Trainingsformen zunächst in eine geeignete, entsprechend der Topologie der Objektklasse gewählte, Parameterdomäne abgebildet (Abschnitt 2.4.2). Anschließend wird die Beschreibungslänge durch zielgerichtete Modifikation der Parametrisierungen minimiert (Abschnitt 2.4.3). In [35] wird ein formal zur MDL äquivalenter, auf der Minimierung der Entropie basierender Ansatz vorgeschlagen, der diese Abhängigkeit von einer bestimmten Parametrisierung vermeidet.

Nichtsdestoweniger hat sich der Ansatz der Korrespondenzoptimierung unter Verwendung der MDL-Zielfunktion insbesondere wegen der methodisch sauberen Herleitung ausgehend vom linearen Formmodell [73] als Quasi-Standard für die Korrespondenzfindung etabliert [126]. Allerdings beruht diese Bewertung im Wesentlichen auf theoretischen Gütekriterien (s. Abschnitt 3.2.1), während der Einfluss des Verfahrens der Korrespondenzfindung auf die tatsächlich in der Praxis mit einem SFM erzielbare Segmentierungsgüte bislang nicht untersucht wurde. Einer solchen Evaluierung ist Kapitel 3 gewidmet. Dazu werden zunächst in den beiden folgenden Abschnitten 2.4.2 und 2.4.3 potenzielle Einflussfaktoren für die Korrespondenzoptimierung identifiziert, um im Anschluss daran deren Einfluss auf Modell- und Segmentierungsgüte in den Abschnitten 3.3 und 3.4 zu untersuchen und zu bewerten.

2.4.2 Korrespondenzfindung mittels Oberflächenparametrisierung

Die Etablierung von Punktkorrespondenzen unter Verwendung parametrisierter Oberflächenrepräsentationen ist ein prominenter Ansatz (z.B. [160, 181]). Das prinzipielle Vorgehen ist in Abb. 2.7 am Beispiel einer $\mathbb{S}^2$-Parametrisierung des Unterkieferknochens veranschaulicht: Zunächst wird die homöomorphe Abbildung $\omega_i^{-1} : S_i \to \mathbb{S}^2$, $i \in \{1, \ldots, n_s\}$ berechnet, welche eine Eins-zu-eins-Korrespondenz zwischen dem Polygonnetz $\mathcal{M}_{S_i} \in S_i$ und der sphärischen Oberfläche $\mathcal{P}_{S_i} \in \mathbb{S}^2$ definiert (s. auch Gl. (2.2)). In der normalisierten Parameterdomäne $\mathbb{S}^2$ kann leicht ein regelmäßiges Gitter bestehend aus n_p Punkten erstellt und auf diese Weise eine äquidistante Abtastung von $\mathcal{P}_{S_i}$ realisiert werden (Abb. 2.7, mitte). Aufgrund der Bijektivität von ω_i, kann dieses neue Polygonnetz eindeutig auf die eigentliche Form übertragen und auf diese Weise eine punktbasierte Formrepräsentation $\mathbf{x}_i$ (Gl. (2.1)) mit einer definierten Anzahl an Landmarken generiert

2.4 Korrespondenzfindung

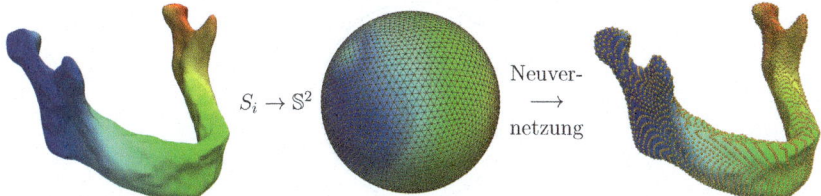

Abb. 2.7: Korrespondenzfindung mittels Oberflächenparametrisierung. Die Abbildung $\omega_i^{-1}: S_i \to \mathbb{S}^2$ definiert eine Eins-zu-eins-Korrespondenz (markiert durch gleiche Farben) zwischen dem Polygonnetz $\mathcal{M}_{S_i} \in S_i$ (links) und der sphärischen Oberfläche $\mathcal{P}_{S_i} \in \mathbb{S}^2$ (mitte). Äquidistante Abtastung von $\mathbb{S}^2$ und entsprechende Neuvernetzung von S_i liefert den durch die sphärischen Glyphen repräsentierten Formvektor $\mathbf{x}_i$ (rechts).

werden. Diese Neuvernetzung (engl.: remeshing) wird technisch in der Regel mittels baryzentrischer Interpolation realisiert.

Indem dieses Prinzip auf alle n_s Formen der Trainingspopulation angewendet wird, erhält man die Stichprobe $\mathbf{x}_1, \ldots, \mathbf{x}_{n_s}$ und schafft auf diese Weise die Grundlage für die Formmodellierung (Abschnitt 2.3.2). Generell sind bei diesem Ansatz drei Aspekte zu berücksichtigen:

1. Wahl einer geeigneten Parameterdomäne.
2. Minimierung der durch die Abbildung ω_i induzierten Distorsionen in $\mathcal{P}_{S_i}$.
3. Konsistenz aller Abbildungen $\mathcal{W} = \{\omega_i \, ; \, i = 1, \ldots, n_s\}$.

Die Wahl der Parameterdomäne hängt insbesondere von der betrachteten Objektklasse ab. Da viele anatomisch relevante Strukturen homöomorph zur Einheits-2-Sphäre $\mathbb{S}^2$ sind, hat sich diese für eine Vielzahl von Applikationen bewährt (z.B. [103, 160, 283, 285, P10, P18]). Eine alternative Parameterdomäne für topologisch nicht-sphärische Formen ist z.B. das Rechteck für Oberflächen, die eine Grenzlinie aufweisen [139]. Dieser Ansatz wird in [140] erweitert und für die komplexe Topologie des Herzens angewendet. In [12] wird eine kontinuierliche Rechteckdomäne für Wirbelkörper mit Genus eins vorgeschlagen. Der variationelle Ansatz von Lamecker et al. [181, 183, 326] ist prinzipiell Topologie-unabhängig, erfordert jedoch die manuelle Identifikation von Schnittlinien zwischen einzelnen Teilstücken der Gesamtoberfläche, die dann getrennt voneinander auf die Einheitsscheibe abgebildet werden. Auf diese Weise wird die Konsistenz der Abbildungen sichergestellt, da stets einander entsprechende Flächenstücke parametrisiert werden. Andererseits müssen die einzelnen Parametrisierungen wieder zusammengefügt werden, was unweigerlich zu Verzerrungen an den Rändern der Teilstücke führt. Tatsächlich sind die beiden Kriterien Konsistenz und Distorsionsminimierung in der Praxis nur schwer unabhängig voneinander optimierbar (vgl. Abschnitt 3.4.1).

24 Kapitel 2 Formmodellierung

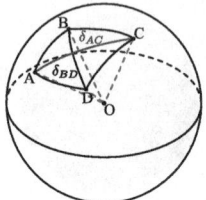

Abb. 2.8: Das sphärische Viereck (ABCD) kann auf zwei Arten in zwei sphärische Dreiecke unterteilt werden. Um ungünstig geformte, dünne Dreiecke zu vermeiden, wird das Viereck entlang der längeren der beiden geodätischen Diagonalen aufgetrennt.

In dieser Arbeit werden ausschließlich $\mathbb{S}^2$-Parametrisierungen betrachtet. Aufgrund der numerischen Berechnung von $\boldsymbol{\omega}_i^{-1}$, $i \in \{1, \ldots, n_s\}$ kommt es unweigerlich zu Flächen- und Winkeldistorsionen im Polygonnetz $\mathcal{P}_{S_i} \in \mathbb{S}^2$ gegenüber dem Polygonnetz $\mathcal{M}_{S_i} \in S_i$. In einigen Arbeiten [102, 131] werden Formvektoren $\mathbf{x}_i$, $i = 1, \ldots, n_s$ unter Verwendung von winkeltreuen (konformen) Abbildungen (z.B. [117]) erstellt. Zwar lässt sich zeigen [98], dass eine solche konforme Abbildung stets existiert, aber diese geht häufig mit starken Flächenverzerrungen einher, sodass eine adaptive Abtastung der Parameterdomäne erforderlich wird (z.B. [131]).

Bei der von Brechbühler [28] vorgeschlagenen, quasi-verzerrungsfreien Parametrisierung wird die Erhaltung der Flächenverhältnisse unter der Nebenbedingung der Minimierung der Winkeldistorsionen optimiert. Das Verfahren wurde in [160] zum ersten Mal im Zusammenhang mit der SFM-Erstellung und in [68, P4, P6] mit der Korrespondenzoptimierung (s. Abschnitt 2.4.3) eingesetzt. Die konsistente Ausrichtung der auf diese Weise erstellten $\boldsymbol{\omega}_i \in \mathcal{W}$ wird in [160] implizit mit Hilfe der sphärischen harmonischen Funktionen sichergestellt. Ein alternativer Ansatz, der auch in dieser Arbeit verfolgt wird, ist die explizite Ausrichtung der sphärischen Polygonnetze $\mathcal{P}_{S_i}$, $i = 1, \ldots, n_s$ mit Hilfe des Iterative Closest Point (ICP) Algorithmus [71, 102, 168]. Basierend auf einer Referenzform S_ref, ref $\in \{1, \ldots, n_s\}$ mit entsprechender Referenzparametrisierung $\boldsymbol{\omega}_\text{ref} : \mathbb{S}^2 \to S_\text{ref}$ werden konsistente Parametrisierungen $\boldsymbol{\omega}_i : \mathbb{S}^2 \to S_i$, $i = 1, \ldots, n_s$, $i \neq$ ref berechnet. Hierzu werden in [71] und [168] die Polygonnetze $\mathcal{P}_{S_i} \in \mathbb{S}^2$, $i = 1, \ldots, n_s$, $i \neq$ ref nicht-rigide bezüglich $\mathcal{P}_{S_\text{ref}}$ transformiert, was jedoch potenziell lokale Artefakte in den $\{\mathcal{P}_{S_i}\}$ induziert, die sich letztendlich auch im SFM niederschlagen (vgl. Abschnitt 3.4.1).

Der im Rahmen dieser Arbeit entwickelte, auf dem Verfahren von Brechbühler [27] aufsetzende Distmin-Algorithmus soll dieses Problem vermeiden. Ausgehend von einem Binärvolumen (implizite Oberfläche s. Abb. 2.1(b)) wird das Cuberille-Verfahren [136] verwendet, um ein Polygonnetz $\mathcal{M}_{S_i}$ mit isotropen Vierecken und regelmäßiger Konnektivität zu erstellen. Diese beiden Eigenschaften werden für die Formulierung eines Optimierungsproblems mit Randbedingungen ausgenutzt, wobei letztere die Erhaltung der Flächen und Längen sowie die Minimierung der Winkeldistorsionen in $\mathcal{P}_{S_i}$ gegenüber $\mathcal{M}_{S_i}$ sind [28]. Die zu optimierenden Variablen sind die Vertexpositionen $\widetilde{V}_i = \{\boldsymbol{\omega}_i^{-1}(\mathbf{v}_i^{(k)}) \in$

2.4 Korrespondenzfindung

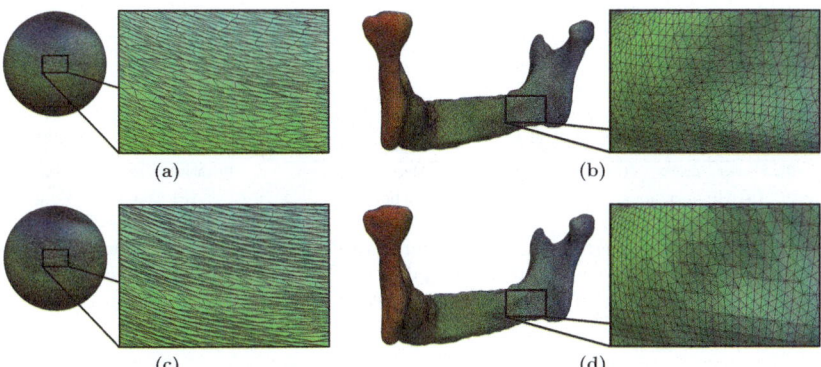

Abb. 2.9: Artefaktreduktion in $\mathcal{P}_{S_i}$ ((a) vs. (c)) und Vermeidung unregelmäßiger Triangulierungen in $\mathcal{M}_{S_i}$ ((b) vs. (d)) durch Triangulierung der Parametrisierung unter Berücksichtigung der geodätischen Diagonalen (s. Abb. 2.8). (c) und (d) zeigen die Ergebnisse der ursprünglichen Implementierung [28]. Die hervorgehobenen Oberflächenareale repräsentieren einander entsprechende Bereiche von $\mathcal{P}_{S_i}$ und $\mathcal{M}_{S_i}$.

$\mathbb{R}^3$; $||\boldsymbol{\omega}_i^{-1}(\mathbf{v}_i^{(k)})||_2 = 1$, $k = 1, \ldots, n_v\}$ von $\mathcal{P}_{S_i}$, wobei $V_i = \{\mathbf{v}_i^{(k)} \in \mathcal{M}_{S_i}\,;\, k = 1, \ldots, n_v\}$ die Positionen der $n_v \in \mathbb{N}^+$ Vertices der i-ten Form S_i bezeichnen. Nach der Berechnung der Abbildung $\boldsymbol{\omega}_i^{-1}$, $i \in \{1, \ldots, n_s\}$ werden die sphärischen Vierecke von $\mathcal{P}_{S_i}$ jeweils in zwei sphärische Dreiecke getrennt (vgl. Abb. 2.8). Diese Trennung erfolgt entlang der längeren Diagonalen δ, welche als geodätische Distanz zwischen zwei Punkten mit den Polarkoordinaten (θ_1, ϕ_1) und (θ_2, ϕ_2) zu

$$\delta = 2\arcsin\left(\sqrt{\sin^2\left(\frac{\theta_1 - \theta_2}{2}\right) + \cos\left(\frac{\pi}{2} - \theta_1\right)\cos\left(\frac{\pi}{2} - \theta_2\right)\sin^2\left(\frac{\phi_2 - \phi_1}{2}\right)}\right)$$

berechnet wird [270]. Auf diese Weise werden Artefakte in $\mathcal{P}_{S_i}$ reduziert (Abb. 2.9(a) vs. (c)) und eine regelmäßigere Triangulierung in $\mathcal{M}_{S_i}$ (Abb. 2.9(b) vs. (d)) erzielt. Quantifizieren lässt sich dies z.B. dadurch, indem jeweils die Flächenverzerrung (s. Gl. (3.3)) der sphärischen Oberfläche $\mathcal{P}_{S_i}$; $i = 1, \ldots, n_s$ gegenüber der korrespondierenden Oberfläche $\mathcal{M}_{S_i}$; $i = 1, \ldots, n_s$ berechnet wird (s. auch Abschnitt 3.2.2). Abb. 2.10 ist zu entnehmen, dass der hier vorgeschlagene Distmin-Ansatz für unterschiedliche Organe die Flächenverzerrung signifikant reduziert. Es ist zu beachten, dass aufgrund des Cuberille-Verfahrens die Triangulierung $\mathcal{M}_{S_i}$ zunächst eine treppenförmige Struktur mit isotroper Kantenlänge aufweist. Diese werden mittels Tiefpassfilterung [289] geglättet, und auf diese Weise die in Abb. 2.9(b),(d) dargestellten physiologisch plausiblen Triangulierungen gewonnen.

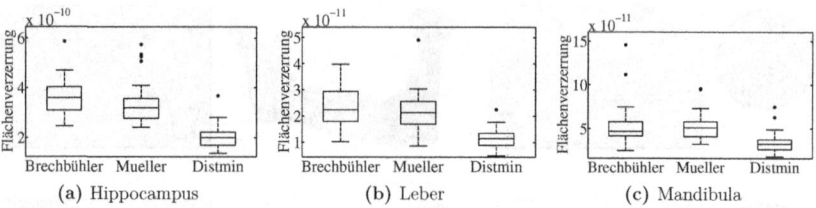

Abb. 2.10: Flächenverzerrung (s. Gl. (3.3)) für unterschiedliche Organe bei Verwendung des Verfahrens von Brechbühler [28], dem von Mueller [224] vorgeschlagenen Ansatz zur Glättung sowie dem in dieser Arbeit entwickelten Distmin-Algorithmus.

Für die konsistente Ausrichtung der unabhängig voneinander berechneten Parametrisierungen ω_i^{-1}, $i = 1, \ldots, n_s$ werden alle Formen S_i, $i = 1, \ldots, n_s$ im Ursprung zentriert und anschließend eine Referenzoberfläche S_{ref}, ref $\in \{1, \ldots, n_s\}$ selektiert. Die verbleibenden Formen S_i, $i = 1, \ldots, n_s$, $i \neq$ ref werden zunächst anisotrop skaliert und dann mittels ICP-Algorithmus [15] mit S_{ref} ausgerichtet. Die anisotrope Skalierung dient der Verbesserung der Robustheit der ICP-Ausrichtung und kann durch eine Eigenzerlegung (s. Gl. (2.6)) der Vertexkoordinaten berechnet werden [168]. Nach der ICP-Ausrichtung werden für die $n_{\text{ref}} \in \mathbb{N}^+$ Vertices V_{ref} jeweils die nächstgelegene Position $\mathcal{V}_i = \{\mathbf{v}_i^{(k)} \in \mathcal{M}_{S_i}; k = 1, \ldots, n_{\text{ref}}\}$, $i = 1, \ldots, n_s$, $i \neq$ ref berechnet. Diese Korrespondenz wird mittels barycentrischer Interpolation auf $\mathcal{P}_{S_i}$ übertragen, sodass $\tilde{\mathcal{V}}_i = \{\omega_i^{-1}(\mathbf{v}_i^{(k)}) \in \mathcal{P}_{S_i}; k = 1, \ldots, n_{\text{ref}}\}$. Die Oberfläche $\mathcal{P}_{S_i}$ wird nun so rotiert, dass die Positionen $\tilde{\mathcal{V}}_i$ mit den Vertexpositionen $\tilde{V}_{\text{ref}}$ im Sinne der Methode der kleinsten Quadrate zur Deckung gebracht werden [141]. Abb. 2.11 gibt eine schematische Darstellung des Algorithmus, wobei der Effekt der konsistenten Ausrichtung für die dritte Form besonders deutlich wird.

2.4.3 Korrespondenzoptimierung

Die zuvor diskutierte Korrespondenzfindung mittels Oberflächenparametrisierung (Abschnitt 2.4.2) stellt die Basis für die Korrespondenzoptimierung in 3D dar. Der Grund dafür ist, dass bei der Korrespondenzoptimierung die Landmarken möglichst optimal bezüglich einer modellbasierten Zielfunktion positioniert werden. Ausgehend von einer mittels Oberflächenparametrisierung generierten initialen Landmarkenkonfiguration bedeutet dies deren zielgerichtete Modifikation, wobei eine solche Veränderung der Landmarkenpositionen $\mathbf{x}_i^{(j)} \in S_i$, $i = 1, \ldots, n_s$, $j = 1, \ldots, n_p$ homöomorph erfolgen muss. D.h. es dürfen keine Überfaltungen (Dreiecke schieben sich übereinander) oder „Löcher" (Dreiecke reißen auf) in der durch $\mathbf{x}_i \in S_i$ repräsentierten Form auftreten. Eine solche Abbildung kann in einer Parameterdomäne wie z.B. $\mathbb{S}^2$ deutlich einfacher garantiert werden, weshalb die Landmarkenpositionen durch Modifikation ihrer parametrischen Koordi-

2.4 Korrespondenzfindung

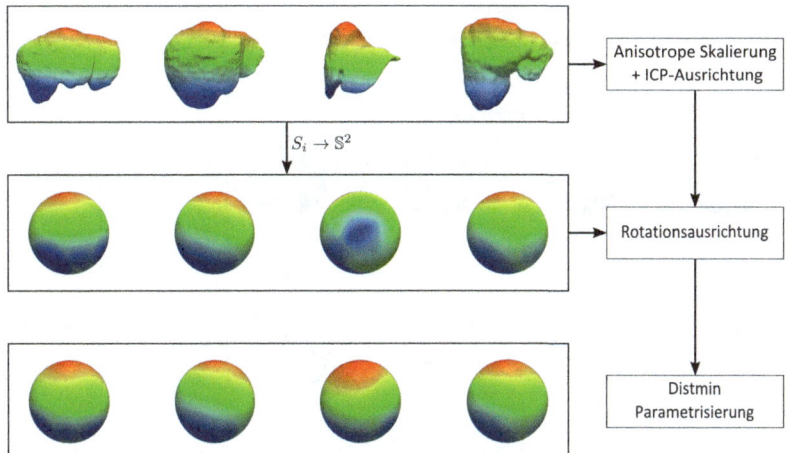

Abb. 2.11: Konsistente, quasi-verzerrungsfreie sphärische Parametrisierung am Beispiel von Leber-Formen S_i, $i = 1, \ldots, n_s$. Für jede Form S_i, $i \in \{1, \ldots, n_s\}$ wird zunächst eine quasi-verzerrungsfreie $\mathbb{S}^2$-Parametrisierung $\boldsymbol{\omega}_i$, repräsentiert durch das sphärische Polygonnetz $\mathcal{P}_{S_i}$, berechnet und diese anschließend unter Verwendung des ICP-Algorithmus konsistent ausgerichtet. Die Farben markieren Eins-zu-eins-Korrespondenzen zwischen S_i und $\boldsymbol{\omega}_i$, $i \in \{1, \ldots n_s\}$.

naten $\boldsymbol{\omega}_i^{-1}(\mathbf{x}_i^{(j)}) \in \mathbb{S}^2$ unter Ausnutzung der Bijektivität der Abbildung $\boldsymbol{\omega}_i$ optimiert werden (vgl. Abb. 2.12).

Der skizzierte Ansatz der Optimierung mittels Reparametrisierung wurde in [175] eingeführt, inzwischen von unterschiedlichen Gruppen für 3D-Formen erweitert [68, 69, 131, 132, 283, 285] und kommt auch in dieser Arbeit zur Anwendung. In den folgenden Abschnitten 2.4.3.1 - 2.4.3.3 werden unterschiedliche Implementierungen der drei wesentlichen Komponenten dieses Verfahrens vorgestellt.

2.4.3.1 Zielfunktion

Die prinzipielle Idee der populationsbasierten Korrespondenzfindung ist es, wünschenswerte Eigenschaften des durch die Landmarken definierten SFM explizit mit Hilfe einer modellbasierten Zielfunktion zu messen. Die erste von Kotcheff und Taylor [175] vorgeschlagene populationsbasierte Zielfunktion basiert auf der Determinanten der Stichproben-Kovarianzmatrix $\mathbf{S}$, welche sich mittels der Eigenwertzerlegung in Gl. (2.6) und anschließendem Logarithmieren zur Vermeidung von Rundungsfehlern zu

$$\mathcal{L}_{\text{DetCov}} = \sum_{m=1}^{n_s-1} \left(\log(\lambda_m + \rho) - \log(\rho) \right) \quad (2.23)$$

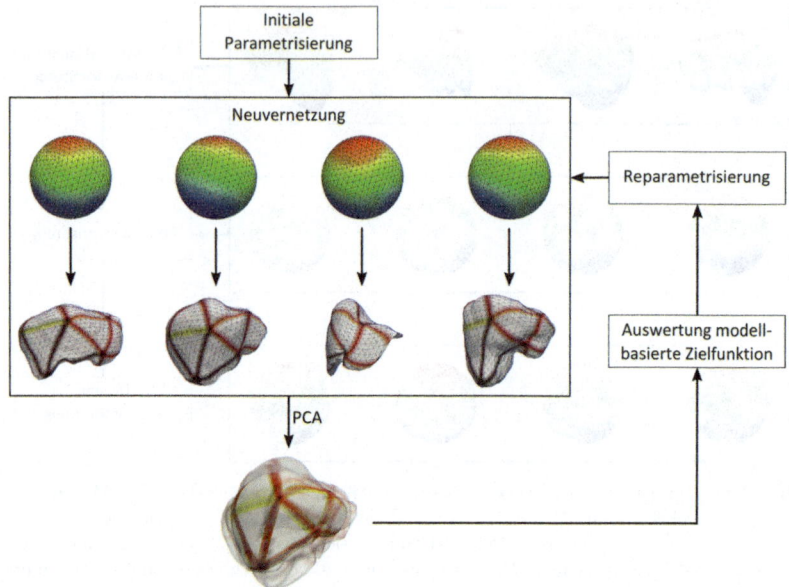

Abb. 2.12: Korrespondenzoptimierung mittels Reparametrisierung am Beispiel von Leber-Formen S_i, $i = 1, \ldots, n_s$. Die modellbasierte Zielfunktion wird iterativ durch Modifikation der Parametrisierungen optimiert. In jeder Iteration werden durch Neuvernetzung der S_i die Formvektoren $\mathbf{x}_i$ erstellt und ein SFM (Gl. (2.11)) berechnet. Die Farben der sphärischen Parametrisierung $\boldsymbol{\omega}_i$, $i \in \{1, \ldots, n_s\}$ markieren Eins-zu-eins-Korrespondenzen mit der Form S_i in Abb. 2.11. Die farbigen Linien markieren korrespondierende Bereiche der Trainingspopulation.

ergibt. Durch die Minimierung dieser häufig als DetCov bezeichneten Zielfunktion wird die Varianz der Trainingspopulation $\mathbf{x}_i$, $i = 1, \ldots, n_s$ in möglichst wenigen Eigenmoden konzentriert und auf diese Weise ein kompaktes SFM erstellt. Wie bereits festgestellt (Abschnitt 2.3.2), ist die Kovarianzmatrix unterbesetzt, weshalb nur die maximal $n_s - 1$ von Null verschiedenen Eigenwerte berücksichtigt werden. Nichtsdestoweniger können sehr kleine Eigenwerte numerische Probleme verursachen, was durch den Regularisierungsparameter ρ vermieden werden soll. Dieser kann als ein Maß für das in den Trainingsdaten enthaltene Rauschen interpretiert werden (vgl. Abschnitt 2.3.3). Eine solche Regularisierung der Kovarianzmatrix wird in einem jeweils anderen Kontext z.B. auch in [59, 298] vorgeschlagen.

Der wesentliche Nachteil der DetCov-Zielfunktion in Gl. (2.23) ist die fehlende methodisch saubere Motivation. Aus diesem Grund greifen Davies et al. [70] auf die minimale Beschreibungslänge (MDL) [246, 247] zurück. Die Beschreibungslänge ist ein informa-

2.4 Korrespondenzfindung

tionstheoretisches Maß, welches das Prinzip der Parsimonie (Sparsamkeitsprinzip, auch Ockhams Rasiermesser) formalisiert. Ziel ist es, für eine gegebene Datenmenge, welche unter Verwendung eines bestimmten Modells repräsentiert bzw. komprimiert werden soll, diejenigen Modellparameter zu identifizieren, welche die effizienteste Beschreibung der Summe aus Modellparameter und der durch das Modell repräsentierten Datenmenge erlauben [116]. Daraus leitet sich der Anspruch der MDL ab, in der Lage zu sein, optimal zwischen der Komplexität und der Qualität eines (statistischen Form-)Modells auszugleichen. Davies [73] hat diesen Ansatz auf das lineare Formmodell (Abschnitt 2.3.2) mit der in Gl. (2.15) gegebenen Wahrscheinlichkeitsdichtefunktion übertragen und für die praktische Berechnung von dessen Beschreibungslänge die Approximation [68]

$$\mathcal{L}_{\text{MDL}}(\Delta) = f(n_s, \Delta, R) + \sum_{\substack{m:\\ \lambda_m \geq \lambda_{\min}}} \left(\frac{(n_s - 2)}{2} \log(\lambda_m) \right) + \sum_{\substack{m:\\ \lambda_m < \lambda_{\min}}} \left(\frac{(n_s - 2)}{2} \log(\lambda_{\min}) + \frac{n_s}{2} \frac{\lambda_m}{\lambda_{\min}} \right) \qquad (2.24)$$

vorgeschlagen. Hierbei ist Δ die Kodierungsgenauigkeit der Daten, R deren maximale räumliche Ausdehnung und $f(n_s, \Delta, R)$ eine von diesen Variablen abhängige, jedoch für einen gegebenen Datensatz und eine bestimmte Codierungsgenauigkeit konstante Funktion. Der Wert von $\lambda_{\min} = 4\Delta^2$ hängt von Δ ab, wobei in der Praxis das Integral

$$F = \int_{\Delta_{\min}}^{\Delta_{\max}} \mathcal{L}_{\text{MDL}}(\Delta) \, d\Delta \qquad (2.25)$$

über dem Wertbereich [$\Delta_{\min}, \Delta_{\max}$] ausgewertet wird [68]. Für die Herleitung und weitergehende Diskussion von $\mathcal{L}_{\text{MDL}}$ (Gl. (2.24)) sowie der vollständigen MDL-Zielfunktion [73] und der jeweiligen Parameter sei auf [66, 70, 73] verwiesen.

Die Berechnung der Beschreibungslänge ist vergleichsweise kompliziert und aufwändig (s. z.B. [73]). Aus diesem Grund schlägt Thodberg [293] mit

$$\mathcal{L}_{\text{Thodberg}} = \sum_{m:\, \lambda_m \geq \lambda_{\text{cut}}} \left(1 + \log\left(\frac{\lambda_m}{\lambda_{\text{cut}}}\right)\right) + \sum_{m:\, \lambda_m < \lambda_{\text{cut}}} \frac{\lambda_m}{\lambda_{\text{cut}}} \qquad (2.26)$$

eine vereinfachte MDL-Zielfunktion vor. Die beiden Terme in Gl. (2.26) sind jeweils ähnlich zur Determinante der Kovarianzmatrix, $\det(\mathbf{S}) = \sum_m \log(\lambda_m)$, bzw. deren Spur, $\text{spur}(\mathbf{S}) = \sum_m \lambda_m$. Der diese Terme gewichtende Parameter λ_{cut} ist analog zu $\mathcal{L}_{\text{DetCov}}$ in Gl. (2.23) in Abhängigkeit vom Rauschen in der Trainingspopulation $\mathbf{x}_i$, $i = 1, \ldots, n_s$ zu wählen (vgl. Abschnitt 3.3.2). Zwar stellt $\mathcal{L}_{\text{Thodberg}}$ (Gl. 2.26)) eine Ad-hoc-Vereinfachung der ursprünglichen MDL-Zielfunktion dar, allerdings wurde später gezeigt [84], dass der Unterschied für große n_s lediglich in einer Konstanten liegt. Ein wesentlicher Grund für die Popularität von $\mathcal{L}_{\text{Thodberg}}$ (z.B. [128, 138, 283]) ist die analytische Differen-

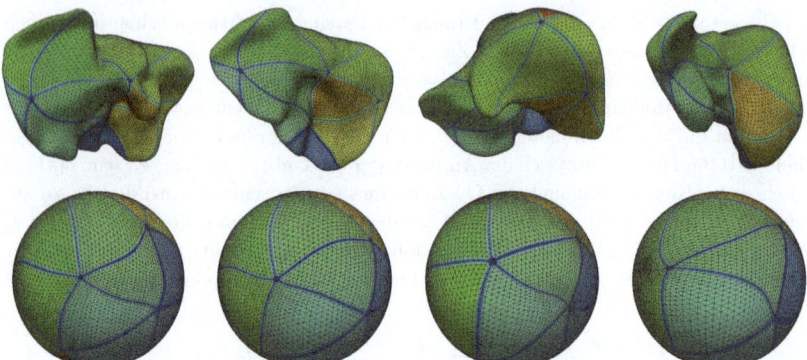

Abb. 2.13: Reparametrisierung mittels räumlich lokalisierter Gaußfunktionen [132] am Beispiel der Leber-Formen aus Abb. 2.11 und 2.12, hier von posterior aus betrachtet. Die Formen wurden zunächst einer initialen Neuvernetzung mit etwa $3n_p$ Abtastpunkten unterzogen. Farben markieren Korrespondenzen zwischen den Formen (oben) und ihrer jeweiligen Parametrisierung (unten). Die lokal unterschiedlichen Variationen der sphärischen Polygonnetze infolge der populationsbasierten Optimierung sind deutlich erkennbar.

zierbarkeit, wodurch eine effiziente Minimierung der (vereinfachten) Beschreibungslänge gewährleistet ist [85].

Anstatt $\mathcal{L}_{\text{Thodberg}}$ (Gl. (2.26)) lediglich bezüglich der Landmarkenpositionen $\mathbf{x}_i^{(j)}, i = 1, \ldots, n_s, j = 1, \ldots, n_p$ zu minimieren, schlagen Thodberg and Olafsdottir [294] sowie Styner et al. [283] die zusätzliche Berücksichtigung unterschiedlicher Krümmungsmerkmale vor, wobei der zusätzliche Rechenaufwand sich nur für bestimmte Objektklassen auszahlt [283].

Für die Berechnung der drei Zielfunktionen in Gl. (2.23)-(2.26) wird vorausgesetzt, dass sich die Formvektoren $\{\mathbf{x}_i \,;\, i = 1, \ldots, n_s\}$ in einem gemeinsamen Koordinatensystem befinden. In [132] wird dies z.B. mittels Prokrustes-Analyse (s. Abschnitt 2.3.1) sowie, optional, zusätzlicher Optimierung der Rotationsparameter bezüglich $\mathcal{L}_{\text{Thodberg}}$ in Gl. (2.26) realisiert, während [68] sämtliche Lageparameter bezüglich $\mathcal{L}_{\text{MDL}}$ (Gl. (2.24)) optimieren.

2.4.3.2 Reparametrisierung

Die Optimierung populationsbasierter Zielfunktionen wird typischerweise in einer gemeinsamen Parameterdomäne durch zielgerichtete Manipulation der parametrisierten Formrepräsentationen durchgeführt (vgl. Abb. 2.12). Davies et al. [68, 69] schlagen für diese Reparametrisierung zum einen die Einheits-2-Sphäre einhüllende Cauchy-Verteilungen vor, um symmetrische Transformationen der polaren Koordinate θ (Theta-Trans-

2.4 Korrespondenzfindung

formationen) zu realisieren. Zum anderen werden räumlich in ihrem Effekt lokalisierte Clamped-Plate-Splines (CPS) eingesetzt [71]. Beide Ansätze erfordern die Festlegung mehrerer Parameter wie z.b. die Position der Verteilungsfunktion bzw. der CPS, sowie deren jeweilige Weite und Amplitude. Heimann et al. [132] verwenden dagegen räumlich begrenzte Gaußfunktionen mit zuvor spezifizierter Konfiguration, um die parametrisierten Koordinaten $\omega_i^{-1}(\mathbf{v}_i^{(k)}) \in \mathcal{P}_{S_i}$, $i = 1, \ldots, n_s$, $k = 1, \ldots, n_v$ der Vertexpositionen $\mathbf{v}_i^{(k)} \in \mathcal{M}_{S_i}$ zu variieren und damit eine Verformung der Oberflächen $\mathcal{P}_{S_i} \in \mathbb{S}^2$ zu erreichen (vgl. Abb 2.13). Alternativ können die Abtastpunkte selbst manipuliert werden, was zwar potenziell weniger rechenaufwändig ist, jedoch die Adaption des Abtastgitters während der Optimierung wie z.b. in [130] erschwert. In dieser Arbeit kommt der Reparametrisierungsansatz von Heimann [132] zur Anwendung, wobei das Laufzeitverhalten durch eine initiale Neuvernetzung (vgl. Abb. 2.7) aller Formen S_i, $i = 1, \ldots, n_s$ verbessert wird. Hier hat sich die Verwendung von ca. $3n_p$ Abtastpunkten als guter Kompromiss zwischen Laufzeitverhalten und Erhaltung der Formdetails bewährt.

Neben anderen parametrischen Ansätzen, wie z.b. Polynom-Funktionen [138] oder B-Splines [139], schlagen Davies et al. [72] die nicht-parametrische Fluid-Regularisierung [37] vor. Diese bietet potenziell den Vorteil weniger restriktiv bezüglich der erlaubten Deformationen zu sein, als die zuvor genannten parametrischen Ansätze. Auf diese Weise soll das Risiko, während der Optimierung von Gl. (2.23)-(2.26) im lokalen Minimum stecken zu bleiben, verringert, kleinere Zielfunktionswerte ermöglicht und somit ein potenziell besseres SFM erzielt werden [72].

2.4.3.3 Optimierung

Für die Minimierung von Gl. (2.23) bzw. Gl. (2.24) wurden in [175] bzw. [69] jeweils genetische Algorithmen (z.B. [107]) verwendet. Deren Konvergenzverhalten war jedoch selbst für 2D-Formen nur bedingt praktikabel, sodass in [73] das Verfahren der simulierten Abkühlung (engl.: simulated annealing) [163] für die 3D-Korrespondenzoptimierung zum Einsatz kam. In der neuesten Arbeit von Davies et al. [68] wird der Simplex-Algorithmus (auch Downhill-Simplex-Verfahren) [228] benutzt. Ericsson und Åström [85] berechnen mit Hilfe der Singulärwertzerlegung (Gl. (2.7)) den Gradienten $\partial \lambda_m / \partial \mathbf{x}_i^{(j)}$, $m = 1, \ldots, n_s - 1$, $i = 1, \ldots, n_s$, $j = 1, \ldots, n_p$ von $\mathcal{L}_{\text{Thodberg}}$ (Gl. 2.26)) analytisch, sodass eine effiziente Minimierung mit Hilfe des Gradientenabstiegsverfahrens möglich ist. Dieser Ansatz wird in [132] für 3D-Formen aufgegriffen und kommt auch in der vorliegenden Arbeit zur Anwendung, während [139] das CG-Verfahren (von engl.: conjugate gradients) vorschlagen.

2.4.3.4 Zusammenfassung

Zusammenfassend ist festzuhalten, dass die unterschiedlichen Implementierungen der populationsbasierten Korrespondenzfindung prinzipiell demselben Schema folgen, die einzelnen Bestandteile des Algorithmus jedoch auf unterschiedliche Weise realisiert werden

	Davies et al.	Heimann et al.	vorliegende Arbeit
Parametrisierung	quasi-verzerrungsfrei	winkeltreu (konform)	quasi-verzerrungsfrei & konsistent
Zielfunktion	$\mathcal{L}_{\text{MDL}}$	$\mathcal{L}_{\text{Thodberg}}$	$\mathcal{L}_{\text{DetCov}}, \mathcal{L}_{\text{MDL}}$ $\mathcal{L}_{\text{Thodberg}}$
Reparametrisierung	einhüllende Cauchy-Verteilung	lokalisierte Gauß-Funktion	lokalisierte Gauß-Funktion
Optimierung	ableitungsfrei	gradientenbasiert	gradientenbasiert

Tab. 2.1: Einordnung der in der vorliegenden Arbeit implementierten Korrespondenzoptimierung mittels Reparametrisierung gegenüber den bekannten Arbeiten von Davies et al. [68, 69] und Heimann et al. [128, 132].

können. In Tab. 2.1 werden die in der vorliegenden Arbeit realisierten Implementierungen zusammengefasst und gegenüber den bekannten Arbeiten von Davies et al. [66, 68] und Heimann et al. [132] eingeordnet. Aufgrund der Beobachtungen in vorangegangenen Studien [P4, P6] liegt der Schwerpunkt dieser Arbeit zum einen auf der Initialisierung des Optimierungsverfahrens, u.a. unter Verwendung der neuartigen, in Abschnitt 2.4.2 vorgestellten Distmin-Parametrisierung. Zum anderen auf der Untersuchung des Einflusses der Zielfunktionen (2.23) - (2.26). Im Rahmen einer universitätsübergreifenden Kooperation wurden darüber hinaus unterschiedliche Methoden der Reparametrisierung eingesetzt (s. Abschnitt 3.3.2).

3
Evaluierung der Korrespondenzgüte

Wie im Kapitel zuvor diskutiert, setzen punktbasierte statistische Formmodelle (SFM) die Etablierung von korrespondierenden Punkten voraus. Somit drängt sich die Frage nach der Güte der auf diese Weise etablierten Korrespondenzen bzw. der mit diesen Korrespondenzen erstellten Formmodellen auf. Die Evaluierung der Korrespondenzgüte bzw. der SFM wurde bereits in unterschiedlichen Arbeiten adressiert (Abschnitt 3.1). Während der Ansatz der Korrespondenzoptimierung fast durchweg Bestandteil dieser Studien ist, wurde dem Einfluss der unterschiedlichen Komponenten dieses Verfahrens (vgl. Abschnitt 2.4.3) auf die erzielbare Modellgüte bislang kaum Bedeutung zugemessen. Zudem ist die bereits in [126] aufgeworfene Frage nach dem Einfluss des Korrespondenzverfahrens auf die mit einem SFM erzielbare Segmentierungsgüte bislang unbeantwortet. Im Rahmen der vorliegenden Arbeit wurden diese Problemstellungen in einer hochschulübergreifenden Studie zwischen der TU Darmstadt, Fachbereich Graphisch-Interaktive Systeme (GRIS) und der Universität zu Lübeck, Institut für Medizintechnik aufgegriffen (Abschnitt 3.2) und detailliert ausgewertet (Abschnitt 3.3). Die wichtigsten Erkenntnisse sind in Abschnitt 3.4 zusammengefasst.

3.1 Stand der Technik

Davies [73] schlägt in seiner Dissertation die beiden Gütekriterien Spezifität und Generalisierungsfähigkeit zur quantitativen Evaluierung vor[6] (s. Abschnitt 3.2.1). Diese

---
[6]Darüber hinaus wird von Davies ebenfalls das Maß der Kompaktheit vorgeschlagen. Dieses bevorzugt jedoch SFM, deren Korrespondenzen mittels der in Abschnitt 2.4.3.1 diskutierten, varianzbasierten

erlauben es, unterschiedliche Korrespondenzen hinsichtlich ihrer Eignung für die statistische Formmodellierung zu bewerten, ohne dass die Grundwahrheit bezüglich der tatsächlichen Korrespondenzen vorliegt. Letzteres ist ein wesentlicher Grund für die Popularität dieser inzwischen nahezu standardmäßig eingesetzten Korrespondenzgütemaße (z.B. [62, 67, 68, 132, 144, 283, 285, P18]).

Eine wesentliche Stärke dieser Gütekriterien ist ihre methodisch saubere Herleitung, welche unlängst von Twining und Taylor erneut aufgearbeitet wurde [304]. Andererseits haben bereits unterschiedliche Autoren [87, 225] mit Hilfe von artifiziellen Daten Limitierungen im praktischen Einsatz experimentell nachgewiesen. Um diese zu umgehen, wurde z.B. von Ericsson und Karlsson [87] die Verwendung eines Gütemaßes vorgeschlagen, welches manuell definierte, die Grundwahrheit repräsentierende Korrespondenzen erfordert. Allerdings ist die manuelle Identifikation von 3D-Korrespondenzen, wie bereits in Abschnitt 2.4.1 diskutiert, extrem zeitaufwändig. Zudem muss im Vergleich zu 2D-Formen eine deutlich ausgeprägte Inter- als auch Intraobservervariabilität in Kauf genommen werden. Munsell et al. [225] schlagen vor, unterschiedliche Korrespondenzalgorithmen hinsichtlich ihrer Fähigkeit zur Rekonstruktion des tatsächlichen, durch das lineare SFM in Gl. (2.11) repräsentierten Formenraums zu bewerten. Zu diesem Zweck wird eine große Zahl in der Größenordnung von ca. 1000 synthetischer Trainingsformen durch zufälliges Ziehen der Formparameter $\mathbf{b} \sim \mathcal{N}_{n_m}(\mathbf{0}, \mathbf{\Lambda})$ generiert (s. Gl. (2.15)). Dieser Ansatz ist angesichts des sehr zeitaufwändigen Korrespondenzfindungsprozesses für mehrere hundert Trainingsformen ebenfalls nur bedingt für 3D-Formen praktikabel.

Nichtsdestoweniger konnten sowohl in eigenen Vorarbeiten [P4, P6] als auch in anderen Publikationen [61, 131] ähnliche Schwierigkeiten festgestellt werden, wie von Ericsson und Karlsson bzw. Munsell et al. beobachtet. Tatsächlich lassen sich diese häufig auf die sehr einfach zu verwendenden, landmarkenbasierten Distanzmaße zurückführen, die vom Gros der Autoren für die Bestimmung der Korrespondenzgüte eingesetzt werden [62, 67, 68, 132, 283, 285]. Diese ignorieren jedoch den Fehler, der bei der Approximation der Formen $\{S_i\, ; i = 1, \ldots, n_s\}$ durch die landmarkenbasierte Formrepräsentation mittels Formvektoren entsteht. Diesem Approximationsfehler kann auf zwei Arten begegnet werden. Zum einen mittels eines zweistufigen Bewertungsverfahrens: Zunächst wird die Abweichung des Formvektors $\mathbf{x}_i$ von der Form S_i berechnet (s. Abschnitt 3.2.2). Sofern diese für alle Formvektoren $\mathbf{x}_i, i = 1, \ldots, n_s$ als klein genug angesehen werden kann, ist die anschließende Verwendung landmarkenbasierter Distanzmaße für die Bewertung der Korrespondenzgüte valide. Ein ähnlicher Ansatz wird z.B. in [304] für die Evaluierung aktiver Erscheinungsmodelle (AAM von engl.: active appearance model) benutzt. Als Alternative zum zweistufigen Test lassen sich formbasierte Distanzfunktionen unmittelbar für die Berechnung der Korrespondenzgütefunktionen verwenden (s. Abschnitt 3.2.3). Diese können z.B. auf der volumetrischen Überdeckung basieren [131] oder, wie im Rahmen einer eigenen Vorarbeit vorgeschlagen, den Oberflächenabstand berechnen [P5]. Die

---

Zielfunktionen optimiert wurden, und stellt deshalb kein objektives Maß für die Bewertung von SFM dar (vgl. auch [87, 132]).

Vorteile gegenüber dem zweistufigen Test sind, dass kein Schwellwert bezüglich des Approximationsfehlers festgelegt werden muss und dass unterschiedliche SFM, welche unter Verwendung von Landmarkenverteilungen mit unterschiedlichen Approximationsfehlern erstellt wurden, unmittelbar miteinander verglichen werden können.

Die Evaluierung von 3D-Korrespondenzen unter Verwendung der Gütekriterien Spezifität und Generalisierungsfähigkeit wurde bereits in unterschiedlichen Studien adressiert. Jedoch mit Ausnahme der Arbeit von Heimann [131] sowie eigener Arbeiten [P5, P6, P18] unter ausschließlicher Verwendung landmarkenbasierter Distanzmaße. So bewerten Styner et al. [285] die Güte von SFM mit populationsoptimierten Korrespondenzen (vgl. Abschnitt 2.4.3) gegenüber alternativen automatischen Verfahren sowie dem semi-automatischen Setzen von Landmarken. Allerdings wird dort weder der Einfluss unterschiedlicher Zielfunktionsparameter noch Optimierungsstrategien diskutiert. Dagegen untersuchen Styner et al. [283] in einer späteren Arbeit die Korrespondenzgüte bei zusätzlicher Berücksichtigung der Oberflächenkrümmung, ohne dadurch signifikante Vorteile zu erreichen (s. auch eigene Vorarbeit [108]). Ein wesentlicher Aspekt in der von Davies et al. [68] vorgestellten Evaluierungsstudie ist die Untersuchung des Konvergenzverhaltens der Korrespondenzoptimierung unter Verwendung unterschiedlicher Parametereinstellungen und Optimierungsstrategien. Allerdings finden darin alternative Implementierungen der Korrespondenzoptimierung wie z.B. der öffentlich zugänglichen von Heimann et al. [128] keine Berücksichtigung. Sowohl in [131] als auch in [P4, P6] wurde die Bedeutung einer möglichst distorsionsfreien (sphärischen) Parametrisierung für die Korrespondenzoptimierung hervorgehoben. Dies wurde im Rahmen der hochschulübergreifenden Kooperation aufgegriffen und unterschiedliche Parametrisierungsverfahren miteinander verglichen [P18]. Dabei zeigte sich u.a., dass durch die Verwendung geeigneter Parametrisierungsverfahren SFM erstellt werden können, deren Korrespondenzgüte teilweise äquivalent zur Güte populationsoptimierter Korrespondenzen ist (s. Abschnitt 3.3).

3.2 Evaluierungsmethoden

Die in Abschnitt 3.1 diskutierten Studien bewerten statistische Formmodelle insbesondere bezüglich der formalen Korrespondenzgüte (s. Abschnitt 3.2.1). Dagegen wird der unumgängliche Fehler, der bei der Approximation der Formen durch die Formvektoren entsteht, nur selten berücksichtigt. Ursache dafür sind beispielsweise Artefakte in der (sphärischen) Parametrisierung (Abschnitt 3.2.2), sodass erst durch die Verwendung formbasierter Metriken (s. Abschnitt 3.2.3) eine Verfälschung der Korrespondenzgüte ausgeschlossen werden kann. Zudem erfolgte in der Literatur bislang kein Vergleich unterschiedlicher SFM im Rahmen einer realen Anwendung. Die einzige Ausnahme stellt die Arbeit von Styner et al. [284] dar, wobei deren Zielapplikation die Untersuchung (pathologischer) Formänderungen ist. Allerdings ist hierbei im Vergleich zur Segmentierung die Festlegung einer Grundwahrheit ungleich schwerer möglich. Deshalb wird in

Abschnitt 3.2.4 ein im Rahmen dieser Arbeit entwickeltes Evaluierungsverfahren eingeführt, welches den Prozess der Bildsegmentierung simuliert. Somit ist es möglich, den Einfluss der Korrespondenzen auf die mit einem SFM erzielbare Segmentierungsgüte unmittelbar zu bewerten.

3.2.1 Korrespondenzgüte

Die von Davies [73] eingeführten Gütekriterien Spezifität und Generalisierungsfähigkeit werden inzwischen quasi standardmäßig für die Quantifizierung der Güte der Korrespondenzen und damit des SFM eingesetzt. Für beide Kriterien wird die Ähnlichkeit zwischen unterschiedlichen Formen mit Hilfe einer Metrik bzw. Distanzfunktion $\mathcal{D}: \mathcal{X} \times \mathcal{X} \to \mathbb{R}$ in Abhängigkeit von der Anzahl n_m der Formparameter $\mathbf{b}$ (Gl. (2.12)) berechnet.

Mittels der Spezifität $\mathcal{S}$ wird gemessen, inwiefern die mit dem SFM in Gl. (2.11) generierten Formen valide sind bezüglich der dem Modell zugrunde gelegten Wahrscheinlichkeitsdichtefunktion (Gl. (2.15)). Zu diesem Zweck wird eine große Anzahl (z.B. $N = 1000$) an Formvektoren $\{\mathbf{x}_k \in \mathbb{R}^{3n_p}\,; k = 1, \ldots, N\}$ durch zufälliges Ziehen von n_m Formparametern $\mathbf{b} \sim \mathcal{N}_{n_m}(\mathbf{0}, \mathbf{\Lambda})$ generiert (s. Gl. (2.15)). Die Spezifität $\mathcal{S}$ kann nun quantifiziert werden als die Ähnlichkeit der durch die Formvektoren $\mathbf{x}_k$, $k = 1, \ldots, N$ repräsentierten Formen $S_k \in \mathcal{X} \subset \mathbb{R}^3$ mit den Trainingsformen $\{S_i \in \mathcal{X}\,; i = 1, \ldots, n_s\}$,

$$\mathcal{S}(n_m) = \frac{1}{N} \sum_{k=1}^{N} \min_{\{i=1,\ldots,n_s\}} \mathcal{D}(S_k(n_m), S_i). \qquad (3.1)$$

Zur Bewertung der Genauigkeit der Spezifität kann deren Standardfehler $s_{\mathcal{S}(n_m)}$ mit Hilfe der empirischen Standardabweichung $\sigma_{\mathcal{S}(n_m)}$ von $\mathcal{S}(n_m)$ zu $s_{\mathcal{S}(n_m)} = \sigma_{\mathcal{S}(n_m)}/\sqrt{N}$ berechnet werden. Eine hohe Spezifität (kleine Werte für $\mathcal{S}$) ist ein Indikator dafür, dass das SFM stets valide Forminstanzen der jeweiligen Objektklasse (z.B. Leber, Unterkiefer, ...) generiert.

Allerdings misst die Spezifität nicht notwendigerweise die Ähnlichkeit der rekonstruierten Formen zu allen Trainingsformen. Aus diesem Grund wird in [302] vorgeschlagen, für jede Trainingsform die Ähnlichkeit zu den N zufällig rekonstruierten Formen zu berechnen:

$$\mathcal{G}^*(n_m) = \frac{1}{n_s} \sum_{i=1}^{n_s} \min_{\{k=1,\ldots,N\}} \mathcal{D}(S_k(n_m), S_i).$$

Auf diese Weise kann gemessen werden, wie gut die Trainingsformen zu dem damit erstellten SFM passen. In der Praxis ist man jedoch eher an der Fähigkeit eines SFM interessiert, Forminstanzen zu beschreiben, die nicht in der Trainingspopulation enthalten sind. Um diese zur Spezifität gegensätzliche Generalisierungsfähigkeit $\mathcal{G}$ zu messen, wird eine Leave-One-Out-Kreuzvalidierung durchgeführt. Dabei wird jeweils unter Auslassung der i-ten Trainingsform $\mathbf{x}_i$, $i \in \{1, \ldots, n_s\}$ ein Formmodell erstellt und anschließend mit diesem Modell gemäß Gl. (2.9) und unter Verwendung von n_m Formparametern eine Rekonstruktion $\hat{\mathbf{x}}_i(n_m)$ der ausgelassenen Form berechnet. Die Ähnlichkeit der Re-

3.2 Evaluierungsmethoden

konstruktion $\hat{\mathbf{x}}_i(n_m) \in \hat{S}_i(n_m) \in \mathcal{X} \subset \mathbb{R}^3$ und der ausgelassenen Form $\mathbf{x}_i \in S_i \in \mathcal{X} \subset \mathbb{R}^3$ wird über alle Leave-One-Out-Tests gemittelt, sodass für die Generalisierungsfähigkeit gilt:

$$\mathcal{G}(n_m) = \frac{1}{n_s} \sum_{i=1}^{n_s} \mathcal{D}\left(\hat{S}_i(n_m), S_i\right). \tag{3.2}$$

Analog zur Spezifität in Gl. (3.1) berechnet sich der Standardfehler $s_{\mathcal{G}(n_m)}$ mit der empirischen Standardabweichung $\sigma_{\mathcal{G}(n_m)}$ von $\mathcal{G}(n_m)$ zu $s_{\mathcal{S}(n_m)} = \sigma_{\mathcal{G}(n_m)}/\sqrt{n_s}$.

3.2.2 Parametrisierungsgüte

Bereits in Abschnitt 2.4.2 wurde die Parametrisierung $\boldsymbol{\omega}_i^{-1} : S_i \to \mathbb{S}^2$, $i \in \{1, \ldots, n_s\}$ der Formen S_i unter dem Aspekt der Distorsionsminimierung diskutiert. Aus dem Polygonnetz $\mathcal{M}_{S_i} \in S_i$ wird durch Abtastung der sphärischen Oberfläche $\mathcal{P}_{S_i} \in \mathbb{S}^2$ der Formvektor $\mathbf{x}_i$ gewonnen (s. Abb. 2.7). Es ist intuitiv nachvollziehbar, dass $\mathbf{x}_i$ potenziell eine umso größere Ähnlichkeit mit der Oberfläche $\mathcal{M}_{S_i}$ aufweist, desto geringer die durch $\boldsymbol{\omega}_i^{-1}$ induzierten Verzerrungen in $\mathcal{P}_{S_i}$ sind. Damit stellt sich auch die Frage, bis zu welchem Grad die zielgerichtete Änderung von $\mathcal{P}_{S_i}$ im Zuge der Korrespondenzoptimierung mittels Reparametrisierung (s. Abschnitt 2.4.3) plausibel ist und wann diese Änderungen eher als Artefakte zu bewerten sind. Erwähnenswert ist in diesem Zusammenhang, dass die modellbasierten Zielfunktionen in Gl. (2.23)-(2.26) lediglich implizit durch das verwendete Reparametrisierungsverfahren regularisiert werden, jedoch keine explizite Regularisierung zum Einsatz kommt.

In der Literatur lassen sich unterschiedliche Ansätze zur Quantifizierung der Distorsionen einer parametrisierten Oberfläche finden (z.B. [117, 241]). In eignen Vorarbeiten [P5, P6] hat sich allerdings die Minimierung der Flächenverzerrung als besonders kritisch herausgestellt, weshalb im Rahmen dieser Arbeit dieses Gütekriterium zum Einsatz kommt. Sei $\mathcal{T} = \left\{T^{(1)}, \ldots, T^{(n_T)}\right\}$ die Menge der Dreiecke, welche die Konnektivität zwischen den $n_v \in \mathbb{N}^+$ Vertices mit den Positionen $\mathbf{v}_i^{(k)} \in \mathcal{M}_{S_i}$; $k = 1, \ldots, n_v$ der Form S_i herstellen. Die Vertexpositionen $\boldsymbol{\omega}_i^{-1}(\mathbf{v}_i^{(k)}) \in \mathbb{R}^3$ mit $||\boldsymbol{\omega}_i^{-1}(\mathbf{v}_i^{(k)})||_2 = 1$, $k = 1, \ldots, n_v$ der sphärischen Oberfläche weisen dieselbe Konnektivität auf, sodass die Flächenverzerrung $\mathcal{A}$ von $\mathcal{P}_{S_i}$ gegenüber $\mathcal{M}_{S_i}$ durch die quadrierte Summe der relativen Flächendifferenzen quantifiziert werden kann,

$$\mathcal{A} = \sum_{k=1}^{n_T} \left(\frac{|T_{\mathcal{M}_{S_i}}^{(k)}|}{|\mathcal{M}_{S_i}|} - \frac{|T_{\mathcal{P}_{S_i}}^{(k)}|}{|\mathcal{P}_{S_i}|} \right)^2. \tag{3.3}$$

Es handelt sich dabei um ein dimensionsloses Maß, wobei $|T_{\mathcal{M}_{S_i}}^{(k)}|$ und $|T_{\mathcal{P}_{S_i}}^{(k)}|$ die Fläche des k-ten Dreiecks von $\mathcal{M}_{S_i}$ bzw. $\mathcal{P}_{S_i}$ bezeichnen. $|\mathcal{M}_{S_i}|$ und $|\mathcal{P}_{S_i}|$ sind die Oberfläche der Form bzw. ihrer sphärischen Parametrisierung.

Zusätzlich zur Flächenverzerrung kann der Rekonstruktionsfehler des Formvektors $\mathbf{x}_i$ gegenüber $\mathcal{M}_{S_i}$ z.B. mittels formbasierter Distanzmaße (s. Abschnitt 3.2.3) berechnet und somit zusätzlich der Approximationsfehler, der infolge der Repräsentation von $\mathcal{M}_{S_i}$ durch den Formvektor $\mathbf{x}_i$ induziert wird, berücksichtigt werden. Ist dieser unerwartet groß, kann ggf. bereits an dieser Stelle eine ungeeignete (d.h. artefaktbehaftete) Parametrisierung als potenzielle Ursache für eine mangelhafte Korrespondenzgüte identifiziert werden.

3.2.3 Formbasierte Metriken

Wie bereits erwähnt, hat die in Gl. (3.1) bzw. (3.2) für die Berechnung der Spezifität bzw. Generalisierungsfähigkeit verwendete Distanzfunktion $\mathcal{D}: \mathcal{X} \times \mathcal{X} \to \mathbb{R}$ eine entscheidende Bedeutung. Während in den meisten Arbeiten (z.B. [62, 67, 68, 132, 283]) auf der 2-Norm basierende Distanzen wie z.b. die Summe der quadrierten Differenzen [73] (SSD von engl.: sum of squared differences) bzw. der mittlere absolute Abstand [285] (MAD, engl.: mean absolute distance) zum Einsatz kommen, lassen sich auf diese Weise lediglich Formvektoren, jedoch nicht die durch die Formvektoren repräsentierten Formen vergleichen. Unterschiede zwischen den Formvektoren und den ursprünglichen Eingangsformen wie z.b. infolge des wiederholt in der Literatur beschriebenen „landmark piling" (Anhäufung der Landmarken in bestimmten Regionen und entsprechende Unterabtastung anderer Bereiche, siehe z.b. [73, 293]) werden deshalb nicht notwendigerweise durch eine schlechte Spezifität bzw. Generalisierungsfähigkeit abgebildet. Stattdessen wurde sowohl in [61, P5] festgestellt, dass SFM mit diesen unerwünschten Eigenschaften sogar bessere Korrespondenzgütekriterien aufweisen können.

Dieses Problem wurde zunächst von Heimann et al. [131] aufgegriffen und die Verwendung des Jaccard-Koeffizienten (JK) [146] als Ähnlichkeitsmaß vorgeschlagen. Dieser kam später auch in [225] zum Einsatz. Sei $V(S')$ bzw. $V(S)$ das Volumen, welches von den Formen S' bzw. S umschlossen wird. Dann gilt für den Jaccard-Koeffizienten

$$\mathcal{C}_{\text{JK}}(S', S) = \frac{|V(S') \cap V(S)|}{|V(S') \cup V(S)|}. \tag{3.4}$$

Dieser nimmt den Wert 1 an, wenn $V(S')$ und $V(S)$ identisch sind und den Wert 0, wenn keine Überlappung vorliegt. Die Differenz $(1 - \mathcal{C}_{\text{JK}})$ ist die Jaccard-Distanz, und erfüllt die drei Bedingungen einer Metrik [189, 198]. Daraus folgt der prozentuale volumetrische Überlappungsfehler

$$\mathcal{D}_{\text{VÜF}}(S', S) = 100 \left(1 - \mathcal{C}_{\text{JK}}(S', S)\right). \tag{3.5}$$

Um $\mathcal{D}_{\text{VÜF}}$ in Gl. (3.1) bzw. Gl. (3.2) verwenden zu können, müssen sowohl aus den Triangulierungen der Formvektoren $\mathbf{x}_k$, $k = 1, \ldots, N$ bzw. $\hat{\mathbf{x}}_i$, $i = 1, \ldots, n_s$, als auch aus den Trainingsformen S_i, $i = 1, \ldots, n_s$ Binärvolumen erstellt werden (s. z.B. [39] und Referenzen darin). Infolge dieser sogenannten Voxelierung entstehen potenziell kleine Diskretisierungsfehler, ein Nachteil, der durch die Verwendung oberflächenbasierter Metriken vermieden wird [P5]. Sei $\boldsymbol{\rho}' \in S'$ ein beliebiger Oberflächenpunkt der Form S' und $d(\boldsymbol{\rho}', S) := \min_{\boldsymbol{\rho} \in S} \|\boldsymbol{\rho}' - \boldsymbol{\rho}\|_2$ der Abstand von $\boldsymbol{\rho}' \in S'$ zur Form S mit der Gesamtober-

3.2 Evaluierungsmethoden

fläche $|S|$. Dann gilt für die mittlere symmetrische Distanz von S' und S

$$\mathcal{D}_{\text{MSD}}(S', S) = \frac{1}{|S'|} \int_{\rho' \in S'} d(\rho', S) \, \text{d}S' + \frac{1}{|S|} \int_{\rho \in S} d(\rho, S') \, \text{d}S, \qquad (3.6)$$

für die quadratische mittlere symmetrische Distanz

$$\mathcal{D}_{\text{QMSD}}(S', S) = \sqrt{\frac{1}{|S'|} \int_{\rho' \in S'} d(\rho', S)^2 \, \text{d}S' + \frac{1}{|S|} \int_{\rho \in S} d(\rho, S')^2 \, \text{d}S} \qquad (3.7)$$

und für die maximale bzw. Hausdorff-Distanz

$$\mathcal{D}_{\text{HD}}(S', S) = \max\left(\max_{\rho' \in S'}(d(\rho', S)), \max_{\rho \in S}(d(\rho, S'))\right). \qquad (3.8)$$

Während letztere vor allem lokale Formunterschiede detektiert, messen $\mathcal{D}_{\text{MSD}}$ und $\mathcal{D}_{\text{QMSD}}$ in Gl. (3.6) bzw. Gl. (3.7) globale Formunterschiede, wobei im Fall der quadratischen mittleren symmetrischen Distanz Ausreißer stärker gewichtet werden. Die numerische Berechnung der Distanzfunktionen in Gl. (3.6)-(3.8) wird in dieser Arbeit mit Hilfe eines Monte-Carlo-Algorithmus realisiert, wobei auf jeder Form eine ausreichend große Anzahl gleichverteilter Abtastpunkte platziert wird [8].

3.2.4 Segmentierungsgüte

Wie bereits diskutiert, ermöglichen es die in Abschnitt 3.2.1 eingeführten Korrespondenzgütekriterien, unterschiedliche SFM miteinander zu vergleichen, wobei die Wahl einer geeigneten Metrik zu beachten ist (s. Abschnitt 3.2.3). Allerdings lässt eine solche Bewertung nur bedingt darauf zurückschließen, welche Vorteile durch die Verwendung eines Modells mit besserer Spezifität und/oder Generalisierungsfähigkeit in einer realen Anwendung erwartet werden können. Der Fokus dieser Arbeit und generell eine häufige Anwendung statistischer Formmodelle ist die Bildsegmentierung [126]. Eine Möglichkeit zur Bewertung der praktischen Bedeutung der Korrespondenzgüte stellte somit der unmittelbare Vergleich der Segmentierungsgüte unterschiedlicher SFM dar. Typischerweise greift die SFM-basierte Bildsegmentierung jedoch auf gelernte Bildmerkmale zurück (s. Abschnitt 5.1 und Abschnitt 5.4). Eine eindeutige Trennung des Einflusses der Bildmerkmale und der Korrespondenzen ist nahezu nicht möglich. Weiterhin können außergewöhnliche Bildmerkmale, z.B. aufgrund von Artefakten oder Pathologien, die Segmentierungsergebnisse erheblich beeinflussen, sodass nur bei Abwesenheit dieser Einflussfaktoren eine objektive Bewertung der Korrespondenzen möglich ist.

Aus diesem Grund wurde im Rahmen der hochschulübergreifenden Kooperation die Segmentierung von Expertensegmentierung, d.h. Binärbildern eingeführt. Zunächst wird die mittlere Form $\bar{\mathbf{x}}$ (Gl. (2.3)) des zu evaluierenden SFM entweder automatisch, z.B. mittels des Iterative Closest Point (ICP) Algorithmus [15], oder manuell im Binärbild platziert. Nun werden an jeder Landmarkenposition $(2n_k + 1)$, $n_k \in \mathbb{N}^+$ eindimensionale Intensitätsprofile $\boldsymbol{f}_j^{(k)}$, $k = -n_k, \ldots, n_k$ der Länge $(2n_a + 1)$, $n_a \in \mathbb{N}^+$ entlang der Oberflächennormalen abgetastet. Unter der Annahme, dass die segmentierte Struktur den Intensitätswert 1 und der Hintergrund den Wert 0 aufweist, ist das an der Objektgrenze zu erwartende Intensitätsprofil $\boldsymbol{f}_{\text{ref}} = (\mathbf{1}, \frac{1}{2}, \mathbf{0})$. Dabei sind $\mathbf{1}$ und $\mathbf{0}$ n_a-dimensionale Vektoren mit den Einträgen 1 bzw. 0. Infolge linearer Interpolation wird unmittelbar auf der Objektgrenze der Intensitätswert $\frac{1}{2}$ erwartet. Das Intensitätsprofil $\boldsymbol{f}_j^{(k)}$, $k = -n_k, \ldots, n_k$ welches die Kostenfunktion

$$\mathcal{F}\left(\boldsymbol{f}_j^{(k)}\right) = \left\|\boldsymbol{f}_j^{(k)} - \boldsymbol{f}_{\text{ref}}\right\|$$

minimiert, führt auf eine neue Landmarkenposition $\hat{\boldsymbol{y}}^{(j)} \in \mathbb{R}^3$, $j = 1, \ldots, n_p$. Die Konkatenation der n_p Landmarken liefert die Kandidatenrekonstruktion $\hat{\boldsymbol{y}} \in \mathbb{R}^{3n_p}$ (vgl. Abschnitt 2.3.3), deren Formparameter mittels Gl. (2.14) berechnet und für die Formrekonstruktion (Gl. (2.13)) verwendet werden. Das skizzierte Vorgehen der Suche nach den besten Intensitätsprofilen mit anschließender Anpassung des SFM wird für eine bestimmte Anzahl an Iterationen fortgesetzt. Es handelt sich dabei um den aktive Formmodell Algorithmus (AFM) [52], der in Abschnitt 5.1 formal eingeführt wird.

Das Resultat der Segmentierung kann nun mit den in Abschnitt 3.2.3 genannten Distanzfunktionen ausgewertet und mit den Ergebnissen anderer SFM verglichen werden. Auf diese Weise lässt sich unmittelbar der Einfluss der Korrespondenzen auf die Generalisierungsfähigkeit in der Anwendung Bildsegmentierung bewerten, ohne dass zusätzlich der Einfluss der Bildmerkmale berücksichtigt werden müsste. Dabei kann die Generalisierungsfähigkeit analog zu Gl. (3.2) sowohl mittels Leave-One-Out-Validierung ausgewertet werden, als auch für völlig ungesehene Formen. Tatsächlich wurde dieser Unterscheidung in der Literatur bislang keine Bedeutung zugemessen. Dabei werden die Korrespondenzen gerade bei den populationsbasierten Ansätzen unter Berücksichtigung sämtlicher Trainingsformen optimiert (s. Abschnitt 2.4.3), sodass auch die jeweils ausgelassene Form während der Korrespondenzfindung Berücksichtigung fand und damit implizit Einfluss auf die Leave-One-Out-Generalisierungsfähigkeit hat. Im Fall der paarweisen Korrespondenzfindung ist diese Unterscheidung zwischen ausgelassener und ungesehener Form dagegen bedeutungslos. So ist in Abb. 3.1 am Beispiel der Leber gezeigt, dass sowohl für die mit Gl. (3.2) berechnete Korrespondenzgüte als auch die analog bestimmte Segmentierungsgüte eine deutliche Überlegenheit der MDL-Korrespondenzen festzustellen ist (Abb. 3.1(a),(b)). Diese fällt bei der Segmentierung ungesehener Daten geringer aus, hier überlappen sich die auch als Stichprobenfehler bezeichneten Standardfehler von MDL und Distmin teilweise (Abb. 3.1(c)).

In Abschnitt 3.2.1 wurde das von Davies vorgeschlagene Maß für die Spezifität eingeführt (Gl. (3.1)), welches sich auf die dem SFM zugrundeliegende Wahrscheinlichkeitsdichtefunktion bezieht. Im Unterschied dazu ist für die Anwendung Bildsegmentierung intuitiv nachvollziehbar, dass ein spezifisches Modell unabhängig von der zugrundeliegenden Wahrscheinlichkeitsdichte robust gegenüber falschen bzw. irreführenden Bildmerk-

3.3 Experimente

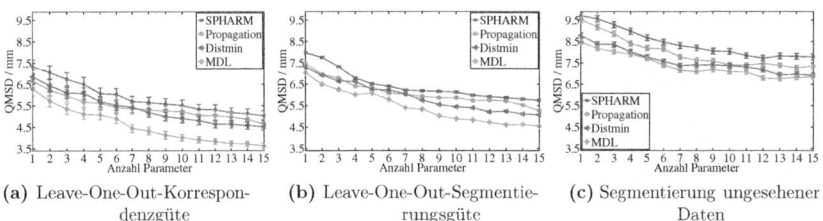

(a) Leave-One-Out-Korrespondenzgüte

(b) Leave-One-Out-Segmentierungsgüte

(c) Segmentierung ungesehener Daten

Abb. 3.1: Generalisierungsfähigkeit der populationsbasierten MDL-Korrespondenzen sowie der paarweisen Korrespondenzverfahren SPHARM [160], Propagation [168] und Distmin (Abschnitt 2.4.2) am Beispiel der Leber. Die Balken geben den auch als Stichprobenfehler bezeichneten Standardfehler an.

malen sein sollte. Im Fall der Segmentierung von Binärbildern können solche irreführenden Merkmale bewusst generiert werden, indem der Wert jedes Bildelementes bzw. Voxels mit einer gleichverteilten Wahrscheinlichkeit p_{inv} invertiert wird (vgl. Ab. 3.2(a)). Auf diese Weise lassen sich SFM hinsichtlich ihrer Robustheit gegenüber unterschiedlich starkem Rauschen untersuchen, wobei $p_{\text{inv}} = 0{,}5$ einem Bild entspricht, bei dem der Wert jedes Voxels durch zufälliges Ziehen von einer Gleichverteilung ermittelt wird. Es ist intuitiv nachvollziehbar, dass die Segmentierungsgüte mit zunehmender Wahrscheinlichkeit p_{inv} abnimmt (s. Abb. 3.2(b),(c)).

3.3 Experimente

Die im vorhergehenden Abschnitt 3.2 vorgestellten Evaluierungsmethoden wurden zum einen eingesetzt, um unterschiedliche Verfahren für die Oberflächenparametrisierung hinsichtlich ihrer Eignung für die Erstellung statistischer Formmodelle zu bewerten (Abschnitt 3.3.1) [P18]. Zum anderen wird in Abschnitt 3.3.2 dargelegt, welche Komponenten der Korrespondenzoptimierung hinsichtlich ihres Einflusses auf die Güte des SFM untersucht wurden [P14]. Die in beiden Fällen verwendeten Daten sowie die jeweils durchgeführten Experimente werden in Abschnitt 3.3.3 beschrieben.

3.3.1 Oberflächenparametrisierung

In Abschnitt 2.4.2 wurde das Vorgehen der SFM-Erstellung mittels Oberflächenparametrisierung diskutiert und der im Rahmen dieser Arbeit entwickelte Distmin-Ansatz vorgestellt. Weitere etablierte Parametrisierungsverfahren aus der Literatur verwenden zum einen sphärische harmonische Basisfunktionen (SPHARM) [160], wobei die Eignung dieses Ansatzes für die SFM-Erstellung bereits mehrfach experimentell verifiziert wurde (z.B [62, 68, 285]). Darüber hinaus hat sich die Idee, lediglich für eine der Trai-

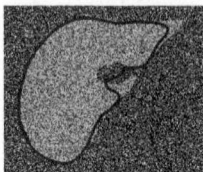
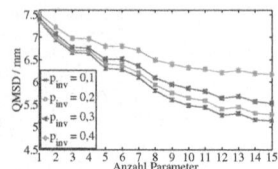
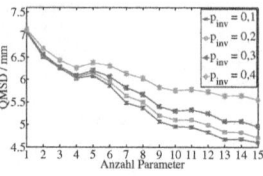

(a) Binärbild mit zufällig invertierten Bildelementen[7]

(b) Segmentierungsgüte Distmin-SFM

(c) Segmentierungsgüte MDL-SFM

Abb. 3.2: (a) Beispiel für das Testen der Segmentierungsspezifität mit $p_{inv} = 0{,}3$ am Beispiel der Leber (dunkle Linie: Resultat der Segmentierung; hellgraue Markierung: Referenzsegmentierung). Quantitative Ergebnisse für das Distmin- sowie das MDL-SFM für $p_{inv} = \{0{,}1;\ 0{,}2;\ 0{,}3;\ 0{,}4\}$ sind in (b),(c) zu sehen. Mit zunehmendem Rauschen nimmt die Segmentierungsgüte ab, wobei das MDL-SFM konsistent bessere Ergebnisse liefert.

ningsformen eine Parametrisierung zu erstellen und diese dann auf alle anderen Trainingsformen zu übertragen bzw. zu propagieren als vergleichsweise schnell und robust herausgestellt [167].

Neben ihrer Eignung für die SFM-Erstellung soll außerdem bewertet werden, ob eines der drei genannten Verfahren (Distmin, SPHARM, Propagation) sich als vorteilhaft für eine nachfolgende Korrespondenzoptimierung herausstellt.

3.3.2 Korrespondenzoptimierung

Zusätzlich zur initialen Parametrisierung wurde im Rahmen dieser Arbeit untersucht, welcher praktischen Relevanz den folgenden Komponenten der Korrespondenzoptimierung zugeschrieben werden kann (vgl. Abschnitt 2.4.3):

1. Zielfunktion,
2. Reparametrisierungsverfahren,
3. Multiresolution Optimierung und
4. explizite Optimierung der Lageparameter.

Zielfunktion Neben der MDL-Zielfunktion $\mathcal{L}_{MDL}$ (Gl. (2.24)) wurden die beiden Zielfunktionen $\mathcal{L}_{DetCov}$ (Gl. (2.23)) sowie $\mathcal{L}_{Thodberg}$ (Gl. (2.26)) betrachtet, welche jeweils einen Regularisierungsparameter aufweisen. Während für diesen im Fall der DetCov-Zielfunktion unterschiedliche Werte in einem Intervall von 10^{-2} bis 10^{-5} in der Literatur

---
[7]Mit freundlicher Genehmigung von Matthias Kirschner, GRIS, TU Darmstadt

3.3 Experimente

auftauchen (z.B. [101, 175]), schlägt Thodberg [293] die Relation zum quadratischen Mittel der Elemente der Durchschnittsform vor,

$$\bar{r} = \sqrt{\frac{1}{n_p} \sum_{k=1}^{3n_p} \bar{\mathbf{x}}^{(k)2}} = \frac{\|\bar{\mathbf{x}}\|}{\sqrt{n_p}}.$$

Bei diesem Ansatz wird davon ausgegangen, dass $\sigma = \vartheta \Delta$ die rauschinduzierte Standardabweichung einer Landmarkenposition ist, wobei Δ die mittlere Größe der Bildpixel bzw. -voxel bezeichnet. Mit dem quadratischen mittleren Radius $\bar{r}_{\text{org}}$ der ursprünglichen, nicht skalierten (s. Abschnitt 2.3.1) Formen sowie der Varianz pro Landmarke λ_m/n_p des m-ten Eigenwerts, ergibt sich der zu σ korrespondierende Eigenwert λ_m unter Berücksichtigung der Skalierung der Durchschnittsform $\bar{\mathbf{x}}$. Für $\|\bar{\mathbf{x}}\| = 1$ (s. Abschnitt 2.3.1) gilt $\sigma = \sqrt{\lambda_m/n_p}\,\bar{r}_{\text{org}}/\bar{r} = \sqrt{\lambda_m}\,\bar{r}_{\text{org}}$, sodass der größte durch Rauschen dominierte Eigenwert eine Funktion von ϑ ist,

$$f(\vartheta) = \left(\frac{\vartheta \Delta}{\bar{r}_{\text{org}}}\right)^2. \tag{3.9}$$

Für $\bar{r} = 1$ [P18] folgt dementsprechend $\sigma = \sqrt{\lambda_m/n_p}\,\bar{r}_{\text{org}}$ bzw. $f(\vartheta) = (\vartheta \Delta/\bar{r}_{\text{org}})^2\,n_p$.

In [85, 132, 293] wird $\vartheta = 0{,}3$ verwendet, was sich auch in den eigenen Experimenten als gut geeignet herausstellte. Aufgrund der Tatsache, dass der Parameter ϵ in Gl. (2.23) eine äquivalente Bedeutung zu λ_{cut} besitzt, kann Gl. (3.9) analog auch für dessen Bestimmung verwendet werden. Die Berechnung von ϵ gemäß Gl. (3.9) wird auch in [P9, P10] verwendet und hat gegenüber der Ad-hoc-Wahl [101, 175] den Vorteil, dass das in Abhängigkeit von den Trainingsdaten erwartete Rauschen während der Korrespondenzoptimierung berücksichtigt wird.

Nachfolgend wird die Verwendung der Zielfunktion in Gl. (2.23) mit $\epsilon = 10^{-3}$ als DetCov bezeichnet. DetCov* bzw. Thodberg* bezeichnen die Zielfunktionen in Gl. (2.23) bzw. (2.26) mit gemäß Gl. (3.9) berechnetem Regularisierungsparameter $\epsilon = f(0{,}3)$ bzw. $\lambda_{\text{cut}} = f(0{,}3)$.

Reparametrisierungsverfahren Die Minimierung dieser Zielfunktionen erfolgt durch systematische Modifikation der initialen Parametrisierungen (vgl. Abschnitt 2.4.3). Diese Reparametrisierung wurde sowohl mittels lokalisierter Clamped-Plate-Splines (CPS) [66, 71]), als auch mit Hilfe räumlich begrenzter Gaußfunktionen [132] (GW von engl.: gaussian warps) realisiert.

Multiresolution Die Korrespondenzoptimierung mittels der beiden zuvor genannten Reparametrisierungsverfahren wurde sowohl unter Verwendung einer einzigen räumlichen Auflösung, als auch von drei zusätzlichen, sukzessive feiner werdenden Auflösungen durchgeführt. Dies wird nachfolgend als Multiresolution-Optimierung bzw. kurz MR bezeichnet.

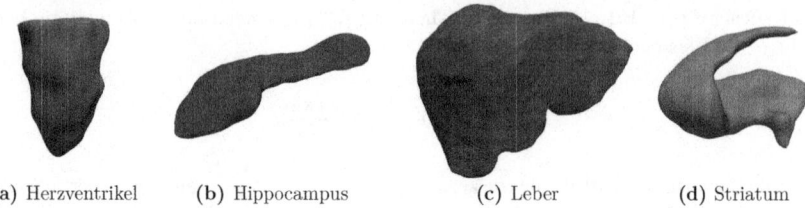

(a) Herzventrikel (b) Hippocampus (c) Leber (d) Striatum

Abb. 3.3: Exemplarische Beispiele der vier Organe/Strukturen für die Evaluierungsstudie. Die Darstellung berücksichtigt nicht die tatsächlichen Größenverhältnisse.

Lageparameter Weiterhin wurden zusätzlich zur Optimierung der Landmarkenpositionen die Rotationsparameter der sphärischen Parametrisierungen $\mathcal{P}_{S_i}$, $i = 1, \ldots, n_s$ optimiert. Dies entspricht der Optimierung der Rotationsausrichtung der Trainingsformen bezüglich der jeweiligen Zielfunktion.

3.3.3 Studiendesign

Die Evaluierung der in Abschnitt 3.3.1 und 3.3.2 genannten Aspekte erfolgte unter Verwendung von vier unterschiedlichen, medizinisch relevanten Organen bzw. Strukturen. Diese sind exemplarisch in Abb. 3.3 dargestellt. Wesentliche Kenngrößen und Eigenschaften sind zudem in Tab. 3.1 zusammengefasst. Alle Daten entstammen tomografischen Bildgebungsmodalitäten, wobei die Segmentierung entweder manuell durch medizinische Experten bzw. im Fall des linken Herzventrikels semi-manuell [316] erfolgte. Diese Binärvolumen wurden anschließend mittels Interpolation auf isotrope Voxelgröße gebracht sowie unter Verwendung eines Gaußfilters (z.B. [120]) geglättet, um Treppenartefakte (z.B. [32]) zu reduzieren. Anschließend wurden explizite Oberflächenrepräsentationen $\mathcal{M}_{S_i}, i = 1, \ldots, n_s$ erstellt und diese einer Tiefpassfilterung unterzogen [289], um eine möglichst gleichmäßige Vertexverteilung und regelmäßig geformte Dreiecke zu erhalten.

Damit eine möglichst große Transparenz der Ergebnisse gewährleistet werden kann, wurde, soweit möglich, auf folgende öffentlich zugängliche Datensätze zurückgegriffen:

- Hippocampus Daten der SPHARM-PDM UNC Toolbox für die SFM-Erstellung (http://www.nitrc.org/projects/spharm-pdm/ [Zugriff am: 04. Juni 2008]).

- Daten des MICCAI Lebersegmentierung Challenge sliver07 [125] für die SFM-Erstellung (http://sliver07.org [Zugriff am: 07. Dezember 2011]).

- Leber Daten der 3D-IRCADb-01 Datenbank für die Evaluierung der Segmentierungsgüte (http://www.ircad.fr/softwares/3Dircadb/3Dircadb1/ [Zugriff am: 07. Dezember 2011]).

3.3 Experimente

	Herzventrikel	Hippocampus	Leber	Striatum
Modalität	MRT	MRT	CT	MRT
isotrope Voxelgröße	1,25 mm	0,5 mm	2,0 mm	0,5 mm
Formvariabilität	gering	mittel	hoch	hoch
Trainingsformen	25	42	20	18
Anzahl Vertices	4244 - 9630	6790 - 10380	25246 - 48352	18316 - 23116
Anzahl Landmarken	1002	1692	2562	2562
Testformen	–	18	20	–

Tab. 3.1: Eigenschaften und Kenngrößen der Daten für die Evaluierungsstudie.

- Hirnsegmentierungen des Center for Morphometric Analysis für die Erstellung der Striatum-SFM und für die Evaluierung der Segmentierungsgüte des Hippocampus-SFM (http://www.nitrc.org/projects/ibsr/ [Zugriff am: 18. Oktober 2009]).

Zusätzlich standen proprietäre Daten des linken Herzventrikels zur Verfügung. Sämtliche SFM wurden unter Verwendung der Trainingsformen (vgl. Tab 3.1) sowohl bezüglich Spezifität (Gl. (3.1)) und Leave-One-Out-Generelisierungsfähigkeit (Gl. (3.2)) ihrer Korrespondenzen, als auch bezüglich Spezifität und Leave-One-Out-Generelisierungsfähigkeit der Segmentierungsgüte (s. Abschnitt 3.2.4) bewertet. Zudem bestand für Leber und Hippocampus die Möglichkeit zur Evaluierung der Segmentierungsgüte mittels ungesehener Testformen (vgl. Tab 3.1). In allen Tests stellte sich die quadratische mittlerer symmetrische Oberflächendistanz $\mathcal{D}_{QMSD}$ (Gl. (3.7)) als aussagekräftigstes Distanzmaß im Sinne der Berücksichtigung von sowohl globalen als auch lokalen Formunterschieden heraus (s. auch [125]). Deshalb sind diese Ergebnisse in Abschnitt 3.4 bevorzugt dargestellt.

Die Segmentierungsevaluierung erfordert die initiale Platzierung der mittleren Form $\bar{x}$ des SFM im Binärbild. Um eine systematische Beeinflussung dieser Initialisierung des SFM auf die Segmentierungsergebnisse zu vermeiden, wurden stets drei unterschiedliche Translationen in x-, y- und z-Richtung sowie drei verschiedene Skalierungsfaktoren verwendet. Jede Segmentierung wurde somit mit 81 unterschiedlichen Initialisierungen durchgeführt und Mittelwert sowie Standardfehler ausgewertet. Zudem wurde für den AFM-Algorithmus (vgl. Abschnitte 3.2.4 und 5.1) eine feste Anzahl von 50 Iterationen verwendet, wobei an jeder Landmarkenposition fünf Elemente aufweisende Intensitätsprofile der Gesamtlänge 5 mm ausgewertet wurden. Bezüglich der Segmentierungsspezifität ist zu bemerken, dass diese nachfolgend stets unter Verwendung von $p_{inv} = 0,3$ diskutiert wird, welches sich in den Experimenten als plausibler Kompromiss zwischen der Stärke des „künstlichen Rauschens" einerseits und Erhaltung der Bildinformation andererseits herausstellte (vgl. Abb. 3.2(a)).

3.4 Ergebnisse und Diskussion

Die Ergebnisse der in Abschnitt 3.3.1 und 3.3.2 vorgestellten Experimente unter Verwendung verschiedener Verfahren für die Oberflächenparametrisierung sowie die Korrespondenzoptimierung werden in Abschnitt 3.4.1 bzw. Abschnitt 3.4.2 diskutiert. Abschließend stellt Abschnitt 3.4.3 die Evaluierung der Korrespondenzgüte und der Segmentierungsgüte einander gegenüber.

3.4.1 Oberflächenparametrisierung

Zunächst wurden die drei Parametrisierungsverfahren SPHARM, Propagation und Distmin bezüglich der in Abschnitt 3.2.2 eingeführten Parametrisierungsgüte bewertet. In Abb. 3.4(a)-(c) ist die Flächenverzerrung und in Abb. 3.4(d)-(f) der Rekonstruktionsfehler für Hippocampus, Leber und Striatum dargestellt. Insbesondere für Leber und Striatum lässt sich eine ausgeprägte positive Korrelation zwischen der Flächenverzerrung und dem Rekonstruktionsfehler feststellen. Bezüglich des Rekonstruktionsfehlers liefert das Distmin-Verfahren für alle drei Strukturen im Mittel die besten Ergebnisse. Zudem vermeidet es negative Ausreißer und weist insgesamt eine vergleichsweise geringe Streuung über die jeweilige Trainingspopulation auf. Eben diese Streuung ist beim Propagation-Ansatz sowohl im Fall der Flächenverzerrung als auch des Rekonstruktionsfehlers besonders groß. Ursächlich dafür ist die zur Anwendung kommende Heuristik bei der Übertragung einer Referenzparametrisierung auf alle anderen Formen [169]. Diese ist umso erfolgreicher, je größer die Ähnlichkeit zwischen der Zielform und der Referenzform ist, verursacht jedoch andererseits bei ausgeprägten Formunterschieden entsprechende Artefakte.

Diese lokalen Artefakte lassen sich auch im resultierenden SFM feststellen, sowohl quantitativ (s. Abb. 3.5 und 3.6) als auch qualitativ (s. Abb. 3.7). In Abb. 3.5 und Abb. 3.6 sind Generalisierungsfähigkeit (Gl. (3.2)) bzw. Spezifität (Gl. (3.1)) für Herzventrikel, Hippocampus, Leber und Striatum dargestellt. Zunächst ist festzustellen, dass trotz der zuvor diskutierten Artefakte die mittels Propagation erstellten SFM nahezu durchgehend sowohl die beste Generalisierungsfähigkeit (Abb. 3.5(a),(d),(j), Ausnahme: Leber in Abb. 3.5(g)) als auch die beste Spezifität aufweisen (Abb. 3.6(a),(d),(g),(j)). Dagegen sind sowohl Generalisierungsfähigkeit als auch Spezifität der SPHARM-Korrespondenzen außer im Fall des Hippocampus (Abb. 3.5(d) und Abb. 3.6(d)) stets am schlechtesten.

Interessant ist, dass sowohl die SPHARM- als auch die Distmin-Korrespondenzen bei zusätzlicher Korrespondenzoptimierung für beide Gütekriterien deutlich gegenüber dem Propagation-Algorithmus aufholen und insbesondere der Distmin-Ansatz nach der Optimierung häufig die besten Ergebnisse liefert (Abb. 3.5(b),(c),(e),(f),(h),(i),(k),(l) und Abb. 3.6(b),(c),(e),(f),(k),(l)). Die wesentliche Ursache dafür kann den bereits erwähnten, vermehrt auftretenden Artefakten bei Verwendung des Propagation-Verfahrens zugeschrieben werden (vgl. Abb. 3.4 und Abb. 3.7). Diese korrelieren stark mit der häufig

3.4 Ergebnisse und Diskussion

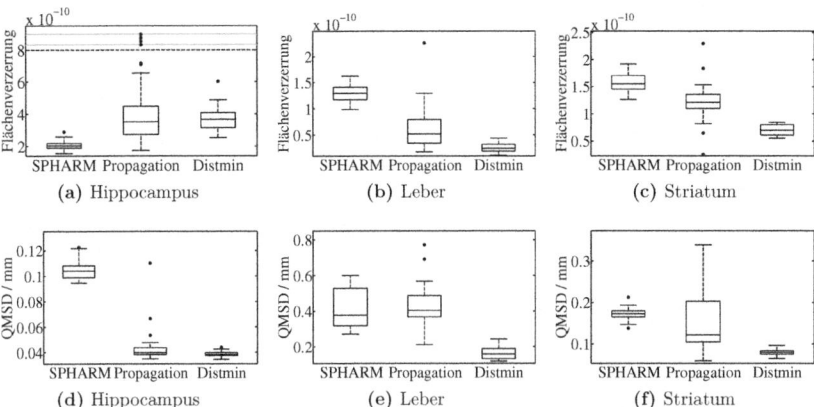

Abb. 3.4: Einfluss des Parametrisierungsverfahrens auf die Flächenverzerrung (Gl. (3.3)) der Oberflächenparametrisierung (a) - (c) sowie den Rekonstruktionsfehler (d) - (f). Dieser entspricht der quadratischen mittleren symmetrischen Distanz (Gl. (3.7)) zwischen der Oberfläche der Formvektoren $\mathbf{x}_i$ und den Formen S_i, $i = 1, \ldots, n_s$.

vergleichsweise großen Hausdorff-Distanz von sowohl Generalisierungsfähigkeit als auch Spezifität (s. Abb. 3.5(c),(f),(i),(l) und Abb. 3.6(l)).

Da die hier eingesetzte Korrespondenzoptimierung keine explizite Regularisierung aufweist (vgl. Abschnitt 2.4.3.2), können solche Artefakte durch diese nicht kompensiert werden. Dies entspricht den Beobachtungen in [61, P4, P6] im Extremfall der Verwendung eines konformen (winkeltreuen) Parametrisierungsverfahrens. Tatsächlich benötigt die Optimierung bei Initialisierung mit den Propagation-Korrespondenzen stets weniger Iterationen, um das (lokale) Minimum zu erreichen, als bei Initialisierung mit dem SPHARM- oder dem Distmin-Verfahren. Bemerkenswert ist zudem, dass die mittels Propagation erstellten SFM sowohl vor als auch nach der Korrespondenzoptimierung im Vergleich zu den Distmin- und SPHARM-SFM stets die kleineren Zielfunktionswerte aufweisen. Allerdings bedingt beides nicht notwendigerweise eine bessere Korrespondenz- oder Segmentierungsgüte, wie aus Abb. 3.5 und Abb. 3.6 bzw. aus Abb. 3.1 ersichtlich ist. Eine möglichst artefaktfreie initiale Parametrisierung sollte somit bevorzugt zum Einsatz kommen, um die Gefahr des Steckenbleibens in unerwünschten, artefaktinduzierten lokalen Minima zu verringern.

Abschließend ist festzustellen, dass sich die Korrespondenzoptimierung insbesondere für komplexere Organe bzw. Strukturen positiv auf die Generalisierungsfähigkeit auswirkt, im vorliegenden Fall also für die Leber und die Striatumregion (Abb. 3.5(g),(j) vs. (h),(k)). Dagegen profitieren die SFM einfacherer Objekte wie z.B. des Hippocampus oder des Herzventrikels weniger davon (Abb. 3.5(a),(d) vs. (b),(e)). Für die Spezifität der

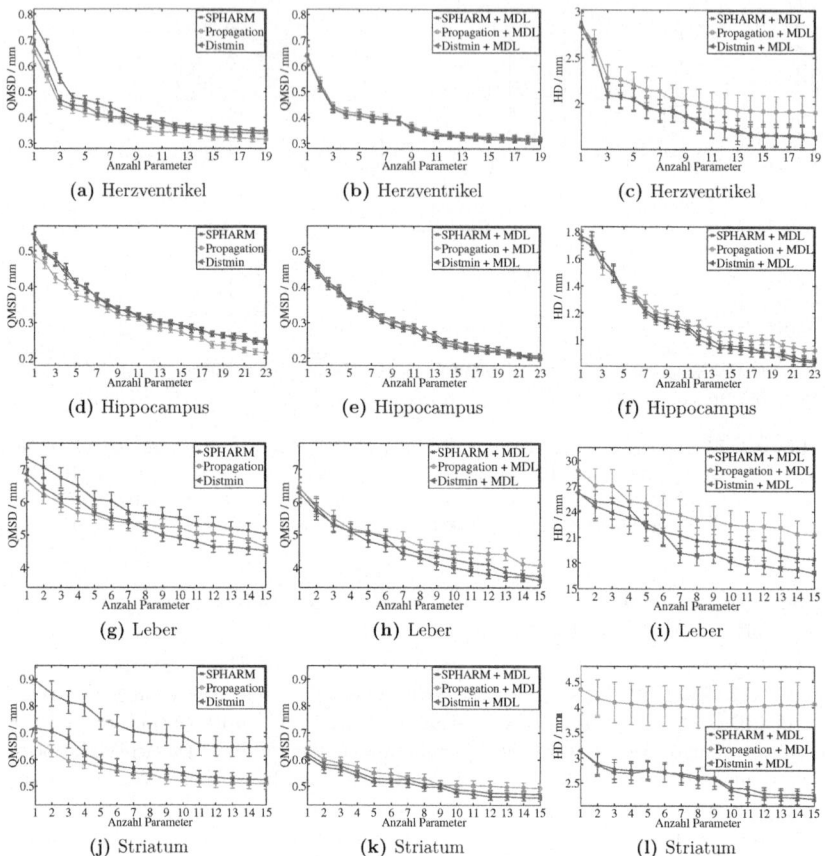

Abb. 3.5: Korrespondenzgüte (Generalisierungsfähigkeit) unterschiedlicher Oberflächenparametrisierungsverfahren. Die erste Spalte zeigt die Ergebnisse bei unmittelbarer Verwendung von SPHARM, Propagation und Distmin für die SFM-Erstellung. Die zweite und dritte Spalte zeigen die Resultate bei zusätzlicher Korrespondenzoptimierung für die beiden Distanzfunktionen $\mathcal{D}_{\text{QMSD}}$ (Gl. (3.7)) und $\mathcal{D}_{\text{HD}}$ (Gl. (3.8)).

Korrespondenzen lässt sich hingegen in allen Fällen eine deutliche Verbesserung feststellen (Abb. 3.6(a),(d),(g),(j) vs. (b),(e),(h),(k)). Dies ist plausibel, da mit der Spezifität in Gl. (3.1) überprüft wird, ob die mit einem SFM erstellten Formen valide hinsichtlich der dem Modell zugrundeliegenden Wahrscheinlichkeitsdichte sind. Beim linearen SFM

3.4 Ergebnisse und Diskussion

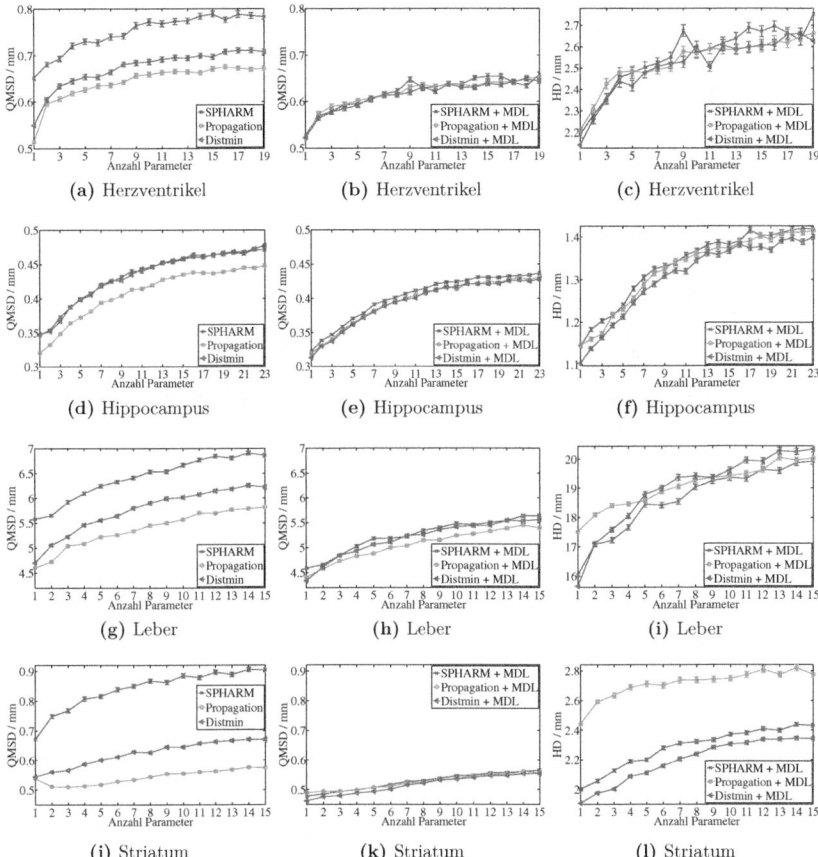

Abb. 3.6: Korrespondenzgüte (Spezifität) unterschiedlicher Oberflächenparametrisierungsverfahren. Vgl. Abb. 3.5 für eine Erläuterung der Ergebnisse.

ist es die der multivariaten Normalverteilung (s. Gl. (2.4) und Gl. (2.15)), für die der MDL-Ansatz im Idealfall die optimalen Korrespondenzen findet (vgl. Abschnitt 2.4.3.1).

3.4.2 Korrespondenzoptimierung

Im vorangegangenen Abschnitt wurde der Einfluss unterschiedlicher initialer Oberflächenparametrisierungen auf die SFM-Güte sowie die Korrespondenzoptimierung disku-

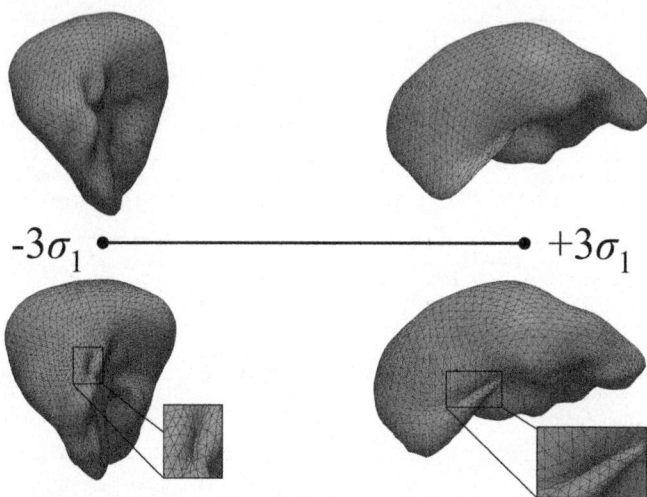

Abb. 3.7: Qualitativer Vergleich des Leber-SFM mit Distmin- (oben) bzw. Propagation-Korrespondenzen. Die bei letzteren auftretenden Artefakte manifestieren sich als Überfaltungen in den markierten Regionen bei Variation der ersten Eigenmode des SFM.

tiert. Bezüglich dieser Optimierung hat sich das Distmin-Verfahren als in besonderer Weise geeignet herausgestellt. Deshalb wurde diese Parametrisierung ausschließlich verwendet, um den Einfluss der unterschiedlichen Komponenten der Korrespondenzoptimierung auf die Korrespondenz- und Segmentierungsgüte experimentell zu untersuchen. Dabei wurden dieselben vier Organe bzw. Strukturen wie zuvor eingesetzt (s. Tab 3.1 und Abb. 3.3). Allerdings wird nachfolgend auf die Darstellung der Ergebnisse für den Herzventrikel aus Gründen der besseren Übersichtlichkeit verzichtet, da dieser Datensatz aufgrund seiner vergleichsweise einfachen Struktur keine Mehrinformation bezüglich der besseren Eignung des einen Verfahrens gegenüber dem anderen Verfahren liefert (vgl. auch Ergebnisse und Diskussion in Abschnitt 3.4.1).

Zielfunktion Abb. 3.8 und Abb. 3.9 zeigen jeweils für unterschiedliche Zielfunktionen die Generalisierungsfähigkeit und Spezifität der in Abschnitt 3.2.1 eingeführten Korrespondenzevaluierung sowie der im Rahmen dieser Arbeit entwickelten Segmentierungsevaluierung (s. Abschnitt 3.2.4). Eine eindeutige Aussage zugunsten einer bestimmten Zielfunktion lässt sich auf den ersten Blick nur schwer treffen. Teilweise sind kaum Unterschiede festzustellen (z.B. Generalisierungsfähigkeit der Segmentierungsgüte der Striatum-SFM, Abb. 3.8(h)), andererseits lassen sich z.B. im Fall der Leber ganz unterschiedliche Reihenfolgen erkennen, je nachdem ob Korrespondenz- oder Segmentierungs-

3.4 Ergebnisse und Diskussion

güte, Generalisierungsfähigkeit oder Spezifität untersucht werden (Abb. 3.8(d),(e),(f) bzw. Abb. 3.9(c),(d)).

Betrachtet man zunächst die unterschiedlichen Organe getrennt, fällt beim Hippocampus auf, dass mit Ausnahme der Korrespondenzspezifität (Abb. 3.9(a)) die Thodberg*-Zielfunktion stets etwas schlechtere Werte aufweist als die drei übrigen, sehr ähnliche Ergebnisse liefernden Zielfunktionen. Diese Beobachtung trifft im Fall der Hausdorff-Distanz in verstärkter Weise zu, während sie bei dem volumetrischen Überlappungsfehler geringer ausgeprägt ist. Tatsächlich lässt sich diese Überlegenheit der Thodberg*-Zielfunktion auch bei der Korrespondenzspezifität von Leber und Striatum feststellen (Abb. 3.9(c),(e)). Während die Thodberg*-Zielfunktion für die Striatumregion generell vergleichsweise gute Ergebnisse liefert, fällt sie bei der Lebersegmentierung teilweise recht deutlich ab (Abb. 3.8(f) und Abb. 3.9(d)). Auffällig ist in diesem Zusammenhang, dass sich die DetCov-Zielfunktion teilweise genau umgekehrt verhält (Abb. 3.8(d),(e) vs. Abb. 3.8(f) , Abb. 3.9(d)).

Werden zusätzlich zu der in Abb. 3.8 und Abb. 3.9 dargestellten quadratischen mittleren symmetrischen Oberflächendistanz (3.7) die maximale Oberflächendistanz $\mathcal{D}_{HD}$ in Gl. (3.8) sowie das Ähnlichkeitsmaß $\mathcal{D}_{VÜF}$ in Gl. (3.5) berücksichtigt, kann man feststellen, dass negative Ausreißer stets durch eine der drei Zielfunktionen DetCov, DetCov* oder Thodberg* verursacht werden, aber in keinem Fall durch die MDL-Zielfunktion. Zwar liefert letztere nicht notwendigerweise in jedem Fall die besten Ergebnisse, zeichnet sich jedoch durch eine sehr große Robustheit gegenüber datensatzspezifischen Eigenschaften bzw. Eigenarten aus. Eben diese sind letztendlich für die Abhängigkeit der Ergebnisse von der Wahl des Regularisierungsparameters in der DetCov- bzw. Thodberg-Zielfunktion in Gl. (2.23) bzw. Gl. (2.26) verantwortlich. Dagegen werden bei der MDL-Zielfunktion (Gl. (2.24)) durch die Integration über das Intervall $[\Delta_{min}, \Delta_{max}]$ (s. Gl. (2.25)) solche Einflüsse herausgemittelt.

Reparametrisierungsverfahren Äquivalent zu Abb. 3.8 und Abb. 3.9 stellen Abb. 3.10 und Abb. 3.11 die Ergebnisse unter Verwendung unterschiedlicher Reparametrisierungsverfahren dar. Die Korrespondenzoptimierung erfolgte jeweils durch Minimierung der MDL-Zielfunktion (Gl. (2.24)). Im Fall des Hippocampus zeigt die Reparametrisierung mittels räumlich begrenzter Gaußfunktionen (GW) für sämtliche Distanzfunktionen sowohl bei der Korrespondenz- als auch bei der Segmentierungsevaluierung die etwas besseren Ergebnisse (Abb. 3.10(a) - (c) sowie Abb. 3.11(a),(b)). Dagegen lässt sich sowohl bei der Leber als auch beim Striatum, insbesondere mit zunehmender Anzahl an Parametern, häufig eine Überlegenheit der Modelle mit Clamped-Plate-Spline-(CPS)-Reparametrisierung feststellen. Dies ist insbesondere bei der Korrespondenzevaluierung festzustellen, aber nicht unbedingt bei der Segmentierungsevaluierung (Abb. 3.10(f),(h)). Zudem zeigen die mittels CPS-Reparametrisierung erstellten SFM beim Striatum sowohl bei der Korrespondenz- als auch bei der Segmentierungsevaluierung eine deutlich größere Hausdorff-Distanz. Beide Beobachtungen lassen sich sowohl qualitativ als auch quantita-

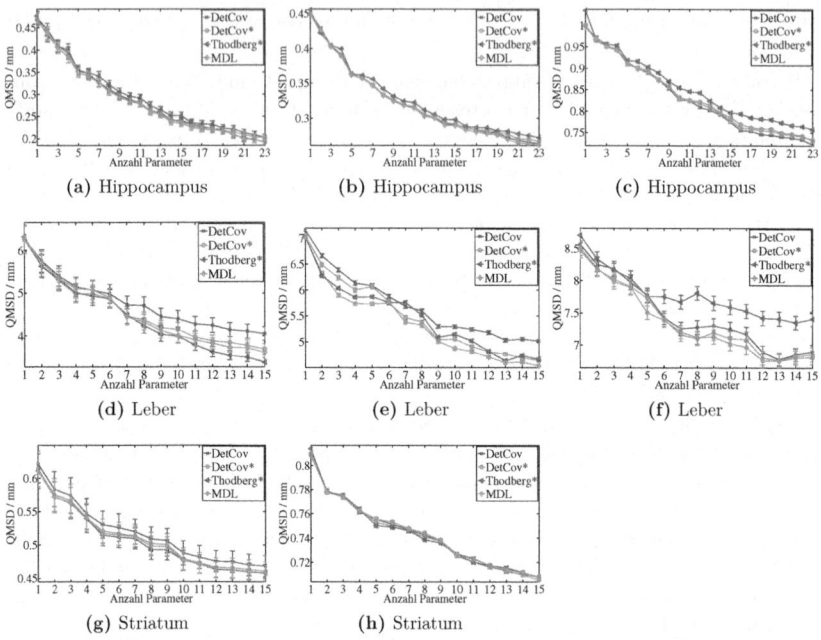

Abb. 3.8: Leave-One-Out-Generalisierungsfähigkeit der Korrespondenzgüte (a),(d),(g) und der Segmentierungsgüte (b),(e),(h), sowie Segmentierungsgüte für ungesehene Testdaten (c),(f) bei Verwendung unterschiedlicher Zielfunktionen.

tiv anhand von Abb. 3.12 bzw. Abb. 3.13 nachvollziehen. In diesen zeigt sich jeweils, dass die CPS-Reparametrisierung eine ausgeprägtere Modifikation der initialen Parametrisierung erlaubt. Allerdings begünstigt dies zum einen lokale Artefakte, was sich neben einer stärkeren Flächenverzerrung (CPS vs. GW in Abb. 3.12 und Abb. 3.13(a),(b)) auch in einer größeren Abweichung der Formvektoren von den ursprünglichen Formen bemerkbar macht (Abb. 3.13(c),(d)). Zudem könnte dies in einer Überanpassung an die Formen der Trainingspopulation resultieren und eine mögliche Erklärung dafür sein, dass ungesehene Formen ungleich schlechter repräsentiert werden können (Abb. 3.10(e) vs. 3.10(f)).

Multiresolution Ähnliche Effekte wie die zuvor beschriebenen, lassen auch im Fall der Multiresolution-Korrespondenzoptimierung feststellen. Allerdings in geringerem Maß, weshalb die Darstellung der Ergebnisse in Abb 3.14 und Abb. 3.15 auf die Leber sowie die Striatumregion beschränkt wurde. Hierbei ist feststellen, dass der relative Vorteil der MR-Optimierung gegenüber der Verwendung einer einzigen räumlichen Auflösung

3.4 Ergebnisse und Diskussion

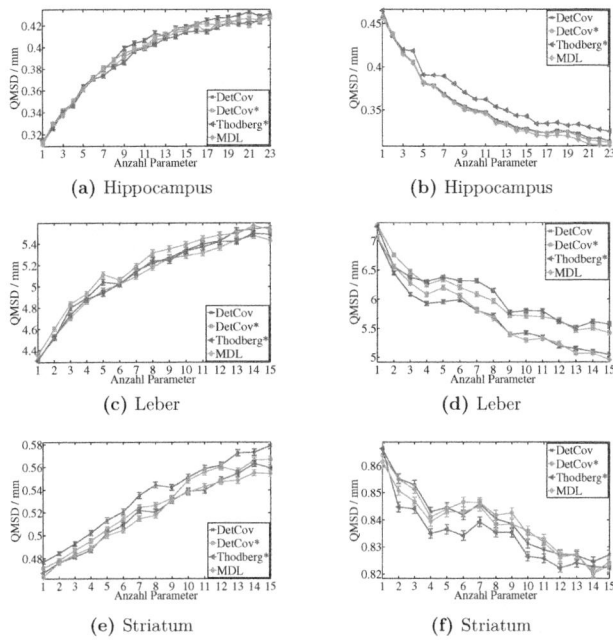

Abb. 3.9: Spezifität der Korrespondenzgüte (a),(c),(e) und der Segmentierungsgüte (b),(d),(f) bei Verwendung unterschiedlicher Zielfunktionen.

mit größer werdender Anzahl an Formparametern häufig zunimmt (Abb. 3.14(a)-(c) und Abb. 3.15(a)-(c)). Dies ist unmittelbar mit der Optimierung von sukzessive feiner werdenden Formeigenschaften beim Multiresolutionsverfahren erklärbar. Zwar werden dadurch lokale Fehler, d.h. eine größere Hausdorff-Distanz, potenziell begünstigt. Allerdings zeigen Abb. 3.12 und Abb. 3.13, dass das Reparametrisierungsverfahren den weitaus größeren Einfluss auf diese unerwünschte Eigenschaft hat. In der Tat erwies sich die Multiresolution-Optimierung unter Verwendung räumlich begrenzter Gaußfunktionen (GW) in sämtlichen Experimenten als äußerst robust. Dagegen zeigt sich die Clamped-Plate-Spline-Reparametrisierung bei Verwendung einer einzigen räumlichen Auflösung überlegen, da diese bereits bei der gröbsten Auflösung ausgeprägte Modifikationen der initialen Parametrisierung erlaubt. Allerdings ist an dieser Stelle zu bemerken, dass die Wahl der Parameter von sowohl GW- bzw. CPS-Reparametrisierung gemäß den Vorschlägen der jeweiligen Autoren Heimann et al. [132] bzw. Davies et al. [66, 71] erfolgte. Auf eine Anpassung der Parameter, beispielsweise um evtl. eine „agressivere"

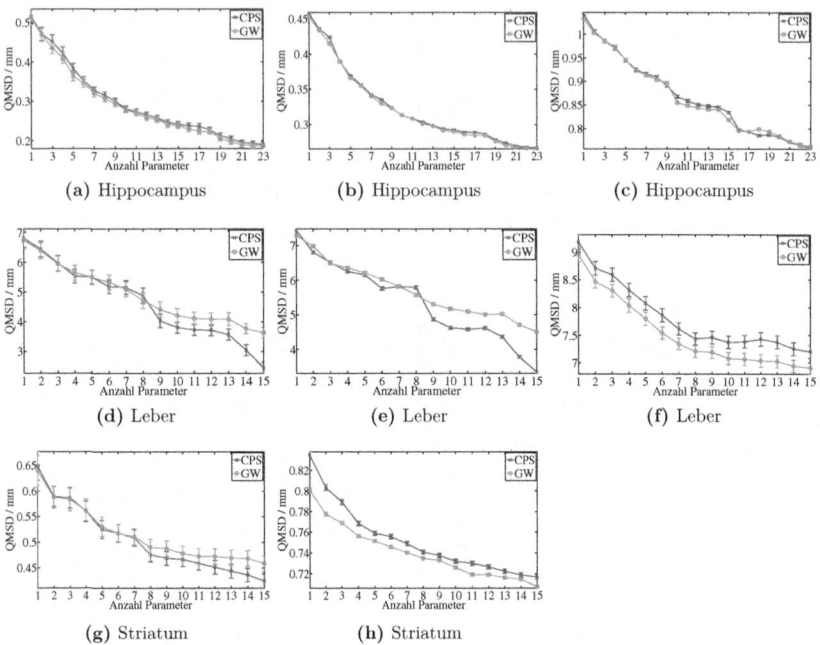

Abb. 3.10: Leave-One-Out-Generalisierungsfähigkeit der Korrespondenzgüte (a),(d),(g) und der Segmentierungsgüte (b),(e),(h), sowie Segmentierungsgüte für ungesehene Testdaten (c),(f) bei Reparametrisierung mittels Clamped-Plate-Splines (CPS) und räumlich begrenzter Gaußfunktionen (GW).

GW-Reparametrisierung zu realisieren, wurde im Sinne der Gewährleistung der Transparenz dieser Evaluierungsstudie verzichtet.

Lageparameter In Abb. 3.16 ist anhand der Generalisierungsfähigkeit der Leber exemplarisch gezeigt, dass die explizite Optimierung der Lageparameter zusätzlich zu den Landmarkenpositionen keine signifikanten Vorteile liefert, weder für die Korrespondenzevaluierung (Abb. 3.16(a)) noch für die Segmentierungsevaluierung (Abb. 3.16(b),(c)). Diese Beobachtung konnte analog für die anderen Datensätze unabhängig vom verwendeten Distanzmaß und vom betrachteten Gütekriterium gemacht werden. Dies steht im Einklang mit anderen Arbeiten. So wird z.B. in [68] berichtet, dass die Ausrichtung durch Minimierung der Beschreibungslänge kleinere Werte der Zielfunktion begünstigt. Im Fall von 2D-Experimenten werden in [86] zwar Vorteile für synthetische Daten beobachtet, für reale Daten werden jedoch kaum Unterschiede festgestellt.

3.4 Ergebnisse und Diskussion

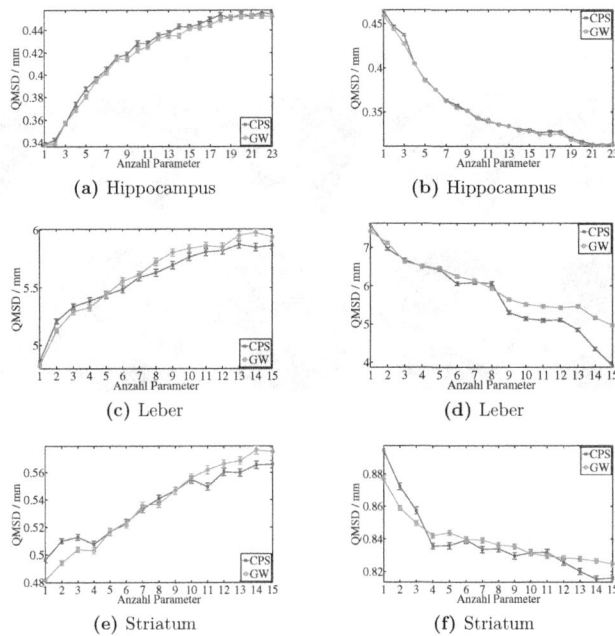

Abb. 3.11: Spezifität der Korrespondenzgüte (a),(c),(e) und der Segmentierungsgüte (b),(d),(f) bei Reparametrisierung mittels Clamped-Plate-Splines (CPS) und räumlich begrenzter Gaußfunktionen (GW).

3.4.3 Vergleich von Korrespondenz- und Segmentierungsevaluierung

Der Vergleich der Leave-One-Out-Generalisierungsfähigkeit der Korrespondenzevaluierung (s. Abschnitt 3.2.1) und der Segmentierungsevaluierung (s. Abschnitt 3.2.4) zeigt in fast allen Fällen eine deutliche positive Korrelation sowohl der Kurvenverläufe, als auch der Reihenfolge der unterschiedlichen Verfahren (Abb. 3.8(a),(d),(g) vs. (b),(e),(h), Abb. 3.10(a),(d) vs. (b),(e), Abb. 3.14(a),(d) vs. (b),(e) und Abb. 3.16(a) vs. (b)). Allerdings sind die Absolutwerte für die Segmentierungsevaluierung im Allgemeinen etwas schlechter. Ein Grund dafür ist der limitierte Suchraum entlang der eindimensionalen Intensitätsprofile im AFM-Algorithmus (s. Abschnitt 3.2.4), während im Fall der Korrespondenzevaluierung eine solche Limitierung nicht existiert. Besonders augenscheinlich wird dieser Unterschied im Fall von (sehr) großen Flächenverzerrungen und infolgedessen auftretende Unterabtastungen der ursprünglichen Form. Diese manifestieren sich

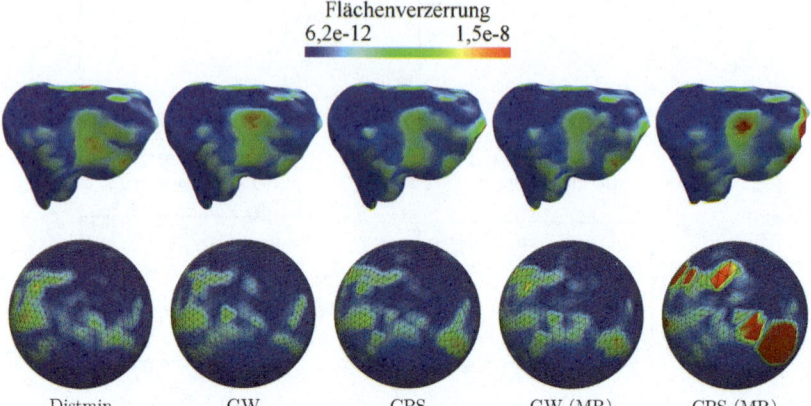

Abb. 3.12: Formvektor sowie dessen Repräsentation in der Parameterdomäne für unterschiedliche Korrespondenzverfahren am Beispiel einer exemplarischen Leberform. Das Ergebnis des Distmin-Verfahrens (erste Spalte) ist der Ausgangspunkt für die vier Konfigurationen der Korrespondenzoptimierungen (GW- bzw. CPS-Reparametrisierung jeweils ohne bzw. mit Multiresolution (MR) Optimierung). Die Farben visualisieren die dimensionslose Flächenverzerrung $\mathcal{A}$ (Gl. (3.3)).

typischerweise in einer vergleichsweise großen Hausdorff-Distanz, wie sie z.B. bei Verwendung der CPS-Reparametrisierung beim Striatum oder der auch der Thodberg*-Zielfunktion auftritt. Diese Unterabtastung hat einen stärkeren Einfluss auf die Segmentierungsevaluierung, da mit größerem Abstand zwischen benachbarten Landmarken und damit von den eindimensionalen Intensitätsprofilen die Wahrscheinlichkeit, dass wichtige Bildmerkmale „nicht getroffen" werden zunimmt. In den zuvor genannten Fällen macht sich dies in deutlich schlechteren Ergebnissen für die Segmentierungsevaluierung im Vergleich zur Korrespondenzevaluierung bemerkbar (Abb. 3.9(a),(c) vs. 3.9(b),(c) und Abb. 3.10(g) vs. (h)). Die Korrespondenzevaluierung auf der anderen Seite berücksichtigt diesen Aspekt des AFM-Algorithmus nicht, was darauf hinweist, dass die im Rahmen dieser Arbeit entwickelte Segmentierungsevaluierung tatsächlich dabei helfen kann, ein besseres Verständnis für den Einfluss der Korrespondenzfindung auf die zu erwartende Segmentierungsgenauigkeit zu erlangen.

Aus der zuvor beobachteten Korrelation zwischen der Leave-one-out-Generalisierungsfähigkeit von Korrespondenz- und Segmentierungsgüte lassen sich nicht in jedem Fall Rückschlüsse auf die Eignung für die Segmentierung ungesehener Daten ziehen (vgl. z.B. Abb. 3.8(e) vs. (f), Abb. 3.10(e) vs. (f)). So ist es z.B. durchaus möglich, dass es infolge der Korrespondenzoptimierung zu einer Überanpassung des SFM an die Formen der Trainingspopulation kommt und somit die die Leave-One-Out-Generalisierungsfähigkeit

3.4 Ergebnisse und Diskussion

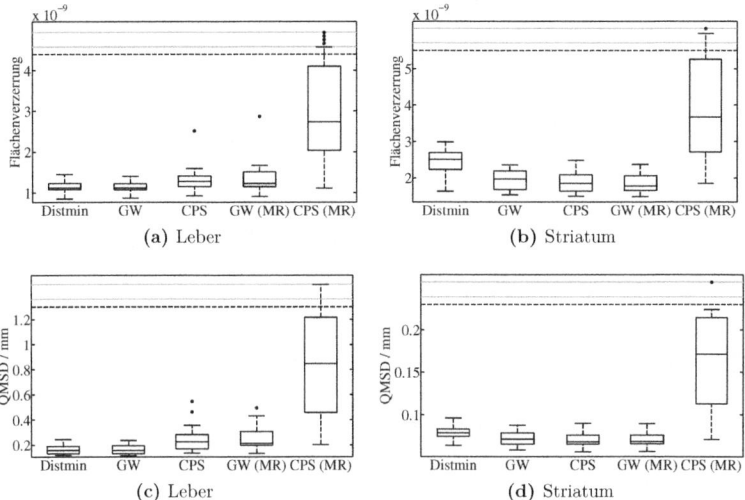

Abb. 3.13: Einfluss der Korrespondenzoptimierung auf die Flächenverzerrung der Oberflächenparametrisierungen (a),(b) sowie den Rekonstruktionsfehler (c),(d). Dieser entspricht der quadratischen mittleren symmetrischen Distanz (Gl. (3.7)) zwischen der Oberfläche der Formvektoren $\mathbf{x}_i$ und den Formen S_i, $i = 1, \ldots, n_s$.

die Fähigkeit eines SFM zur Rekonstruktion ungesehener Formen nicht in jedem Fall korrekt widerspiegelt (vgl. auch Abschnitt 3.2.4). Insbesondere beim Vergleich von SFM mit paarweise etablierten Korrespondenzen gegenüber SFM mit populationsoptimierten Korrespondenzen ist zu beachten, dass die Korrespondenzoptimierung unter Berücksichtigung der jeweils ausgelassenen Form erfolgte und diese damit implizit ihre eigene Leave-One-Out-Generalisierungsfähigkeit beeinflusst. Deshalb nimmt der Vorteil populationsoptimierter Korrespondenzen gegenüber den paarweisen Korrespondenzen auf ungesehenen Daten deutlich ab (Abb. 3.1 und Abb. 3.17(a) vs. (c))

Eine ähnliche Beobachtung lässt sich für die Spezifität machen. Während in Abb. 3.6 die Korrespondenzspezifität der SFM mit optimierten Landmarken deutlich überlegen gegenüber den nicht optimierten zu sein scheint, trifft dies im Fall der Segmentierungsspezifität nur bedingt zu (Abb. 3.17(b),(e)). Der Grund dafür ist, dass die Spezifität in Gl. (3.1) das Modell hinsichtlich der zugrundeliegenden Wahrscheinlichkeitsdichte validiert (s. Abschnitt 3.2.1). Dagegen zielt die Segmentierungsspezifität auf die Validierung der Robustheit gegenüber falsch positiver Bildmerkmale ab (s. Abschnitt 3.2.4), welche bei der Bildsegmentierung unweigerliche zu erwarten sind (vgl. Abschnitt 5.4).

Ein möglicher Nachteil der Segmentierungsevaluierung ist der Einfluss des verwendeten Suchalgorithmus sowie die Abhängigkeit von der Wahl von dessen Parameter. Eine

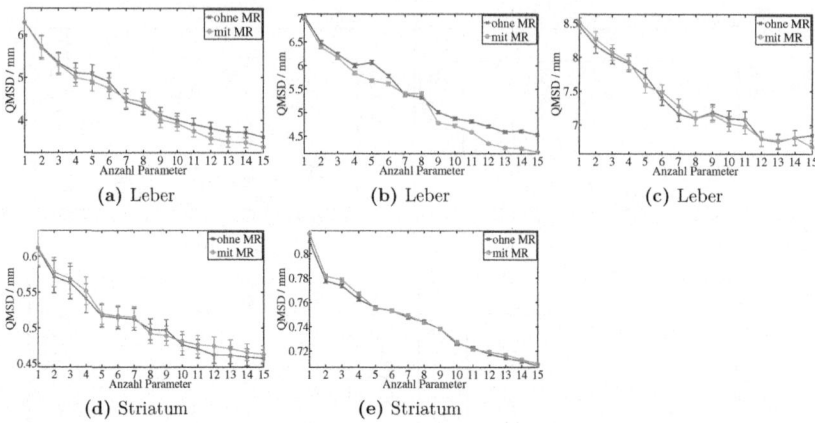

Abb. 3.14: Leave-One-Out-Generalisierungsfähigkeit der Korrespondenzgüte (a),(d) und der Segmentierungsgüte (b),(e), sowie Segmentierungsgüte für ungesehene Testdaten (c) ohne bzw. mit Multiresolution (MR) Korrespondenzoptimierung.

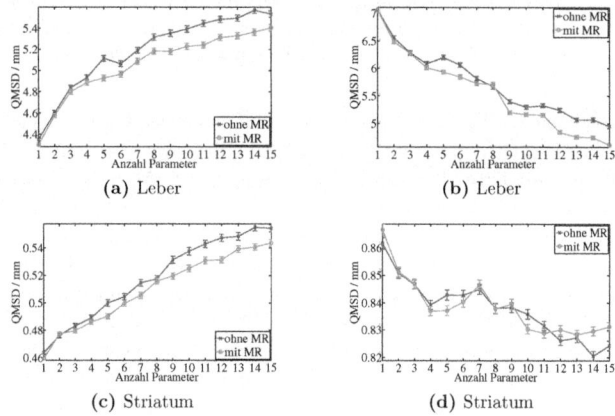

Abb. 3.15: Spezifität der Korrespondenzgüte (a),(c) und der Segmentierungsgüte (b),(d) ohne bzw. mit Multiresolution (MR) Korrespondenzoptimierung.

alternativer Ansatz wäre die Durchführung einer Kreuzvalidierung, wobei die Korrespondenzoptimierung jeweils für eine Untermenge der Trainingsformen durchzuführen ist. Allerdings ist dieser Ansatz im Vergleich zur hier vorgeschlagenen Segmentierungs-

3.5 Zusammenfassung und Schlussfolgerungen

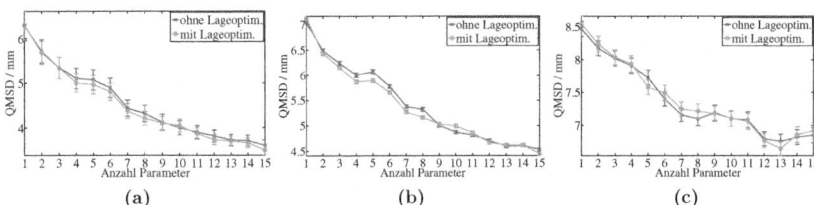

Abb. 3.16: Leave-One-Out-Generalisierungsfähigkeit der Korrespondenzgüte (a) und der Segmentierungsgüte (b), sowie Segmentierungsgüte für ungesehene Testdaten (c) ohne bzw. mit expliziter Optimierung der Rotationsparameter am Beispiel der Leber.

evaluierung sehr rechenintensiv und damit zeitaufwändig. Des Weiteren wird dadurch das Problem nicht gelöst, dass die räumliche Korrespondenz zwischen dem SFM und der zu rekonstruierenden Form nicht bekannt ist und deshalb zunächst hergestellt werden muss. Zu diesem Zweck wurde in dieser Arbeit der AFM-Algorithmus verwendet, welches der verbreitetste Algorithmus für die Formrekonstruktion mittels SFM ist (s. z.B. [126]).

3.5 Zusammenfassung und Schlussfolgerungen

In diesem Kapitel wurde die wesentliche Herausforderung bei der Erstellung statistischer 3D-Formmodelle, die Bestimmung korrespondierender Punkte bzw. Landmarken, einer intensiven experimentellen Evaluierung unterzogen. Im Hinblick auf den typischen Einsatzbereich der SFM für die automatisierte Bildverarbeitung und hierbei insbesondere die Bildsegmentierung, lag der Fokus auf der Identifikation von Einflussfaktoren mit praktischer Relevanz für diese Anwendung. Um dies zu erreichen, wurden

1. die etablierten Korrespondenzgütekriterien (Abschnitt 3.2.1) unter Verwendung unterschiedlicher formbasierter Distanzfunktionen ausgewertet (Abschnitt 3.2.3),

2. ein neues, auf der Segmentierung von Binärbildern basierendes Evaluierungsverfahren eingeführt (Abschnitt 3.2.4),

diese jeweils unter Verwendung

3. eigener als auch etablierter Verfahren aus der Literatur für die Korrespondenzfindung (Abschnitte 3.3.1 und 3.3.2) sowie

4. mehrerer, öffentlich zugänglicher Datensätze unterschiedlicher Komplexität ausgewertet (Abschnitt 3.3.3).

Die Ergebnisse belegen erstmals, dass die populationsbasierte Korrespondenzoptimierung bessere Segmentierungsergebnisse erwarten lässt als die paarweisen Ansätze und

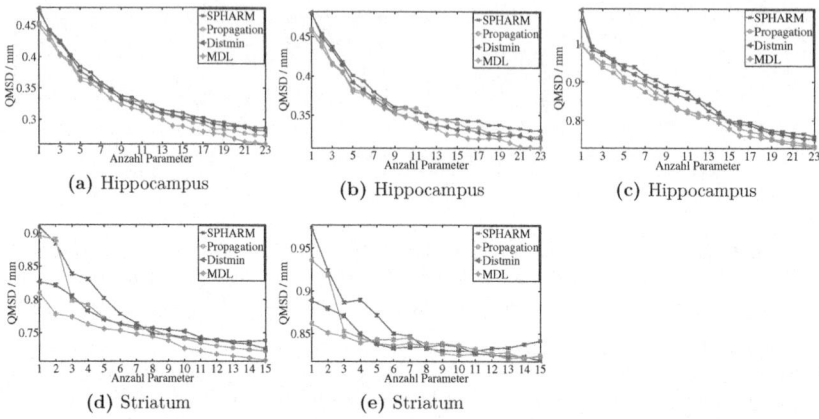

Abb. 3.17: Vergleich der Segmentierungsgüte von drei paarweisen Korrespondenzverfahren sowie dem populationsbasierten MDL-Ansatz: Leave-One-Out-Generalisierungsfähigkeit (a),(d), Spezifität (b),(e) und Segmentierung ungesehener Testdaten (c).

somit eine praktisch relevante Verbesserung der Modellgüte erlaubt. Dies zudem am Beispiel einer realen Applikation für die Bildsegmentierung zu zeigen, gelang ebenfalls erstmals im Rahmen dieser Arbeit [P9, P10] (s. Abschnitte 6.1.4 und 6.2.3 für eine weitergehende Diskussion).

Die im Rahmen dieser Arbeit entwickelte Segmentierungsevaluierung erlaubt somit die unmittelbare Quantifizierung des Einflusses der Korrespondenzen auf die mit dem aktiven Formmodell erzielbare Segmentierungsgüte. Dies ist mit der Korrespondenzevaluierung nicht möglich. Vorteile gegenüber den Korrespondenzgütekriterien sind zudem die Möglichkeit zur Bewertung der Generalisierungsfähigkeit für ungesehene Formen. Um die von Davies vorgeschlagene Leave-One-Out-Generalisierungsfähigkeit (Gl. (3.2)) in analoger Weise auf ungesehene Formen anzuwenden, müsste dagegen die aufwändige Korrespondenzoptimierung im Rahmen einer Leave-One-Out-Kreuzvalidierung n_s-mal durchgeführt werden. Des Weiteren ermöglicht die Segmentierungsspezifität im Unterschied zur Spezifität der Korrespondenzgüte in Gl. (3.1) die Bewertung der Robustheit des SFM unabhängig von der dem Modell zugrundeliegenden Wahrscheinlichkeitsdichtefunktion.

Die Evaluierung unterschiedlicher Parametrisierungsverfahren zeigt, dass die in dieser Arbeit entwickelte Distmin-Parametrisierung (Abschnitt 2.4.2) besser für eine nachfolgende Korrespondenzoptimierung geeignet ist als SPHARM oder Propagation. Letztere ist zwar die Methode der Wahl, wenn eine schnelle Modellbildung ohne nachfolgende Korrespondenzoptimierung angestrebt wird. Allerdings muss dann insbesondere bei komplexeren Formen mit dem vermehrten Auftreten von Artefakten gerechnet wer-

3.5 Zusammenfassung und Schlussfolgerungen

den (vgl. Abschnitt 3.4.1). Diese scheinen sich in der Segmentierung unter dem Einfluss von Bildrauschen verstärkt bemerkbar zu machen, wie Abb. 3.17 zeigt: Während sich die Generalisierungsfähigkeit bei Verwendung der Propagation-Parametrisierung häufig überlegen zeigt gegenüber der Distmin-Parametrisierung (s. Abb. 3.17(a),(d)), zeigen letztere ein äquivalente (Abb. 3.17(e)) oder gar bessere (Abb. 3.17(b)) Spezifität. Da reale Bilddaten unweigerlich mit Bildstörungen behaftet sind, kommt in den nachfolgenden Kapiteln deshalb das Distmin-Verfahren zur Anwendung.

Hinsichtlich der einzelnen Komponenten der Korrespondenzoptimierung ist festzuhalten, dass mit der MDL-Zielfunktion (Gl. (2.24)) im Mittel bessere Ergebnisse erzielt werden als mit der DetCov- (Gl. (2.23)) oder der Thodberg-Zielfunktion (Gl. (2.26)). Die Multiresolution-Optimierung ist prinzipiell vorteilhaft, wobei die Konfiguration letztendlich vom verwendeten Reparametrisierungsverfahren abhängig gemacht werden sollte. Sofern keine Multiresolution-Implementierung zur Verfügung steht, bietet sich das CPS-Verfahren an. Andernfalls vermeidet die hier verwendete Implementierung des GW-Algorithmus starke lokale Artefakte bei vergleichbarer Modellgüte. Deshalb wird in den nachfolgenden Kapiteln ausschließlich die Kombination GW mit Multiresolution für die Korrespondenzfindung durch Optimierung der MDL-Zielfunktion eingesetzt.

4
Nichtlineare Formmodellierung

Das klassische statistische Formmodell stellt ein etabliertes Verfahren für die Beschreibung der Formvariabilität einer bestimmten Objektklasse dar. Andererseits lassen sich damit nichtlineare Variationen nur bedingt modellieren. Dementsprechend wurden in der Literatur bereits unterschiedliche nichtlineare Modellierungsansätze vorgeschlagen (vgl. Abschnitt 4.1). Allerdings ist deren Anwendung zumeist durch eindeutig nichtlineare Verteilungen motiviert. Dagegen ist die Frage bislang ungeklärt, ob die dem linearen Formmodell zugrunde liegende Annahme einer multivariaten Normalverteilung für typische Objektklassen wie z.B. die Leber überhaupt zutrifft. Die quantitative Bewertung dieser Fragestellung erfolgt in Abschnitt 4.2 und motiviert den im Rahmen dieser Arbeit eingesetzten nichtlinearen Ansatz (Abschnitt 4.3). Das Kapitel wird mit einer Zusammenfassung in Abschnitt 4.4 abgeschlossen.

4.1 Nichtlineare Modellierungsansätze

In den vorhergehenden Kapiteln wurde das klassische, lineare SFM eingeführt (Abschnitt 2.3.2). Mit dem etablierten und methodisch ausgereiften Ansatz der Minimierung der Beschreibungslänge steht ein Verfahren zur Bestimmung der optimalen Landmarken für dieses lineare SFM zur Verfügung (Abschnitt 2.4.3), dessen praktische Relevanz in Kapitel 3 gezeigt wurde. Andererseits lassen sich mit diesem Modell nichtlineare Variationen nur bedingt modellieren, was nachfolgend anhand von Abb. 4.1 und Abb. 4.2 veranschaulicht werden soll.

64   Kapitel 4 Nichtlineare Formmodellierung

(a) Acht Beispiele einer insgesamt 32 Formen umfassenden Trainingspopulation mit spezifischer Variation von zwei Landmarken.

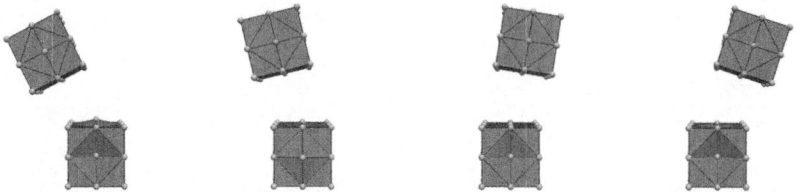

(b) Acht Beispiele einer insgesamt 32 Formen umfassenden Trainingspopulation mit spezifischer Variation von zwei Landmarken sowie relativer Rotationsbewegung.

Abb. 4.1: Trainingspopulationen mit linearer und nichtlinearer Form- und Lagevariation.

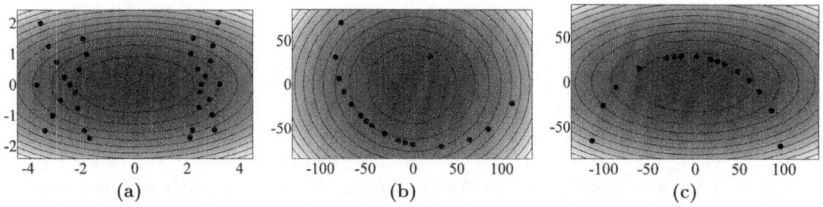

Abb. 4.2: Lineare Formenergie (2.22) der zweidimensionalen PCA-Variablen (schwarze Punkte) der Trainingsformen aus Abb. 4.1(a) in (a) bzw. aus Abb. 4.1(b) in (b) und (c).

In Abb. 4.1(a) sind acht Beispiele einer insgesamt 32 Formen umfassenden Trainingspopulation zu sehen. Die zentrale Landmarke der oberen Seitenfläche wird sowohl nach innen als auch nach außen verschoben. Die zentrale Landmarke der linken Seitenfläche des Würfels verschiebt sich bei jeweils 16 Formen nur nach innen bzw. nur nach außen (vgl. die vier linken bzw. rechten Beispiele in Abb. 4.1(a)). Mit diesen 32 Formvektoren wird ein lineares Formmodell trainiert wie in Abschnitt 2.3.2 beschrieben. In Abb. 4.2(a) sind die mit Hilfe von Gl. (2.9) berechneten zweidimensionalen PCA-Variablen $\{(\mathbf{b}_i^{(1)}, \mathbf{b}_i^{(2)}) ; i = 1, \ldots, 32\}$ der 32 Formen als schwarze Punkte dargestellt. Es ist erkennbar, dass sich infolge der spezifischen Formvariabilität zwei Gruppen (Cluster) ausbilden, die jeweils 16 Formen umfassen. Die Farben in Abb. 4.2(a) kodieren die unter Verwendung der Formparameter $\{(\mathbf{b}_i^{(1)}, \mathbf{b}_i^{(2)}) ; i = 1, \ldots, 32\}$ berechnete Formenergie (Gl. (2.22)) (dunkel/hell: niedrige/hohe Energie bzw. hohe/niedrige Wahrscheinlichkeitsdichte) des linearen Modells in Gl. (2.11). Dabei wird deutlich, dass dieses nicht in

4.1 Nichtlineare Modellierungsansätze

der Lage ist, die tatsächliche Verteilung der Daten abzubilden. Tatsächlich befinden sich sämtliche Trainingsformen in deutlicher Entfernung zum Ursprung des PCA-Unterraums und damit zu der durch das Modell als am wahrscheinlichsten vorgegebenen Form.

Abb. 4.1(b) zeigt acht Beispiele einer insgesamt 32 Formen umfassenden Trainingspopulation, wobei sich 16 Würfel auf einem Halbkreis um den anderen (in Abb. 4.1(b) unten dargestellten) Würfel herumbewegen. Bei letzterem wird zudem jeweils die zentrale Landmarke der oberen und der vorderen Seitenfläche nach innen und nach außen verschoben. Die Verteilung der zweidimensionalen Projektionen der Formen im PCA-Unterraum sowie die lineare Formenergie (Gl. 2.22)) stellt Abb. 4.2(b) dar. Es ist zu beachten, dass die Amplitude der Rotationsbewegung die ersten beiden Hauptkomponenten dominiert. Deshalb weisen die 16 Formen des zweiten Würfels nahezu dieselben Koordinaten im PCA-Unterraum auf. Dieses zweite Cluster verschwindet, wenn jeweils der feststehende und der rotierende Würfel zu einem von insgesamt 16 gemeinsamen Formvektoren zusammengefasst werden (s. Abb. 4.2(c)). Wie bereits im Fall der beiden Cluster in Abb. 4.2(a) lässt auch die in Abb. 4.2(b) und 4.2(c) dargestellte Formenergie (Gl. (2.22)) erkennen, dass das lineare Modell in Gl. (2.11) nicht in der Lage ist, die nichtlineare Rotationsbewegung adäquat abzubilden.

Während die artifiziellen Beispiele in Abb. 4.1(a) und 4.1(b) lediglich der Veranschaulichung der Limitierung des linearen SFM dienen, lassen sich durchaus praktisch relevante Anwendungen für nichtlineare Modellierungsansätze finden. Sozuo et al.[273, 274] modellieren z.B. die Landmarkenvariabilität von Formen mit unterschiedlicher Krümmung mittels linearer Regression und setzen dabei Polynome zweiten Grades ein. Dieselbe Arbeitsgruppe wendet kurz darauf den in [176] vorgeschlagenen Ansatz, eine nichtlineare Hauptkomponentenanalyse mittels neuronaler Netzwerke zu realisieren, für die nichtlineare Formmodellierung an [275, 276]. Ein anderer Ansatz zur Generalisierung der Hauptkomponentenanalyse ist die der „principal curves" bzw. „principal surfaces" [122, 296].

Cootes et al. [46, 47] approximieren multimodale Verteilungen mit Hilfe von Gaußschen Mischverteilungen und bestimmen dabei die Parameter der Verteilungsfunktionen mit Hilfe des Expectation-Maximization-Algorithmus (EM-Algorithmus) [76].

In [51] werden (Blick-)richtungsabhängige aktive Erscheinungsmodelle (AEM) [40, 41] erstellt, um nichtlineare Form- und Texturvariabilität mit Hilfe mehrerer Modelle zu repräsentieren. Dieser Ansatz wird in [112] aufgegriffen und für die Erstellung mehrerer altersabhängiger SFM eingesetzt.

Während die zuvor genannten Ansätze im Wesentlichen auf einer Änderung bzw. Erweiterung des verwendeten Modells basieren, können alternativ durch eine nichtlineare Transformation des Eingangsraumes bzw. der Eingangsdaten und anschließende Anwendung linearer Verfahren wie z.B. der Hauptkomponentenanalyse implizit nichtlineare Effekte modelliert werden. Um beispielsweise die Variabilität von mittels M-reps repräsentierten Formen (vgl. Abschnitt 2.2) mit statistischen Verfahren zu beschreiben, führen Fletcher et al. [94–96] die Analyse der Hauptgeodäten (PGA von engl.: principal geodesic analysis) ein. Generell handelt es sich dabei um eine Verallgemeinerung des Prinzips der Hauptkomponentenanalyse vom euklidischen Vektorraum auf eine Riemannsche Mannigfaltigkeit [238]. Anschaulich bedeutet dies, dass Geraden durch geodätische Linien, d.h. die kürzeste Entfernung zweier Punkte auf einer gekrümmten Oberfläche, ersetzt werden. Sofern die betrachteten Elemente einer Lie-Gruppe zugeordnet werden können, ist mittels der Exponentialabbildung (z.B. [82]) eine Abbildung in den Tangentialraum der Mannigfaltigkeit möglich. Auf diese Weise wird das Problem linearisiert, sodass eine PCA durchgeführt und durch anschließendes Logarithmieren deren Effekt in der Mannigfaltigkeit untersucht werden kann [7]. Außer den bereits genannten medialen Grundelementen der M-reps bilden z.B. Ähnlichkeitstransformationen ebenfalls eine solche Lie-Gruppe. Dementsprechend wurde bereits in mehreren Arbeiten die Lage unterschiedlicher Organe relativ zueinander auf Basis der Exponentialabbildung modelliert (z.B. [19, 23, 105, 279]).

Bei der Kern-PCA [218, 259, 260, 263, 297] werden die Eingangsdaten mit Hilfe des sogenannten Kernel-Tricks [262, 306] in einen hochdimensionalen Merkmalsraum abgebildet und anschließend eine lineare Hauptkomponentenanalyse in diesem Merkmalsraum durchgeführt. Der Vorteil dieses Ansatzes ist die Anwendbarkeit für unterschiedlichste nichtlineare Verteilungen der Eingangsdaten, sofern eine geeignete Kernfunktion mit entsprechender Parametrisierung gefunden wird. Dementsprechend lassen sich in der Literatur verschiedene Anwendungen der Kern-PCA im Zusammenhang mit der Formmodellierung feststellen [55, 56, 64, 165, 249, 303, 305]. Ein dazu verwandter Ansatz ist das in [318] eingesetzte Verfahren der Kerndichteschätzung [235]. Eine detaillierte Darstellung der kernbasierten Formmodellierung wird in Abschnitt 4.3 gegeben.

4.2 Untersuchung der Normalverteilungsannahme

Die in Abschnitt 4.1 diskutierten, im Zusammenhang mit Formmodellen eingesetzten nichtlinearen Modellierungsansätze sind bis auf wenige Ausnahmen dadurch motiviert, dass die Daten der Trainingspopulation eindeutig eine nichtlineare (z.B. [51, 249, 274, 276, 305]) oder multimodale (z.B. [47, 56, 169]) Verteilung aufweisen, bzw. keinem euklidischen Vektorraum zugeordnet werden können (z.B. [19, 23, 95]). Andererseits wurden statistische Formmodelle (Abschnitt 2.3) bereits für die Segmentierung unterschiedlichster Organe eingesetzt, vgl. [126] und Referenzen darin. Dabei bildet das lineare SFM bis auf wenige Ausnahmen (z.B. [318]) die Basis für die Segmentierung der „typischen", medizinisch interessanten Anatomien wie beispielsweise der Leber (z.B. [127, 129, 154, 169, 182, 231]).

Nichtsdestoweniger erfolgte bislang keine quantitative Untersuchung, inwiefern die Annahme einer multivariaten Normalverteilung (MNV) auf diese typischen Segmentierungsobjekte zutrifft, bzw. ob der Einsatz nichtlinearer Verfahren methodisch sauber motiviert werden kann. Eine solche quantitative Untersuchung mit Hilfe unterschiedlicher Testverfahren (s. Abschnitte 4.2.1 und 4.2.2) wurde erstmals im Rahmen der vorliegenden

4.2 Untersuchung der Normalverteilungsannahme

Arbeit durchgeführt [P1]. Nachfolgend wird dieser Ansatz auf eine breiteres methodisches Fundament gestellt und es werden zusätzliche Experimente durchgeführt und diskutiert. Bereits in Abschnitt 2.3.2 wurde darauf hingewiesen, dass der aus n_p Punkten bestehende, die dreidimensionale Form $S \subset \mathbb{R}^3$ repräsentierende Formvektor $\mathbf{x} \in \mathbb{R}^{3n_p}$ (s. Gl. 2.1)) als $3n_p$-dimensionale Zufallsvariable interpretiert werden kann. Diese Betrachtungsweise lässt sich auf die folgende Definition von Mardia [206] zurückführen:

Definition 3 (Multivariate Normalverteilung (I)). *Ein Zufallsvektor $\mathbf{x}$ ist $3n_p$-variat normalverteilt mit Erwartungswert $\boldsymbol{\mu}$ und Kovarianzmatrix $\mathbf{C}$, wenn seine Dichtefunktion durch Gl. (2.4) gegeben ist. Dann gilt $\mathbf{x} \sim \mathcal{N}_{3n_p}(\boldsymbol{\mu}, \mathbf{C})$.*

Um zu überprüfen, ob die n_s unabhängig und identisch verteilten Beobachtungen (Formvektoren) $\mathbf{x}_1, \ldots, \mathbf{x}_{n_s}$ mit unbekannter Dichtefunktion $f(\mathbf{x}), \mathbf{x} \in \mathbb{R}^{3n_p}$ einer MNV entstammen, ist somit die Nullhypothese

$$\mathrm{H}_0 : f(\mathbf{x}) \in \mathcal{N}_{3n_p} \tag{4.1}$$

zu testen. Hierbei bezeichnet $\mathcal{N}_{3n_p}$ die Klasse aller nicht degenerierten $3n_p$-dimensionalen Normalverteilungen $\mathcal{N}_{3n_p}(\boldsymbol{\mu}, \mathbf{C})$. Zu diesem Zweck wird z.B. mit Hilfe eines Anpassungstests (GOF von engl.: goodness of fit) geprüft, ob die Stichprobe mit einer auch als Signifikanzniveau bezeichneten Fehlerwahrscheinlichkeit α aus einer bestimmten Verteilung, im vorliegenden Fall der Normalverteilung (NV), entstammt.

Das Signifikanzniveau entspricht dem Fehler erster Art und ist die Wahrscheinlichkeit, dass die Nullhypothese H_0 in Gl. (4.1) abgelehnt wird, obwohl diese in Wirklichkeit wahr ist (falsch-positives Ergebnis, vgl. auch Abschnitt 4.2.3 und Abb. 4.3). Da stets gegen das Signifikanzniveau getestet wird, wobei $0 < \alpha < 1$ (typische Werte sind $\alpha = 0{,}05$ oder $\alpha = 0{,}01$), sollte die Beibehaltung bzw. Ablehnung von H_0 (Gl. 4.1)) nicht auf der ausschließlichen Anwendung eines einzigen Tests basieren. Prinzipiell lassen sich univariate und multivariate Testverfahren unterscheiden. Erstere testen sämtliche Variablen unabhängig voneinander auf Normalverteilung. Dabei muss die in Anlehnung an Mardia [206] gegebene, von der Dichtefunktion unabhängige Definition der MNV berücksichtigt werden:

Definition 4 (Multivariate Normalverteilung (II)). *Ein Zufallsvektor $\mathbf{x}$ ist genau dann $3n_p$-variat normalverteilt, wenn $\mathbf{a}^\mathsf{T}\mathbf{x}$ univariat normalverteilt ist, für jeden beliebigen aber festen $3n_p$-wertigen Vektor $\mathbf{a}$.*

Der formale Beweis für die Beibehaltung von H_0 (Gl. 4.1)) gelingt mittels univariater Tests somit nur, wenn jede beliebige Linearkombination gemäß Definition 4 überprüft wird. Hingegen ist die Ablehnung der Normalverteilungsannahme mittels univariater Tests durchaus möglich. Generell lassen sich folgende Nachteile der univariaten Tests (Abschnitt 4.2.1) gegenüber den multivariaten Tests (Abschnitt 4.2.2) festhalten [214, 244]:

1. Eine univariate NV bedingt keine multivariate NV.

2. Die Verwendung von univariaten Tests erhöht wegen des zentralen Grenzwertsatzes den Fehler erster Art.

3. Da univariate Tests die Korrelation zwischen den Variablen ignorieren, ist ihre Teststärke häufig geringer.

Multivariate Tests setzen voraus, dass die Anzahl der Stichproben n_s größer ist als die Anzahl der Variablen (hier: $3n_p$) [193, 194]. Andernfalls ist die empirische Kovarianzmatrix $\mathbf{S}$ singulär und $\mathcal{N}_{3n_p}(\boldsymbol{\mu}, \mathbf{C})$ degeneriert. Wie bereits in Abschnitt 2.3.2 diskutiert, ist dies im dreidimensionalen SFM typischerweise nicht der Fall. Allerdings gilt unter der Nullhypothese in Gl. (4.1), dass die Dichtefunktion des Formvektors $\mathbf{x}$ durch Gl. (2.15) gegeben ist. Dann ist $\mathbf{b} \sim \mathcal{N}_{n_m}(\mathbf{0}, \boldsymbol{\Lambda})$ (s. Abschnitt 2.3.3), wobei dies wegen Gl. (2.6) auch für den Fall gilt, dass die empirische Kovarianzmatrix $\mathbf{S}$ (Gl. (2.5)) singulär ist [206]. Somit ergibt sich im vorliegenden Fall die folgende Konsequenz für die Untersuchung auf MNV: Wird für die n_s unabhängig und identisch verteilten Beobachtungen (Formparameter) $\mathbf{b}_1, \ldots, \mathbf{b}_{n_s}$ mit unbekannter Dichtefunktion $f(\mathbf{b}), \mathbf{b} \in \mathbb{R}^{n_m}$ die Nullhypothese

$$H_0 : f(\mathbf{b}) \in \mathscr{N}_{n_m} \tag{4.2}$$

abgelehnt, so ist die Nullhypothese in Gl. (4.1) ebenfalls abzulehnen. $\mathscr{N}_{n_m}$ bezeichnet die Klasse aller nichtdegenerierten MNV $\mathcal{N}_{n_m}(\mathbf{0}, \boldsymbol{\Lambda})$. Die Beibehaltung von H_0 in Gl. (4.2) bedingt allerdings nicht die Beibehaltung der Nullhypothese in Gl. (4.1) in Analogie zum Vorgehen in [193].

In den beiden folgenden Abschnitten 4.2.1 und 4.2.2 werden die im Rahmen dieser Arbeit eingesetzten Testverfahren charakterisiert.

4.2.1 Univariate Testverfahren

Eines der bekanntesten Verfahren für das Testen auf eine bestimmte Verteilung ist der Chiquadrat-Anpassungstest (Abschnitt 4.2.1.1). Ein ähnlich flexibler Anpassungstest mit potenziell besserer Teststärke (z.B. [123]) ist der Test nach Kolmogorov und Smirnov (Abschnitt 4.2.1.2). Speziell für das Testen einer Zufallsvariablen auf Normalverteilung bietet sich zudem der Shapiro-Wilk-Test (Abschnitt 4.2.1.3) wegen seiner sehr hohen Teststärke selbst bei kleinen Stichprobengrößen an.

4.2.1.1 Chiquadrat-Anpassungstest

Beim Chiquadrat-Anpassungstest (χ^2-Test, z.B. [123, 243]) werden die n_s Beobachtungen $\mathbf{b}_1^{(m)}, \ldots, \mathbf{b}_{n_s}^{(m)}$, $m = 1, \ldots, n_m$, in n_k Klassen eingeteilt, und die beobachtete Häufigkeit jeder Klasse, B_k, mit der entsprechend der Wahrscheinlichkeitsverteilung F_0 erwar-

4.2 Untersuchung der Normalverteilungsannahme

teten Häufigkeit E_k verglichen. Die Prüfgröße

$$\hat{\chi}^2 = \sum_{k=1}^{n_k} (B_k - E_k)^2 / E_k \qquad (4.3)$$

ist für $n_s \to \infty$ unter der Nullhypothese (die Beobachtungen sind F_0-verteilt) χ^2_κ-verteilt mit κ Freiheitsgraden. Im vorliegenden Fall muss die Varianz λ_m der Verteilungsfunktion

$$F_0\!\left(\mathbf{b}^{(m)}\right) = \frac{1}{\sqrt{2\pi}\,\lambda_m^{\frac{1}{2}}} \int_{-\infty}^{\mathbf{b}^{(m)}} \exp\!\left(-\frac{t^2}{2\lambda_m}\right) \mathrm{d}t \qquad (4.4)$$

aus der Stichprobe geschätzt werden, sodass $\kappa = n_k - 1 - 1$. Übersteigt $\hat{\chi}^2$ (Gl. (4.3)) den Wert $\chi^2_{\kappa,1-\alpha}$, so wird die Nullhypothese abgelehnt. Der Wert $\chi^2_{\kappa,1-\alpha}$ kann mit Hilfe der Wahrscheinlichkeitsdichte der Gammaverteilung berechnet werden [3].

4.2.1.2 Kolmogorov-Smirnov-Lilliefors-Anpassungstest

Ähnlich wie der χ^2-Test hängt auch der Kolmogorov-Smirnov-Anpassungstest (K-S-Test, z.B. [209]) nicht von der zu testenden Wahrscheinlichkeitsfunktion F_0 ab, ist jedoch nur für kontinuierliche Verteilungen einsetzbar. Für die aufsteigend geordneten Beobachtungen[8] $\mathbf{b}_{(1)}^{(m)}, \ldots, \mathbf{b}_{(n_s)}^{(m)}$ ergibt sich die empirische Verteilungsfunktion $F(\mathbf{b}_{(i)}^{(m)}) = n^{(m)}(i)/n_s$, wobei $n^{(m)}(i)$ die Anzahl der Beobachtungen ist, die kleiner als $\mathbf{b}_{(i)}^{(m)}$ sind. Die Teststatistik

$$\hat{D} = \max_{1 \le i \le n_s} \left| F_0\!\left(\mathbf{b}_{(i)}^{(m)}\right) - F\!\left(\mathbf{b}_{(i)}^{(m)}\right) \right| \qquad (4.5)$$

ist die maximale absolute Differenz von der empirischen Verteilungsfunktion $F(\mathbf{b}_{(i)}^{(m)})$ und der unter der Nullhypothese zu erwartenden Verteilungsfunktion $F_0(\mathbf{b}_{(i)}^{(m)})$ (Gl. (4.4)). Die Nullhypothese wird verworfen, wenn $\hat{D}$ (Gl. (4.5)) größer ist als der beispielsweise entsprechenden Tabellen zu entnehmende (z.B. [219]) kritische Wert $D_{n_s,\alpha}$. Der K-S-Test fordert allerdings die vollständige Spezifikation der Verteilungsfunktion F_0. Müssen dagegen deren Parameter wie im vorliegenden Fall aus der Stichprobe geschätzt werden, sind die kritischen Werte des Tests nicht exakt. Lillefors [196] zufolge sind die kritischen Werte für den Fall der Normalverteilung zu konservativ, d.h. ein Fehler erster Art ist weniger wahrscheinlich als durch das Signifikanzniveau vorgegeben. Deshalb werden in dieser Arbeit entsprechend korrigierte kritische Werte berücksichtigt [63].

---

[8]Entsprechend der in der Statistik geläufigen Konvention, bezeichnen $x_1, \ldots, x_{n_s}$ die n_s Realisationen einer Zufallsvariablen X, während $x_{(1)}, \ldots, x_{(n_s)}$ die aufsteigend sortierten Beobachtungen sind, aus denen sich die sogenannten Ordnungsstatistiken berechnen lassen.

4.2.1.3 Shapiro-Wilk-Test

Mit dem Test nach Shapiro und Wilk [268] lässt sich überprüfen, ob die Stichprobe $\mathbf{b}_i^{(m)}, \ldots, \mathbf{b}_{n_s}^{(m)}$, $m = 1, \ldots, n_m$ einer Normalverteilung entstammt. Es wird für die aufsteigend geordneten Beobachtungen $\mathbf{b}_{(1)}^{(m)}, \ldots, \mathbf{b}_{(n_s)}^{(m)}$ mit Mittelwert 0 die W-Statistik

$$\hat{W} = \frac{\left(\sum_{i=1}^{n_s} a_i \mathbf{b}_{(i)}^{(m)}\right)^2}{\sum_{i=1}^{n_s} \mathbf{b}_i^{(m)\,2}} \tag{4.6}$$

berechnet. Für den Fall, dass die Stichprobe einer Normalverteilung entstammt, sollte das Verhältnis in Gl. (4.6) nur gering vom Wert 1 abweichen [123]. Die a_i sind die nach der Methode der kleinsten Quadrate bestimmten Koeffizienten der linearen Regression zwischen den geordneten Beobachtungen $\mathbf{b}_{(1)}^{(m)}, \ldots, \mathbf{b}_{(n_s)}^{(m)}$ und den unter H_0 (Gl. (4.2)) zu erwartenden Beobachtungen. Diese sind für kleine Stichproben ($n_s \leq 20$) exakt aus Tabellen entnehmbar (z.B. [257]) und andernfalls approximativ zu berechnen [250, 268].

Royston [250] transformiert die W-Statistik in Gl. (4.6) in eine normalverteilte Teststatistik $\hat{z} = (1 - \hat{W})^\gamma$ bzw. standardnormalverteilte Teststatistik

$$\hat{W}_{\mathrm{R}} = \left(\left(1 - \hat{W}\right)^\gamma - \mu_z\right) \sigma_z^{-1}, \tag{4.7}$$

wobei die Parameter γ, μ_z und σ_z in Abhängigkeit von n_s mit Hilfe polynomialer Interpolation berechnet werden. Auf diese Weise lassen sich Stichproben der Größe 3 − 5000 effizient auf Normalverteilung testen [252].

Aufgrund seiner hohen Teststärke wurde bereits mehrfach vorgeschlagen, den Shapiro-Wilk-Test für die multivariate Normalverteilung zu generalisieren (z.B. [194] und Referenzen darin). Ein Ansatz ist der Test von Royston [251], der auch in dieser Arbeit zur Anwendung kommt (s. Abschnitt 4.2.2.3).

4.2.2 Multivariate Testverfahren

In der Literatur werden mindestens 50 verschiedene Verfahren für das Testen auf MNV beschrieben (z.B. [133, 214, 277] und Referenzen darin). In keiner vergleichenden Studie ist ein Test stets allen anderen überlegen und darüber hinaus sind einige Verfahren nur unter bestimmten Umständen einsetzbar [215]. Mecklin und Mundfrom [215] haben in aufwändigen Monte-Carlo-Simulationen die Teststärke von 13 generischen Ansätzen zum Testen auf MNV miteinander verglichen und geben entsprechend Ihren Ergebnissen eine Empfehlung für den Henze-Zirkler-Test (Abschnitt 4.2.2.2) aus. Gleichzeitig wird, u.a. um eine potenzielle Abweichung von der MNV besser visuell interpretieren zu können, die zusätzliche Berücksichtigung der beiden von Mardia vorgeschlagenen höheren Momente Schiefe und Kurtosis (Wölbung) empfohlen[9] (Abschnitt 4.2.2.1). Darüber hinaus

---
[9]In diesem Sinn wurde kürzlich die Kombination der Tests nach Mardia sowie nach Henze und Zirkler unter Einsatz der Bonferroni-Methode [1] vorgeschlagen [291].

4.2 Untersuchung der Normalverteilungsannahme

kann für den Test nach Royston (Abschnitt 4.2.2.3) insbesondere dann eine vergleichsweise gute Teststärke festgestellt werden, wenn wie im vorliegenden Fall die Variablen $b_i^{(m)}$, $i = 1,\ldots,n_s$, $m = 1,\ldots,n_m$ der n_s Beobachtungen relativ unkorreliert sind.

4.2.2.1 Mardias Test

Mardias Arbeit [208] ist wegweisend für viele nachfolgende Arbeiten auf dem Gebiet der multivariaten Normalverteilung. Es wird darin die Betrachtung der beiden unter linearer Transformation invarianten Momente Schiefe und Kurtosis vorgeschlagen, um zu testen, ob eine Stichprobe einer MNV entstammt. Zunächst werden die sogenannten skalierten Residuen

$$\mathbf{z}_i = \mathbf{S}^{-1/2}\left(\mathbf{x}_i - \bar{\mathbf{x}}\right), \, i = 1,\ldots,n_s, \tag{4.8}$$

berechnet. Hierbei ist $\mathbf{S}^{-1/2}$ die Quadratwurzel der inversen Kovarianzmatrix, die mittels Gl. (2.6) effizient berechnet werden kann. Gl. (4.8) vereinfacht sich im Fall der Nullhypothese H_0 (Gl. 4.2)) zu

$$\mathbf{z}_i = \mathbf{\Lambda}^{-1/2}\mathbf{b}_i, \, i = 1,\ldots,n_s. \tag{4.9}$$

Aus den skalierten Residuen lassen sich die Schiefe $s_{n_m} = n_s^{-2} \sum_{r,s}^{n_s}(\mathbf{z}_r^\mathsf{T}\mathbf{z}_s)^3$ und die Kurtosis $k_{n_m} = n_s^{-1} \sum_{r}^{n_s}(\mathbf{z}_r^\mathsf{T}\mathbf{z}_r)^2$ berechnen. Unter der Nullhypothese in Gl. (4.2) ist die Teststatistik für die Schiefe durch

$$\hat{M}_S = n_s\, s_{n_m}/6 \tag{4.10}$$

gegeben. Diese ist χ^2_κ-verteilt mit $\kappa = n_m(n_m + 1)(n_m + 2)/6$ Freiheitsgraden (vgl. Abschnitt 4.2.1.1). Die Teststatistik für die Kurtosis berechnet sich zu

$$\hat{M}_K = \frac{k_{n_m} - n_m(n_m + 2)}{\sqrt{\frac{8n_m(n_m+2)}{n_m}}}. \tag{4.11}$$

und folgt unter der Nullhypothese der Standardnormalverteilung $\mathcal{N}_1(0,1)$. Schiefe und Kurtosis können zum einen als getrennte Tests auf Normalverteilung eingesetzt werden. Alternativ kann H_0 (Gl. (4.2)) abgelehnt werden, wenn entweder $\hat{M}_S$ (Gl. (4.10)) oder $\hat{M}_K$ (Gl. (4.11)) um mehr als das vorgegebene Signifikanzniveau α von der jeweils unter der Nullhypothese erwarteten Statistik abweichen.

4.2.2.2 BHEP-Tests

BHEP-Tests sind eine Klasse von affin-invarianten, konsistenten Tests, deren Teststatistik die empirische charakteristische Funktion der skalierten Residuen in Gl. (4.8) verwendet. Dieser Ansatz wurde von Epps und Pulley [83] für die Untersuchung einer Stichprobe auf univariate NV vorgeschlagen und von Baringhaus und Henze [10] für multivariate NV weiterentwickelt. Die Konsistenz der Tests[10] wurde kurz darauf in [60] bewiesen und, in Anlehnung an die Entwickler des Verfahrens, die inzwischen etablierte Bezeichnung „BHEP" für auf der empirischen charakteristischen Funktion basierenden Tests vorgeschlagen. Allgemein bezeichnet $\Phi(\mathbf{t})$,

$$\Phi(\mathbf{t}) = \int_{\mathbb{R}^{3n_p}} \exp\!\left(j\,\mathbf{t}^\mathsf{T}\mathbf{x}\right) f(\mathbf{x})\,\mathrm{d}\mathbf{x},\; \mathbf{t}\in\mathbb{R}^{3n_p},\; j^2=-1$$

die charakteristische Funktion des $3n_p$-dimensionalen Zufallsvektors $\mathbf{x}$ mit Dichtefunktion $f(\mathbf{x})$ und ist identisch mit der Fourier-Transformierten von $f(\mathbf{x})$ (z.B. [26]). Mit den skalierten Residuen (Gl. (4.8)) lässt sich die empirische charakteristische Funktion zu

$$\hat{\Phi}_{n_s}(\mathbf{t}) = \frac{1}{n_s}\sum_{i=1}^{n_s}\exp\!\left(j\,\mathbf{t}^\mathsf{T}\mathbf{z}_i\right) \qquad (4.12)$$

berechnen [245]. Unter der Nullhypothese H_0 (Gl. (4.1)) sollten die skalierten Residuen $\mathbf{z}_1,\dots,\mathbf{z}_{n_s}$ in Gl. (4.8) ähnlich zur Verteilung $\mathcal{N}_{3n_p}\!\left(\mathbf{0},\mathbf{E}_{3n_p}\right)$ sein [135]. Allgemein gilt für die charakteristische Funktion des multivariat normalverteilten Vektors $\mathbf{x}$ [206], $\Phi(\mathbf{t}) = \exp\!\left(j\,\mathbf{t}^\mathsf{T}\bar{\mathbf{x}} - 0{,}5\,\mathbf{t}^\mathsf{T}\mathbf{C}\mathbf{t}\right)$, falls $\mathbf{C}$ nicht-singulär und damit für die charakteristische Funktion der skalierten Residuen unter H_0 (Gl. (4.1)),

$$\Phi(\mathbf{t}) = \exp\!\left(-\,\|\mathbf{t}\|^2/2\right),\; \mathbf{t}\in\mathbb{R}^{3n_p}. \qquad (4.13)$$

Dementsprechend schlagen Henze und Zirkler [135] eine Teststatistik auf Basis der gewichteten Integration der quadrierten Differenzen zwischen der charakteristischen Funktion in Gl. (4.13) und der empirischen charakteristischen Funktion der skalierten Residuen in Gl. (4.12) vor. Diese Teststatistik wird im Folgenden für den Fall eingeführt, dass auf die Nullhypothese in Gl. (4.2) getestet wird. Für Gl. (4.9) nimmt die empirische charakteristische Funktion in Gl. (4.12) die Form

$$\hat{\Psi}_{n_s}(\mathbf{t}) := \frac{1}{n_s}\sum_{i=1}^{n_s}\exp\!\left(j\,\mathbf{t}^\mathsf{T}\mathbf{z}_i\right),\; \mathbf{t}\in\mathbb{R}^{n_m},\; j^2=-1$$

an. Damit ergibt sich die gewichtete Integration der euklidischen Distanz

$$D_{n_s,\beta} := \int_{\mathbb{R}^{n_m}} \left\|\hat{\Psi}_{n_s}(\mathbf{t}) - \exp\!\left(-\,\|\mathbf{t}\|^2/2\right)\right\|^2 \varphi_\beta(\mathbf{t})\,\mathrm{d}\mathbf{t},\; \mathbf{t}\in\mathbb{R}^{n_m}, \qquad (4.14)$$

wobei $\beta>0$ ein Glättungsparameter ist. Die Gewichtungsfunktion

$$\varphi_\beta(\mathbf{t}) = \frac{1}{(2\pi\beta^2)^{\frac{n_m}{2}}}\exp\!\left(-\,\|\mathbf{t}\|^2/\left(2\beta^2\right)\right),\; \mathbf{t}\in\mathbb{R}^{n_m}$$

---

[10] Ein Anpassungstest (auf Normalverteilung) sollte möglichst alle möglichen alternativen (nicht normalverteilten) Verteilungen konsistent ablehnen. In diesem Sinn gestehen Henze und Zirkler [135] das Attribut „omnibus" (von lat. „für alle") ausschließlich konsistenten Tests zu.

4.2 Untersuchung der Normalverteilungsannahme

wird als Dichtefunktion $\mathcal{N}_{n_m}(\mathbf{0}, \beta^2 \mathbf{E}_{n_m})$ gewählt [135]. Unter Berücksichtigung von $D_{n_s,\beta}$ aus Gl. (4.14) wird die Teststatistik

$$\hat{T}_{n_s,\beta} := \begin{cases} n_s\, 4, & \text{falls } \mathbf{\Lambda} \text{ singulär} \\ n_s\, D_{n_s,\beta}, & \text{falls } \mathbf{\Lambda} \text{ nicht singulär.} \end{cases} \qquad (4.15)$$

verwendet. In [135] wurde empirisch gezeigt, dass die Teststatistik in Gl. (4.15) unter der Nullhypothese (Gl. (4.2)) lognormalverteilt ist. Weicht die Verteilung von $\hat{T}_{n_s,\beta}$ um mehr als das Signifikanzniveau α von der Lognormalverteilung ab, so wird H_0 (Gl. (4.2)) abgelehnt.

In [134, 135] werden unterschiedliche Werte für den Glättungsparameter β diskutiert. Eben diese Möglichkeit zur Variation des Glättungsparameters β ist die Begründung dafür, dass es sich bei den BHEP-Tests um eine Klasse von Tests handelt [135]. Der jeweils optimale Wert hängt zwar letztendlich von der Alternativverteilung ab, Werte aus dem Intervall [0,1 , 1] liefern jedoch im Allgemeinen eine sehr gute Teststärke. Alternativ kann dieser Parameter in Abhängigkeit von der Stichprobengröße und der Anzahl der Variablen zu

$$\beta^* = \frac{1}{\sqrt{2}} \left(\frac{2\, n_m + 1}{4} \right)^{\frac{1}{n_m+4}} n_s^{\left(\frac{1}{n_m+4}\right)}.$$

gewählt werden. Dies entspricht dem unabhängig von Henze und Zirkler in [24] vorgeschlagenen Test auf MNV.

4.2.2.3 Roystons Test

Royston [251] erweitert den Shapiro-Wilk-Test [268] (vgl. Abschnitt 4.2.1.3) für multivariate Verteilungen. Ausgehend von der transformierten Teststatistik in Gl. (4.7) wird für jede Dimension der n_m-variaten Beobachtungen $\mathbf{b}_1, \ldots, \mathbf{b}_{n_s}$ die Variable

$$r_m = \left[\Phi^{-1}\left(\frac{1}{2} \Phi\big(\hat{W}_\mathrm{R}\big) \right) \right]^2$$

berechnet, wobei $\Phi(x) = (2\pi)^{-1/2} \int_{-\infty}^{x} \exp(-t^2/2)\,\mathrm{d}t$ die Verteilungsfunktion der Standardnormalverteilung und Φ^{-1} ihre inverse Verteilungsfunktion oder Quantilfunktion ist. Da alle r_m, $m = 1, \ldots, n_m$ χ_1^2-verteilt sind [251], muss deren Kombination $\sum_{m=1}^{n_m} r_m / n_m$ χ_κ^2-verteilt sein. Royston schätzt die Anzahl der Freiheitsgrade κ unter Berücksichtigung der mittleren Korrelationen $\bar{c} = \sum_{i,j}^{n_m, i \neq j} \mathrm{corr}(r_i, r_j) / (n_m{}^2 - n_m)$ zu

$$\kappa = \frac{n_m}{1 + (n_m - 1)\,\bar{c}}$$

und schlägt die Teststatistik

$$\hat{H} = \frac{\kappa}{n_m} \sum_{m=1}^{n_m} r_m \qquad (4.16)$$

vor. Übersteigt die Abweichung der Verteilung in Gl. (4.16) von der χ^2_κ-Verteilung das Signifikanzniveau α, so wird H_0 (Gl. (4.2)) abgelehnt.

4.2.3 Experimente

Im Rahmen dieser Arbeit wurde mit Hilfe der zuvor eingeführten Testverfahren untersucht, ob die Nullhypothese in Gl. (4.2) für die Organe Leber und Milz sowie für den Unterkieferknochen (Mandibula) abgelehnt werden kann. Die Segmentierung dieser drei Objekte ist aus diagnostischen sowie aus therapeutischen Gründen relevant (vgl. Abschnitte 6.1 und 6.2) und wurde bereits in mehreren Arbeiten unter Verwendung statistischer Formmodelle adressiert (z.b. [127, 129, 153, 154, 169, 182, 184, 230, 231]). Eine detaillierte Beschreibung der Daten ist in Kapitel 6 gegeben. Zusammenfassend standen die folgenden Daten zur Verfügung:

- 82 Leberformen, jeweils bestehend aus 2562 Landmarken (s. Abb. 6.12),

- 82 Milzformen, die jeweils 1002 Landmarken aufweisen (s. Abb. 6.13) und

- 30 Unterkieferknochenformen, die jeweils durch 4002 Landmarken repräsentiert werden (s. Abb. 6.1).

Für alle drei Objektklassen wurde die Nullhypothese in Gl. (4.2) unter Verwendung von zwei verschiedenen Verfahren zur Korrespondenzfindung überprüft: Zum einen wurde der Distmin-Algorithmus [P18] (s. Abschnitt 2.4.2) eingesetzt, zum anderen wurden die Korrespondenzen durch zusätzliche Minimierung der Beschreibungslänge des SFM (MDL [68], s. Abschnitt 2.4.3) bestimmt.

In Abhängigkeit von der Stichprobengröße sollte die Dimension der Variablen, das bedeutet im vorliegenden Fall die Anzahl der Formparameter n_m, sinnvoll limitiert werden, um eine ausreichende Teststärke zu gewährleisten. Zur Bewertung der Teststärke werden häufig maximal 5-variate NV berücksichtigt (z.B. [134, 215, 251]), während im vorliegenden Fall z.B. für den Unterkiefer 29 von Null verschiedene Eigenwerte zu erwarten sind. Es ist jedoch intuitiv nachvollziehbar, dass mit Hilfe von 30 Beobachtungen kein zuverlässiges Testen auf 29-variate Normalverteilung möglich ist. Aus diesem Grund wurde der Fehler erster Art in Abhängigkeit von der Stichprobengröße empirisch bestimmt. Für jede Stichprobengröße wurden jeweils 10.0000 Realisierungen zufällig von unterschiedlich-variaten Standardnormalverteilungen gezogen und auf Normalverteilung getestet. Generell kann das Ziehen von Stichproben von einer multivariaten NV mit Kovarianzmatrix S z.B. mittels der Choleskey-Zerlegung [265] $S = LL^T$ realisiert werden [77], wobei L eine Linksdreiecksmatrix ist. Im vorliegenden Fall ist die Quadratwurzel der Diagonalmatrix der Eigenwerte, Λ, (s. Gl. (2.5)) äquivalent zu L.

Der prozentuale Anteil der fälschlicherweise als nicht normalverteilt bewerteten Stichproben entspricht dem Fehler erster Art. Dieser ist für eine 5-, 10-, 15- bzw. 20-variate Standardnormalverteilung in Abb. 4.3 dargestellt und sollte für $\alpha = 0{,}05$ idealerweise

4.2 Untersuchung der Normalverteilungsannahme

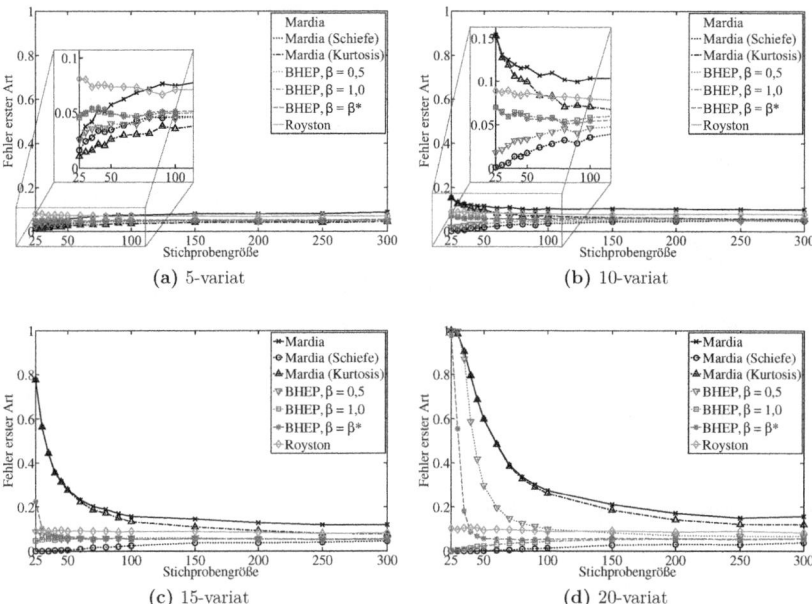

Abb. 4.3: Empirischer Fehler erster Art in Abhängigkeit von der Stichprobengröße für eine 5-, 10-, 15- bzw. 20-variate Standardnormalverteilung. Für sämtliche Stichprobengrößen wurden jeweils 10.000 zufällig erstellte Beobachtungen auf MNV getestet.

bei 5 % liegen. Es ist klar ersichtlich, dass im Fall der 5-variaten Standardnormalverteilung (Abb. 4.3(a)) selbst für kleine Stichprobengrößen keiner der verwendeten Tests eine deutliche Abweichung von 5 % aufweist. Auffällig ist, dass der Test nach Royston (Abschnitt 4.2.2.3) stets etwas liberaler ist, d.h. der Test entscheidet eher gegen die Nullhypothese. Dies ist unabhängig von der Stichprobengröße festzustellen, eine Beobachtung die z.B. auch in [215] gemacht wurde. Dagegen zeigen die anderen Tests eine teilweise erhebliche Abhängigkeit vom Verhältnis der Anzahl der Stichproben zur Anzahl der Variablen. So ist z.B. für eine 10-variate Standardnormalverteilung (Abb. 4.3(b)) eine mindestens 50 Beobachtungen umfassende Stichprobe erforderlich, um zu vermeiden, dass die Ergebnisse für Kurtosis bzw. Schiefe zu liberal bzw. zu konservativ sind. Für eine solche Stichprobengröße kann dagegen mit dem BHEP-Test unabhängig von der Wahl des Glättungsparameters β auch noch eine 15-variate Standardnormalverteilung zuverlässig getestet werden (Abb. 4.3(c)). Im Fall einer 20-variaten Standardnormalverteilung sollten dagegen mindestens 150 Beobachtungen zur Verfügung stehen, um einen zu liberalen oder konservativen Fehler erster Art zu vermeiden (Abb. 4.3(d)).

	Leber		Milz		Mandibula	
	Distmin	MDL	Distmin	MDL	Distmin	MDL
Mardia (Schiefe)	$< 10^{-5}$	$< 10^{-5}$	$< 10^{-5}$	$< 10^{-5}$	0,31260	0,08804
Mardia (Kurtosis)	$< 10^{-5}$	0,0001	$< 10^{-5}$	$< 10^{-5}$	0,95443	0,47519
BHEP, $\beta = 0{,}5$	$< 10^{-5}$	$< 10^{-5}$	$< 10^{-5}$	$< 10^{-5}$	0,27915	0,29316
BHEP, $\beta = 1{,}0$	$< 10^{-5}$	0,00739	$< 10^{-5}$	0,03438	0,38760	0,46213
BHEP, $\beta = \beta^*$	$< 10^{-5}$	0,00710	$< 10^{-5}$	0,03382	0,35652	0,49414
Royston	0,00134	0,05348	$< 10^{-5}$	0,15808	0,25768	0,21314
Chiquadrat	0,01061	0,03127	0,08715	0,25684	0,02630	0,14101
K-S-Lillefors	0,01763	0,09476	0,04323	0,05840	0,09589	0,20853
Shapiro-Wilk	0,02215	0,01577	0,00017	0,06179	0,20494	0,02102

Tab. 4.1: Ergebnisse (p-Werte) der Tests auf multivariate Normalverteilung. Bei der $n_s = 82$ Beobachtungen umfassenden Stichprobe von Leber und Milz wurde $n_m = 15$ und beim Unterkiefer ($n_s = 30$) wurde $n_m = 5$ gewählt. Für die drei univariaten Testverfahren ist jeweils der kleinste p-Wert der n_m unabhängigen Tests dargestellt.

4.2.4 Ergebnisse und Diskussion

Aus den in Abschnitt 4.2.3 diskutierten empirischen Ergebnissen bzgl. des Fehlers erster Art lässt sich zusammenfassend schließen, dass das Verhältnis n_s/n_m den Wert 4 nicht unterschreiten sollte. Dies deckt sich mit anderen Studien (z.B. [135, 215]), in denen darüber hinaus die Stärke unterschiedlicher Tests gegenüber verschiedenen Alternativverteilungen mit Hilfe von Monte-Carlo-Simulationen untersucht wurde.

In Tab. 4.1 sind in der oberen Hälfte die Ergebnisse (p-Werte) der verschiedenen Tests auf multivariate Normalverteilung zusammengefasst. Zusätzlich ist in der unteren Hälfte für die drei univariaten Testverfahren jeweils der kleinste p-Wert der n_m unabhängigen Tests dargestellt. Die p-Werte wurden unter Verwendung von $n_m = 15$ für Leber und Milz sowie $n_m = 5$ für den Unterkiefer berechnet. Andere Werte für n_m liefern jedoch äquivalente Ergebnisse, sofern das Verhältnis n_s/n_m sinnvoll limitiert wird (vgl. Abb. 4.4(b)).

Aus Tab. 4.1 ist ersichtlich, dass unter Verwendung der Distmin-Korrespondenzen für die beiden Weichteilorgane Leber und Milz die Nullhypothese in Gl. (4.2) konsistent bei einem Signifikanzniveau von $\alpha = 0{,}05$ abgelehnt wird. Die einzige Ausnahme stellt der Chiquadrat-Test bei der Milz dar. Darüber hinaus ist festzustellen, dass die Ablehnung der Nullhypothese H_0 (Gl. (4.2)) unter Verwendung der MDL-Korrespondenzen sowohl für die Leber als auch für die Milz weniger wahrscheinlich wird. Tatsächlich kann für die MDL-Korrespondenzen bei beiden Organen H_0 mit Rosytons Test nicht abgelehnt werden, bei der Milz trifft dies zudem auch auf alle univariaten Tests zu. Die geringere Wahrscheinlichkeit der Ablehnung von H_0 (Gl. (4.2)) im Fall der MDL-Korrespondenzen ist plausibel, da bei diesem Ansatz die Landmarkenpositionen bezüglich des multivariaten Gaußmodells in Gl. (2.15) optimiert werden [66, 70, 73] (s. auch Abschnitt 2.4.3).

4.2 Untersuchung der Normalverteilungsannahme

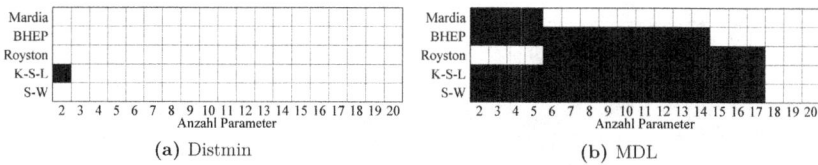

(a) Distmin (b) MDL

Abb. 4.4: Ablehnung bzw. Beibehaltung (weiße bzw. schwarze Felder) der Normalverteilungsannahme für zwei verschiedene Korrespondenzverfahren in Abhängigkeit von der Anzahl der Formparameter. Exemplarisch sind die Ergebnisse für die Milz für fünf verschiedene Testverfahren (K-S-L: Kolmogorov-Smirnov-Lilliefors-Test, S-W: Shapiro-Wilk-Test) dargestellt.

Diese Optimierung scheint die Wahrscheinlichkeit einer Normalverteilung insbesondere in den ersten Hauptkomponenten zu erhöhen. Diesen Schluss legt Abb. 4.4 nahe. Dort sind für unterschiedliche Tests Ablehnung (weiße Felder) bzw. Beibehaltung (schwarze Felder) der Nullhypothese H_0 (Gl. (4.2)) in Abhängigkeit von der Anzahl der verwendeten Formparameter n_m dargestellt. Bei den Distmin-Korrespondenzen wird H_0 unabhängig von n_m abgelehnt (Abb. 4.4a). Dagegen wird die Nullhypothese bei den MDL-Korrespondenzen insbesondere dann häufig nicht abgelehnt, wenn die Anzahl der verwendeten Formparameter nicht zu groß gewählt wird (Abb. 4.4(b)).

Die Ergebnisse der multivariaten Testverfahren werden durch die univariaten Tests untermauert. Hierbei werden die n_m Dimension des PCA-Unterraums unabhängig voneinander auf Normalverteilung getestet. Zwar weicht der Chiquadrat-Test teilweise von den übrigen Ergebnissen ab (z.B. Distmin-Korrespondenzen der Milz, Tab. 4.1). Andererseits ist dieser für seine vergleichsweise geringe Teststärke bekannt (z.B. [123]) und wurde in dieser Arbeit insbesondere wegen seines hohen Bekanntheitsgrades berücksichtigt.

Abb. 4.5 gibt exemplarisch einen visuellen Eindruck der empirischen Wahrscheinlichkeitsdichten bzw. Häufigkeitsdichten der ersten 20 Dimensionen des PCA-Unterraums der Distmin- sowie der MDL-Korrespondenzen der Milz. Während mit dem Chiquadrat-Test die Normalverteilungsannahmen in keinem Fall abgelehnt werden kann, verwirft der K-S-Lilliefors-Test im Fall der Distmin-Korrespondenzen (Abb. 4.5(a)) die Nullhypothese für die 3. und 5. Dimension der Beobachtungen $\mathbf{b}_1^{(m)}, \ldots, \mathbf{b}_{n_s}^{(m)}$, $m = 1, \ldots, 20$ und der Shapiro-Wilk-Test für die 1., 3., 7., 9., 11. und 13. Dimension. Im Fall der MDL-Korrespondenzen (Abb. 4.5(b)) lehnen sowohl der K-S-Lillefors- als auch der Shapiro-Wilk-Test die Normalverteilungsannahme für die 18. Dimension ab, der Shapiro-Wilk-Test zudem für die 20. Dimension. Während diese Testergebnisse mit Hilfe von Abb. 4.5 qualitativ nachvollziehbar sind, ist es andererseits kaum möglich, durch ausschließliche Betrachtung der empirischen Verteilungen zu entscheiden, in welcher Dimension die Variablen normalverteilt sind und in welcher nicht.

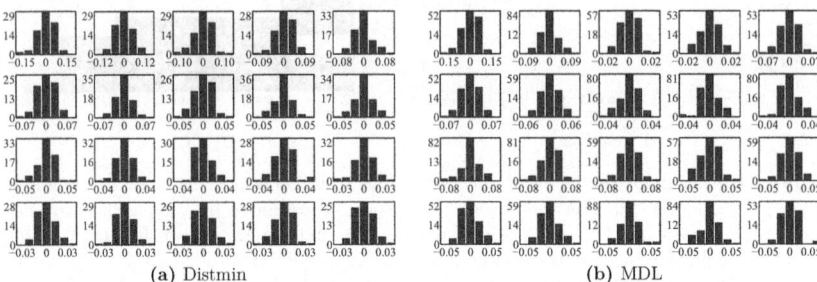

Abb. 4.5: Häufigkeitsdichte der ersten 20 unabhängigen Formparameter für zwei verschiedene Korrespondenzverfahren am Beispiel der Milz. Links oben ist jeweils die Häufigkeitsdichte der ersten Dimension des PCA-Unterraums zu sehen, rechts unten die der zwanzigsten.

Beim Unterkiefer kann die Nullhypothese in Gl. (4.2) weder für die Distmin- noch für die MDL-Korrespondenzen abgelehnt werden (Tab. 4.1). Die einzigen Ausnahmen sind der Chiquadrat-Test für die Distmin- und der Shapiro-Wilk-Test für die MDL-Korrespondenzen. Allerdings ist zum einen zu beachten, dass dies nicht die Beibehaltung der Nullhypothese in Gl. (4.1) auf Normalverteilung der Formvektoren bedingt. Zum anderen ist der Umfang der Stichprobe mit 30 Beobachtungen vergleichsweise gering, sodass die Ergebnisse für den Unterkiefer möglichst durch die Berücksichtigung zusätzlicher Beobachtungen untermauert werden sollten. Andererseits scheint es durchaus plausibel, dass das lineare Modell in Gl. (2.11) in der Lage ist, vergleichsweise rigide Strukturen wie den Unterkieferknochen zu modellieren, während deutlich variablere Weichteilorgane die Annahmen dieses Modells teilweise erheblich verletzen. Aus diesem Grund wird nachfolgend (Abschnitt 4.3) ein Ansatz zur nichtlinearen Modellierung der Formvariabilität vorgestellt.

4.3 Kernbasierte Formmodellierung

Kernbasierte Verfahren sind eine Klasse von Algorithmen, deren zugrundeliegende Theorie auf das Theorem von Mercer [216] zurückgeführt werden kann. In den 60er und 70er Jahren des vergangenen Jahrhunderts wurden kernbasierte Verfahren zunehmend für die Mustererkennung und statistische Lernverfahren interessant (z.B. [5, 307] und Referenzen darin). Nichtsdestoweniger dauerte es noch bis in die 1990er Jahre, bis der Support Vector Machine (SVM) Klassifikator in heutiger Form [22, 30] eingeführt wurde, einer der bekanntesten kernbasierten Algorithmen.

Ziel der kernbasierten Verfahren ist die potenziell nichtlineare Transformation φ der Eingangsdaten in einen typischerweise hochdimensionalen Merkmalsraum $\mathcal{Y}$, sodass die

4.3 Kernbasierte Formmodellierung

Analyse der transformierten Daten mit Hilfe von linearen Verfahren einer nichtlinearen Operation im Eingangsraum entspricht. Die Eleganz des Ansatz liegt darin begründet, dass die Abbildung φ niemals explizit berechnet werden muss, sondern mit Hilfe von Kernfunktionen realisiert wird. Dieses Vorgehen ist auf sämtliche Verfahren anwendbar, die sich mit Hilfe von Skalarprodukten formulieren lassen. Beispielsweise wurde in [217] eine kernbasierte Implementierung der Diskriminanzanalyse [93] und in [263] der Hauptkomponentenanalyse [148] (vgl. Abschnitt 2.3.2) vorgestellt. Letztere kommt in dieser Arbeit zur Anwendung und wird nachfolgend eingeführt (Abschnitt 4.3.1). Anschließend werden Ansätze zur Rekonstruktion von Mustern bzw. Formen unter Verwendung der Kern-PCA diskutiert (Abschnitt 4.3.2).

4.3.1 Kern-PCA

Die Herleitung der Kern-PCA durch Reformulierung der PCA (vgl. Abschnitt 2.3.2) unter Verwendung von Skalarprodukten folgt in den wesentlichen Punkten der Arbeit von Schölkopf et al. [263] und wird teilweise durch [54, 259] ergänzt. In Analogie zu der Eigenwertzerlegung der Stichproben-Kovarianzmatrix $\mathbf{S}$ in Gl. (2.6) lässt sich die Eigenwertzerlegung der symmetrischen $n_s \times n_s$-Matrix

$$\frac{1}{n_s}\tilde{\mathbf{K}} = \frac{1}{n_s}\mathbf{X}^\mathsf{T}\mathbf{X} = \frac{1}{n_s}\begin{bmatrix} \mathbf{x}_1 - \bar{\mathbf{x}} \\ \vdots \\ \mathbf{x}_{n_s} - \bar{\mathbf{x}} \end{bmatrix}[(\mathbf{x}_1 - \bar{\mathbf{x}}),\ldots,(\mathbf{x}_{n_s} - \bar{\mathbf{x}})]$$

$$= \frac{1}{n_s}\begin{bmatrix} (\mathbf{x}_1 - \bar{\mathbf{x}})^\mathsf{T}(\mathbf{x}_1 - \bar{\mathbf{x}}) & \ldots & (\mathbf{x}_1 - \bar{\mathbf{x}})^\mathsf{T}(\mathbf{x}_{n_s} - \bar{\mathbf{x}}) \\ \vdots & \ddots & \vdots \\ (\mathbf{x}_{n_s} - \bar{\mathbf{x}})^\mathsf{T}(\mathbf{x}_1 - \bar{\mathbf{x}}) & \ldots & (\mathbf{x}_{n_s} - \bar{\mathbf{x}})^\mathsf{T}(\mathbf{x}_{n_s} - \bar{\mathbf{x}}) \end{bmatrix} \quad (4.17)$$

folgendermaßen formulieren:

$$\frac{1}{n_s}\tilde{\mathbf{K}}\mathbf{Q} = \mathbf{Q}\operatorname{diag}(\boldsymbol{\nu}). \quad (4.18)$$

Hierbei sind die n_s Eigenvektoren $\mathbf{q}_k$, $k = 1, \ldots, n_s$ von $\tilde{\mathbf{K}}$ spaltenweise in $\mathbf{Q}$ angeordnet und im Vektor $\boldsymbol{\nu}$ stehen die zugehörigen, absteigend sortierten Eigenwerte ν_k. Multiplizieren mit der Datenmatrix $\mathbf{X}$ von links führt auf

$$\frac{1}{n_s}\mathbf{X}\mathbf{X}^\mathsf{T}\mathbf{X}\mathbf{q}_k = \nu_k\mathbf{X}\mathbf{q}_k$$

und unter Verwendung der Stichproben-Kovarianzmatrix $\mathbf{S}$ (Gl. (2.5)) ergibt sich

$$\mathbf{S}\mathbf{X}\mathbf{q}_k = \nu_k\mathbf{X}\mathbf{q}_k. \quad (4.19)$$

80   Kapitel 4 Nichtlineare Formmodellierung

Außerdem folgt durch Umstellung von Gl. (2.6)

$$\mathbf{S}\mathbf{p}_k = \lambda_k \mathbf{p}_k. \tag{4.20}$$

Der Vergleich von Gl. (4.19) und (4.20) zeigt, dass die Eigenwerte λ_k, $k = 1, \ldots, n_s$ der unterbesetzten Stichproben-Kovarianzmatrix $\mathbf{S}$ (Gl. (2.5)) und die Eigenwerte ν_k der Matrix $\frac{1}{n_s}\tilde{\mathbf{K}}$ identisch sind. Zudem gilt, dass $\mathbf{X}\mathbf{q}_k$ Eigenvektoren der Stichproben-Kovarianzmatrix $\mathbf{S}$ sind, sofern $\mathbf{p}_k$ Eigenvektoren von $\mathbf{S}$ sind. Durch Skalierung der Eigenvektoren $\mathbf{q}_m$, $m = 1, \ldots, n_m$ auf die Länge

$$\|\mathbf{q}_m\| = (\nu_m n_s)^{-0.5} \tag{4.21}$$

für alle $n_m \leq (n_s - 1)$ Eigenwerte $\nu_m \neq 0$ bilden die Eigenvektoren

$$\mathbf{p}_m = \mathbf{X}\mathbf{q}_m = \sum_{i=1}^{n_s} \mathbf{q}_m^{(i)} (\mathbf{x}_i - \bar{\mathbf{x}}) \tag{4.22}$$

eine orthonormale Basis des n_m-dimensionalen PCA-Unterraums F (vgl. auch [52]). Eine schematische Visualisierung von F zeigt Abb. 2.5.

Analog zu Gl. (2.9) lassen sich die n_m Variablen einer Form $\mathbf{x}$ mit Hilfe der Eigenvektoren in Gl. (4.22) zu

$$\boldsymbol{\beta}^{(m)} = \sum_{i=1}^{n_s} \mathbf{q}_m^{(i)} (\mathbf{x}_i - \bar{\mathbf{x}})^\mathsf{T} (\mathbf{x} - \bar{\mathbf{x}}) \tag{4.23}$$

bestimmen. Unter Berücksichtigung der Skalierung in Gl. (4.21) sind die Formparameter $\mathbf{b}^{(m)}$ (Gl. (2.14)) und $\boldsymbol{\beta}^{(m)}$ identisch.

Anstelle der Hauptkomponentenanalyse der Daten $\mathbf{x}_1, \ldots, \mathbf{x}_{n_s}$ im Eingangsraum ist das Ziel bei der Kern-PCA eine Hauptkomponentenanalyse der mittels φ potenziell nichtlinear in den beliebig (potenziell unendlich) dimensionalen Merkmalsraum $\mathcal{Y}$ transformierten Daten,

$$\varphi : \mathbb{R}^{3n_p} \to \mathcal{Y}, \; \mathbf{x} \mapsto \varphi(\mathbf{x}). \tag{4.24}$$

Sei $\tilde{\varphi}(\mathbf{x}) = \varphi(\mathbf{x}) - \varphi_0$ die zentrierte Abbildung nach $\mathcal{Y}$, wobei

$$\varphi_0 = \frac{1}{n_s} \sum_{i=1}^{n_s} \varphi(\mathbf{x}_i)$$

die mittlere Abbildung bezeichnet. Die Abbildung φ wird jedoch niemals explizit bestimmt, sondern stattdessen das Skalarprodukt $\varphi(\mathbf{x}) \cdot \varphi(\mathbf{y})$ mit Hilfe der Kernfunktion

$$k(\mathbf{x}, \mathbf{y}) := \varphi(\mathbf{x}) \cdot \varphi(\mathbf{y}) \tag{4.25}$$

4.3 Kernbasierte Formmodellierung

ausgewertet, wobei $k : \mathbb{R}^{3n_p} \times \mathbb{R}^{3n_p} \to \mathbb{R}$. Entsprechend gilt für die zentrierte Kernfunktion

$$\tilde{k}(\mathbf{x}, \mathbf{y}) = \tilde{\varphi}(\mathbf{x}) \cdot \tilde{\varphi}(\mathbf{y})$$
$$= \left(\varphi(\mathbf{x}) - \frac{1}{n_s} \sum_{k=1}^{n_s} \varphi(\mathbf{x}_k)\right) \cdot \left(\varphi(\mathbf{y}) - \frac{1}{n_s} \sum_{l=1}^{n_s} \varphi(\mathbf{x}_l)\right) \quad (4.26)$$
$$= k(\mathbf{x}, \mathbf{y}) - \frac{1}{n_s} \sum_{k=1}^{n_s} [k(\mathbf{x}_k, \mathbf{y}) + k(\mathbf{x}, \mathbf{x}_k)] + \frac{1}{n_s^2} \sum_{k,l=1}^{n_s} k(\mathbf{x}_k, \mathbf{x}_l)$$

Mit $k(\cdot, \cdot)$ (Gl. (4.25)) berechnen sich die Elemente $\mathbf{K}_{i,j}$, $i, j = 1, \ldots, n_s$ der $n_s \times n_s$-Kern-Matrix $\mathbf{K}$ zu

$$\mathbf{K}_{i,j} = k(\mathbf{x}_i, \mathbf{x}_j) .$$

Analog gilt für die zentrierte Kern-Matrix $\tilde{\mathbf{K}}$ unter Verwendung von $\tilde{k}(\cdot, \cdot)$ (Gl. (4.26))

$$\tilde{\mathbf{K}}_{i,j} = k(\mathbf{x}_i, \mathbf{x}_j) - \frac{1}{n_s} \sum_{k=1}^{n_s} [k(\mathbf{x}_k, \mathbf{x}_j) + k(\mathbf{x}_i, \mathbf{x}_k)] + \frac{1}{n_s^2} \sum_{k,l=1}^{n_s} k(\mathbf{x}_k, \mathbf{x}_l) \quad (4.27)$$

bzw. in Matrix-Notation

$$\tilde{\mathbf{K}} = \mathbf{K} - \frac{1}{n_s} \mathbf{1}\mathbf{K} - \frac{1}{n_s} \mathbf{K}\mathbf{1} + \frac{1}{n_s^2} \mathbf{1}\mathbf{K}\mathbf{1},$$

wobei $\mathbf{1}$ eine $n_s \times n_s$ Matrix mit Einsen ist.

Der Vergleich der Kern-Matrix-Elemente in Gl. (4.27) mit den Elementen der Matrix $\tilde{\mathbf{K}}$ in Gl. (4.17) lässt erkennen, dass letztere den Spezialfall mit Einheitsabbildung $\varphi : \mathbf{x} \mapsto \mathbf{x}$ und damit der Kernfunktion $k(\mathbf{x}, \mathbf{y}) = \mathbf{x}^\mathsf{T}\mathbf{y}$ darstellt. Alternativ lassen sich unterschiedliche, potenziell besser geeignete nichtlineare Abbildungen φ implizit mit Hilfe unterschiedlicher Kernfunktionen realisieren. Häufig eingesetzte Kernoperatoren sind gaußsche Radial-Basisfunktionen (RBF),

$$k(\mathbf{x}, \mathbf{y}) = \exp\left(-\frac{\|\mathbf{x} - \mathbf{y}\|^2}{2\sigma^2}\right) \quad (4.28)$$

mit dem Parameter $\sigma \in \mathbb{R}^+$ und Polynomfunktionen vom Grad $d \geq 1$,

$$k(\mathbf{x}, \mathbf{y}) = \left(\mathbf{x}^\mathsf{T}\mathbf{y}\right)^d . \quad (4.29)$$

Ein weiteres Beispiel (s. z.B. [261]) ist die S-förmige Sigmoidfunktion mit den Parametern a und b,

$$k(\mathbf{x}, \mathbf{y}) = \tanh\left(a\left(\mathbf{x}^\mathsf{T}\mathbf{y}\right) + b\right). \quad (4.30)$$

Formal ergibt sich die Stichproben-Kovarianzmatrix (s. Gl. (2.5)) der nach $\mathcal{Y}$ abgebildeten Formen $\mathbf{x}_i$, $i = 1, \ldots, n_s$ zu

$$S = \frac{1}{n_s} \sum_{i=1}^{n_s} (\varphi(\mathbf{x}_i) - \varphi_0)(\varphi(\mathbf{x}_i) - \varphi_0)^\mathsf{T}.$$

Dann gilt dür die Eigenvektoren $\boldsymbol{p}_1, \ldots, \boldsymbol{p}_{n_m}$ von S analog zum Spezialfall der linearen Abbildung (s. Gl. (4.22)),

$$\boldsymbol{p}_m = \sum_{i=1}^{n_s} \mathbf{q}_m^{(i)} \tilde{\varphi}(\mathbf{x}_i). \tag{4.31}$$

Mit Gl. (4.31) lassen sich die nichtlinearen Kern-PCA-Variablen der nach $\mathcal{Y}$ abgebildeten Form $\mathbf{x}$ äquivalent zu Gl. (4.23) zu

$$\boldsymbol{\beta}^{(m)} = \boldsymbol{p}_m \cdot \tilde{\varphi}(\mathbf{x}) = \sum_{i=1}^{n_s} \mathbf{q}_m^{(i)} (\tilde{\varphi}(\mathbf{x}_i) \cdot \tilde{\varphi}(\mathbf{x})) = \sum_{i=1}^{n_s} \mathbf{q}_m^{(i)} \tilde{k}(\mathbf{x}_i, \mathbf{x}). \tag{4.32}$$

berechnen. Dabei sind $\mathbf{q}_m$, $m = 1, \ldots, n_m$ die gemäß Gl. (4.18) berechneten und entsprechend Gl. (4.21) skalierten Eigenvektoren der zentrierten Kern-Matrix $\tilde{\mathbf{K}}$ (Gl. (4.27)).

4.3.2 Formrekonstruktion und Formenergie

Beim klassischen linearen Formmodell wird eine häufig verrauschte Kandidatenrekonstruktion $\hat{\mathbf{y}}$ durch die Projektion in Gl. (2.14) in den PCA-Unterraum F mittels Gl. (2.11) auf eine plausible Form $\mathbf{x}$ zurückgeführt. Der damit einhergehende Rekonstruktionsfehler ergibt sich durch Einsetzen von Gl. (4.22) in Gl. (2.13) und Umstellung nach $\mathbf{r}_{\hat{\mathbf{y}}}$ zu

$$\mathbf{r}_{\hat{\mathbf{y}}} = (\hat{\mathbf{y}} - \bar{\mathbf{x}}) - \left(\sum_{m=1}^{n_m} \mathbf{b}^{(m)} \sum_{i=1}^{n_s} \mathbf{q}_m^{(i)} (\mathbf{x}_i - \bar{\mathbf{x}}) \right). \tag{4.33}$$

Die quadrierte 2-Norm $\|\mathbf{r}_{\hat{\mathbf{y}}}\|^2$ wird durch Gl. (2.14) minimiert (s. Abschnitt 5.1, Gl. (5.6)). Analog dazu schlagen Schölkopf et al. [260] die Minimierung der quadrierten 2-Norm der Differenz zwischen der nichtlinearen Abbildung $\tilde{\varphi}(\hat{\mathbf{y}})$ und der Kern-PCA-Projektion von $\tilde{\varphi}(\hat{\mathbf{y}})$ vor,

$$\rho(\hat{\mathbf{y}}) = \left\| \tilde{\varphi}(\hat{\mathbf{y}}) - \left(\sum_{m=1}^{n_m} \boldsymbol{\beta}^{(m)} \sum_{i=1}^{n_s} \mathbf{q}_m^{(i)} \tilde{\varphi}(\mathbf{x}_i) \right) \right\|^2. \tag{4.34}$$

Ausmultiplizieren und einsetzen von Gl. (4.26) und Gl. (4.32) führt auf [260]

$$\rho(\hat{\mathbf{y}}) = \tilde{k}(\hat{\mathbf{y}}, \hat{\mathbf{y}}) - 2 \sum_{m=1}^{n_m} \boldsymbol{\beta}^{(m)} \sum_{i=1}^{n_s} \mathbf{q}_m^{(i)} \tilde{k}(\mathbf{x}_i, \hat{\mathbf{y}}) + \left(\sum_{m=1}^{n_m} \boldsymbol{\beta}^{(m)} \sum_{i=1}^{n_s} \mathbf{q}_m^{(i)} \tilde{\varphi}(\mathbf{x}_i) \right)^2.$$

4.3 Kernbasierte Formmodellierung

Dieser Ausdruck lässt sich mittels Matrix-Notation umformulieren, sodass

$$\rho(\hat{\mathbf{y}}) = \tilde{k}(\hat{\mathbf{y}}, \hat{\mathbf{y}}) - 2\boldsymbol{\beta}^\mathsf{T}\boldsymbol{\beta} + \boldsymbol{\beta}^\mathsf{T}\mathbf{Q}^\mathsf{T}\tilde{\mathbf{K}}\,\mathbf{Q}\,\boldsymbol{\beta}.$$

Unter Berücksichtigung der Skalierung in Gl. (4.21) folgt aus der Eigenwertzerlegung der Kernmatrix (Gl. (4.18)) dass $\mathbf{Q}^\mathsf{T}\tilde{\mathbf{K}}\mathbf{Q} = \mathbf{E}$, sodass

$$\rho(\hat{\mathbf{y}}) = \tilde{k}(\hat{\mathbf{y}}, \hat{\mathbf{y}}) - \sum_{m=1}^{n_m} \boldsymbol{\beta}^{(m)2}. \tag{4.35}$$

Für den Spezialfall der Einheitsabbildung $\varphi : \mathbf{x} \mapsto \mathbf{x}$ sind Gl. (4.35) und Gl. (2.16) identisch. In [260] wird anhand artifizieller Daten gezeigt, dass die Minimierung von Gl. (4.34) bzgl. $\hat{\mathbf{y}}$ auf eine approximative, entrauschte Rekonstruktion führt. In [64] wird Gl. (4.34) in den Level-Set-Ansatz integriert und für die Segmentierung zweidimensionaler Bilder eingesetzt.

In ähnlicher Weise verwenden [303] die Summe der KPCA-Komponenten $\beta_i^{(m)}$, $i = 1,\ldots,n_s$, $m = 1,\ldots,n_m$, um die Nähe zu den Trainingsdaten zu quantifizieren und definieren auf diese Weise eine Pseudo-Dichte [305]. Motiviert wird dieses Vorgehen damit, dass sich die KPCA-Variablen $\beta_i^{(m)}$ unter Verwendung des RBF-Kerns (Gl. (4.28)) gegensätzlich zu den PCA-Komponenten $\mathbf{b}_i^{(m)}$, $i = 1,\ldots,n_s$, $m = 1,\ldots,n_m$ verhalten: Während letztere am Ursprung des PCA-Unterraums F den Wert Null annehmen (vgl. Abb. 2.5), streben die KPCA-Komponenten mit zunehmender Entfernung zu den Trainingsdaten gegen den Wert Null. Dies lässt sich durch Betrachtung von Gl. (4.28) nachvollziehen. In [303, 305] wird der Kern-PCA-Ansatz für die Rekonstruktion und Entrauschung von 2D-Daten eingesetzt. Dazu wird die Pseudo-Dichte maximiert (äquivalent zur Minimierung von Gl. (4.34)) bis diese den Wert einer ad-hoc definierten Isofläche annimmt, die sämtliche Trainingsformen $\{\tilde{\varphi}(\mathbf{x}_i)\,;\,i=1,\ldots,n_s\}$ umfasst.

In [56] wird die Kern-PCA (Abschnitt 4.3.1) auf elegante Weise in einen probabilistischen, Level-Set-basierten Ansatz für die 2D-Bildsegmentierung integriert. Dasselbe Prinzip wird später in [165] für die SFM-basierte 3D-Segmentierung von Wirbelkörpern aufgegriffen. In Analogie zum linearen SFM (Gl. (2.4)) wird unter der Annahme, dass die nichtlinearen Abbildungen $\varphi(\mathbf{x}_1),\ldots,\varphi(\mathbf{x}_{n_s})$ im hochdimensionalen Merkmalsraum $\mathcal{Y}$ multivariat normalverteilt sind, die Likelihood für das Auftreten eines Musters $\varphi(\mathbf{y})$ durch

$$p(\tilde{\varphi}(\mathbf{y})) \propto \exp\left(-\frac{1}{2}\left(\varphi(\mathbf{y}) - \varphi_0\right)^\mathsf{T} \mathbf{S}^{-1} \left(\varphi(\mathbf{y}) - \varphi_0\right)\right)$$

charakterisiert. Die Regularisierung der unterbesetzten Stichproben-Kovarianzmatrix $\mathbf{S}$ aus Gl. (4.3.1) wird mit dem zu Gl. (2.21) äquivalenten Parameter durchgeführt. Dies erlaubt die Schätzung der Wahrscheinlichkeitsdichte $p(\tilde{\varphi}(\mathbf{y}))$ als das Produkt der Likelihood $p_F(\tilde{\varphi}(\mathbf{y}))$ im PCA-Unterraum F sowie dem Schätzer $\hat{p}_{F_\perp}(\tilde{\varphi}(\mathbf{y}))$ im zu F ortho-

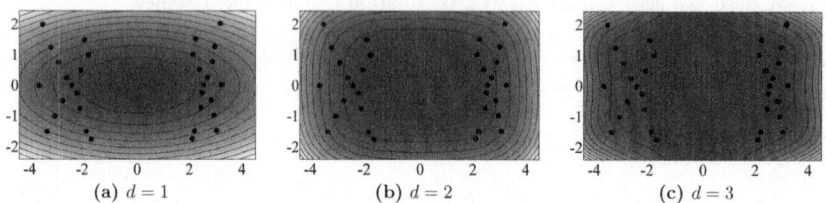

Abb. 4.6: Formenergie (Gl. (4.37)) der durch schwarze Punkte repräsentierte Trainingsformen aus Abb. 4.2(a) bei Verwendung des Polynomkerns (Gl. (4.29)) mit unterschiedlicher Ordnung d. Dargestellt ist die Amplitude des ersten Terms von Gl. (4.37).

gonalen Nullraum $F_\perp$:

$$\hat{p}(\tilde{\varphi}(\mathbf{y})) = p_F(\tilde{\varphi}(\mathbf{y})) \cdot \hat{p}_{F_\perp}(\tilde{\varphi}(\mathbf{y}))$$
$$\propto \left[\exp\left(-\frac{1}{2}\sum_{m=1}^{n_m}\frac{\beta^{(m)^2}}{\nu_m}\right)\right] \cdot \left[\exp\left(-\frac{1}{2\nu_\perp}\left(\|\tilde{\varphi}(\mathbf{y})\|^2 - \sum_{m=1}^{n_m}\beta^{(m)^2}\right)\right)\right]. \quad (4.36)$$

Zu beachten ist, dass F und $F_\perp$ im Unterschied zum linearen Modell (Abschnitt 2.3.2) Unterräume des hochdimensionalen Merkmalsraums $\mathcal{Y}$ sind. Mit einer multivariaten Gaußverteilung in $\mathcal{Y}$ lassen sich somit über die potenziell nichtlineare Abbildung φ prinzipiell beliebig komplexe Wahrscheinlichkeitsverteilungen im Eingangsraum $\mathbb{R}^{3n_p}$ generieren (vgl. Abb. 4.6 und Abb. 4.7). Die Maximierung der Likelihood der Form $\mathbf{y}$ entspricht der Minimierung des negativen Logarithmus von Gl. (4.36) bzw. nichtlinearen Formenergie

$$E_{\text{Form}}(\varphi(\mathbf{y})) = \frac{1}{2}\sum_{m=1}^{n_m}\frac{\beta^{(m)^2}}{\nu_m} + \frac{1}{2\nu_\perp}\left(\|\tilde{\varphi}(\mathbf{y})\|^2 - \sum_{m=1}^{n_m}\beta^{(m)^2}\right) \quad (4.37a)$$
$$= (2\nu_\perp)^{-1}\tilde{k}(\mathbf{y},\mathbf{y}) + \frac{1}{2}\sum_{m=1}^{n_m}(\nu_m - \nu_\perp)^{-1}\beta^{(m)^2}. \quad (4.37b)$$

In Analogie zur Formenergie $E_{\text{Form}}(\mathbf{y})$ in Gl. (2.22) lassen sich der erste und zweite Term in Gl. (4.37a) als nichtlineare Distanz im PCA-Unterraum F (engl.: distance in feature space, DIFS) bzw. nichtlineare Distanz zum PCA-Unterraum F (engl.: distance from feature space, DFFS) interpretieren [56]. Dabei entspricht letztere dem Rekonstruktionsfehler $\rho(\mathbf{y})$ in Gl. (4.35).

Im Fall der linearen (Einheits-)Abbildung $\varphi : \mathbf{x} \mapsto \mathbf{x}$ mit Kernfunktion $k(\mathbf{x},\mathbf{y}) = \mathbf{x}^\mathsf{T}\mathbf{y}$ und für $\nu_\perp = \lambda_\perp$ (s. Gl. (2.21)) ist $E_{\text{Form}}(\varphi(\mathbf{y}))$ (Gl. (4.37)) identisch mit $E_{\text{Form}}(\mathbf{y})$ in Gl. (2.22). Dies kann qualitativ durch den Vergleich von Abb. 4.6(a) mit Abb. 4.2(a) nachvollzogen werden. Dagegen lässt sich bei Verwendung des Polynomkerns (Gl. (4.29))

4.3 Kernbasierte Formmodellierung

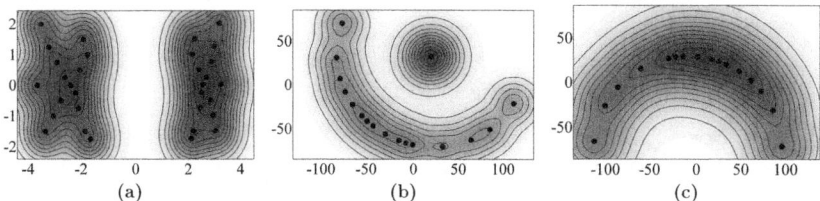

Abb. 4.7: Nichtlineare Formenergie (Gl. (4.37)) der durch schwarze Punkte repräsentierte Trainingsformen aus Abb. 4.1(a) in (a) bzw. aus Abb. 4.1(b) in (b),(c). Es wurde jeweils der RBF-Kern (Gl. (4.28)) mit Parameter $\sigma_{1,5}$ (Gl. (4.38)) verwendet.

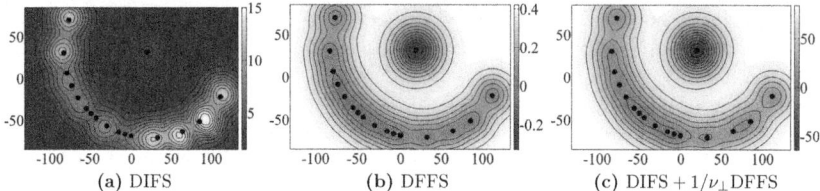

(a) DIFS   (b) DFFS   (c) DIFS + $1/\nu_\perp$DFFS

Abb. 4.8: Nichtlineare Formenergie (Gl. (4.37)) der durch schwarze Punkte repräsentierte Trainingsformen aus Abb. 4.1(b) bei ausschließlicher Berücksichtigung der DIFS (a) bzw. der DFFS (b) sowie deren Kombination (c). Es wurde jeweils der RBF-Kern (Gl. (4.28)) mit Parameter $\sigma_{1,5}$ (Gl. (4.38)) verwendet.

mit $d \geq 2$ eine bessere Anpassung der Formenergie an die tatsächliche Verteilung der Trainingsformen feststellen (Abb. 4.6(b),(c)).

Äquivalent zur Visualisierung der linearen Formenergie in Abb. 4.2 gibt Abb. 4.7 einen qualitativen Eindruck der unter Verwendung der RBF-Kernfunktion (Gl. (4.28)) berechneten nichtlinearen Formenergie $E_{\text{Form}}(\varphi(\mathbf{y}))$. In Analogie zum Vorgehen in [56] wurde der Parameter der RBF-Kernfunktion in Abhängigkeit von der Streuung der Daten im Eingangsraum zu

$$\sigma_\alpha = \alpha \frac{1}{n_s} \sum_{i=1}^{n_s} \min_{j \neq i} \|\mathbf{x}_i - \mathbf{x}_j\|^2, \ \alpha \in \mathbb{R}^+ \qquad (4.38)$$

berechnet. Es ist anhand der die Formenergie repräsentierende Farbkodierung sowie der Isolinien ersichtlich, dass in allen drei Beispielen der nichtlineare Charakter der Trainingsdaten jeweils adäquat durch die Formenergie in Gl. (4.37) wiedergegeben wird. Im Vergleich zum Polynomkern (Gl. (4.29)) gelingt mit dem RBF-Kern (Gl. (4.28)) eine spezifischere Repräsentation der Verteilung der Trainingsdaten, selbst wenn der Polynomgrad weiter erhöht würde (Abb. 4.7 gegenüber Abb. 4.6(b),(c)).

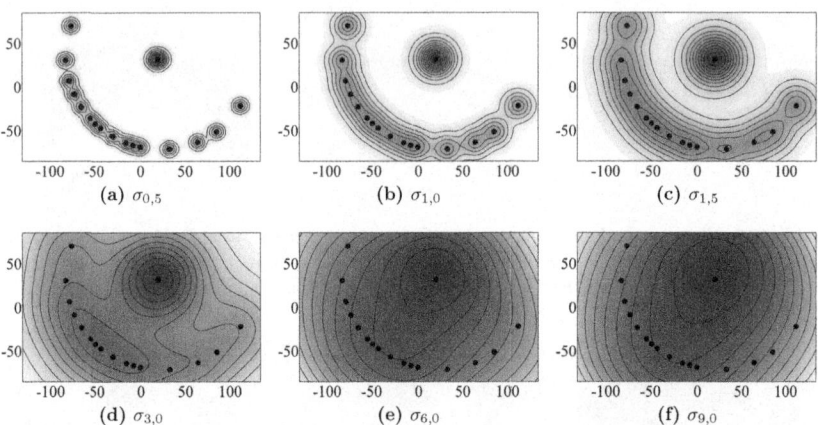

Abb. 4.9: Veränderung der nichtlinearen Formenergie (Gl. (4.37)) der durch schwarze Punkte repräsentierte Trainingsformen aus Abb. 4.1(b) bei Verwendung des RBF-Kerns (Gl. (4.28)) mit unterschiedlichem, unter Verwendung von Gl. (4.38) variiertem Parameter σ.

Andererseits resultiert bei Verwendung des RBF-Kerns (Gl. (4.28)) die alleinige Berücksichtigung der DIFS nicht notwendigerweise in einer plausiblen Formenergie. Dies wurde bereits innerhalb einer im Rahmen einer Masterarbeit durchgeführten Studie experimentell verifiziert [31] und hängt mit der bereits genannten, reziproken Beziehung zwischen den Distanzen im Eingangsraum und den Distanzen im Merkmalsraum $\mathcal{Y}$ bei Verwendung des RBF-Kerns zusammen[11]. Eine qualitative Visualisierung der mit der DIFS bzw. der DFFS assoziierten Energie zeigt Abb. 4.8(a) bzw. 4.8(b). Dagegen kann bei Kombination der DIFS mit der $1/\nu_\perp$-gewichteten DFFS (Gl. (4.37a)) für alle getesteten Datensätze eine plausible Formenergie festgestellt werden (vgl. Abb 4.8(c)). Dabei ist $\nu_\perp$ der zu Gl. (2.21) äquivalente Regularisierungsparameter. Für eine ausführliche Analyse und Diskussion bezüglich der Kombination von DIFS und DFFS sei auf die Dissertation von Cremers [54] verwiesen. Durch die $1/\nu_\perp$-Gewichtung wird die Amplitude der DFFS im Vergleich zur DIFS deutlich verstärkt, was anhand der Farbskalen in Abb. 4.8 nachvollziehbar wird. Aufgrund dieser erzwungenen Dominanz der DFFS stellt sich die Frage, inwiefern die DIFS generell vernachlässigbar ist, welcher in Kapitel 6 nachgegangen wird.

Ein wesentlicher Einflussfaktor auf die nichtlineare Formenergie in Gl. (4.37) ist der Parameter σ des RBF-Kerns in Gl. (4.28) bzw. der Grad des Polynomkerns in Gl. (4.29),

---

[11]Diese Reziprozität der Distanz zwischen den ursprünglichen Daten und ihrer Repräsentationen im hochdimensionalen Merkmalsraum $\mathcal{Y}$ bei Verwendung des RBF-Kerns (Gl. (4.28)) wird in [187] als nicht intuitiv interpretierbar kritisiert.

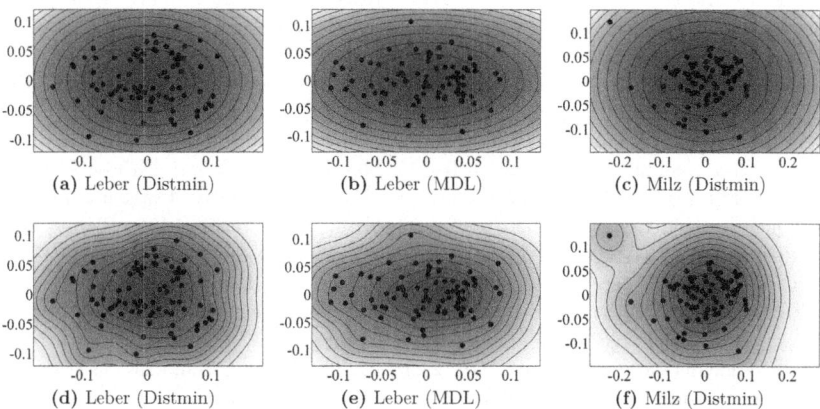

Abb. 4.10: Lineare (a)-(c) und nichtlineare (d)-(f) Formenergie ausgewählter PCA-Variablen von Leber und Milz. Für die nichtlineare Formenergie wurde jeweils der RBF-Kern (Gl. (4.28)) mit dem Parameter $\sigma_{3,0}$ (Gl. (4.38)) verwendet.

wie Abb. 4.6 zeigt. Durch Variation des Faktors α in Gl. (4.32) kann der RBF-Kern mit unterschiedlicher Varianz für die Berechnung von $E_{\text{Form}}(\varphi(\mathbf{y}))$ verwendet werden. Qualitative Ergebnisse einer solchen Variation sind in Abb. 4.9 zu sehen und lassen erkennen, dass die Anpassung an die Trainingsdaten umso spezifischer ist, desto kleiner der Parameter σ gewählt wird. Dagegen nimmt die Ähnlichkeit zur in Abb. 4.2(b) dargestellten linearen Formenergie $E_{\text{Form}}(\mathbf{y})$ (s. Gl. (2.22)) sukzessive mit größer werdendem σ zu.

4.4 Zusammenfassung und Schlussfolgerungen

In Abschnitt 4.1 und Abschnitt 4.3 wurde die zuerst von Cremers et al. [54, 56] vorgeschlagene, qualitative Visualisierung der linearen und nichtlinearen Formenergie zur Veranschaulichung der Limitierung des linearen Modells in Gl. (2.11) eingesetzt. Dabei ist allerdings zu beachten, dass die Projektion der zumeist hochdimensionalen Formvektoren auf einen zweidimensionalen PCA-Unterraum zu teilweise erheblichem Informationsverlust führt. Dies trifft bereits teilweise auf die Würfelformen in Abb. 4.1(a) und Abb. 4.1(b) mit jeweils 26 Landmarken bzw. 78-dimensionalen Formvektoren zu. Umso mehr gilt dies für die in Abschnitt 4.2.3 auf multivariate Normalverteilung untersuchten anatomischen Formen mit mehreren 1000 Landmarken. Zwar ist mit Hilfe der zweidimensionalen Visualisierung der Formenergie prinzipiell eine paarweise qualitative Abschätzung der PCA-Variablen auf Normalverteilung möglich. Eine tatsächlich quantitative Aussage erlaubt jedoch erst die in Abschnitt 4.2 vorgeschlagenen Verwendung von multivariaten oder zumindest univariaten Tests auf Normalverteilung. Anders herum kann die zweidimensionale Visualisierung der Formenergie durchaus zum besseren Verständnis der quantitativen Testergebnisse beitragen.

Beispielsweise werden bei der Leber für die MDL-Korrespondenzen die PCA-Variablen $\mathbf{b}_i^{(1)}$, $i = 1, \ldots, 82$ durch den Shapiro-Wilk-Test (s. Abschnitt 4.2.1.3) als nicht normalverteilt bewertet. Im Fall der Distmin-Korrespondenzen trifft dies auf die PCA-Variablen $\mathbf{b}_i^{(3)}$, $i = 1, \ldots, 82$ für den Chiquadrat-Test (s. Abschnitt 4.2.1.1) und den Kolmogorov-Smirnov-Lillefors-Test (s. Abschnitt 4.2.1.2) zu. Für eine qualitative Untersuchung dieser quantitativen Ergebnisse sind in Abb. 4.10(d),(a) bzw. Abb. 4.10(e),(b) die 2D-Projektionen $(\mathbf{b}_i^{(1)}, \mathbf{b}_i^{(3)})$, $i = 1, \ldots, 82$ der Leberformen für die Distmin- bzw. MDL-Korrespondenzen als schwarze Punkte dargestellt. Der Vergleich von Abb. 4.10(d),(e) mit Abb. 4.10(a),(b) legt Nahe, dass die nichtlineare Formenergie in Gl. (4.37) in beiden Fällen der tatsächlichen Verteilung der Daten besser gerecht zu werden scheint als die Formenergie der Normalverteilung (Gl. (2.22)). Dabei ist zu betonen, dass der Parameter σ bewusst nicht zu klein gewählt wurde, um eine sehr spezifische Anpassung an die Trainingsformen (vgl. Abb. 4.9(a)-(c)) zu vermeiden.

Analog zeigen Abb. 4.10(f),(c) die 2D-Projektionen $(\mathbf{b}_i^{(1)}, \mathbf{b}_i^{(3)})$, $i = 1, \ldots, 82$ der Milzformen mit Distmin-Korrespondenzen (schwarze Punkte) sowie die daraus entsprechend Gl. (2.22) bzw. Gl. (4.37) berechnete lineare bzw. nichtlineare Formenergie (Abb. 4.10(c)) bzw. (f)). In diesem Fall wird die Normalverteilungsannahme für die erste PCA-Variable durch den Shapiro-Wilk-Test und für die dritte PCA-Variable durch den Shapiro-Wilk- und den Kolmogorov-Smirnov-Lillefors-Test abgelehnt (vgl. Abb. 4.4(a)). Dies kann qualitativ anhand der 2D-Projektionen der Formvektoren nachvollzogen werden und spiegelt sich in der nichtlinearen Formenergie wider (Abb. 4.10(f)).

Diese Beispiele veranschaulichen den Zusammenhang zwischen der Detektion der Verletzung der Normalverteilungsannahme einerseits (vgl. Abschnitt 4.2) und der Verwendung geeigneter alternativer Modellierungsansätze andererseits (vgl. Abschnitt 4.3). In welchem Ausmaß sich die Verletzung der Normalverteilungsannahme in der Praxis niederschlägt, beispielsweise wenn das SFM für die Bildsegmentierung eingesetzt wird, soll in Kapitel 6 (s. Abschnitt 6.1.3 und Abschnitt 6.2.2) untersucht werden.

5

Formmodellbasierte Segmentierung medizinischer Bilder

In den vorangegangenen Kapiteln wurde das klassische lineare statistische Formmodell eingeführt (Kapitel 2), die mit der Formmodellierung einhergehende Herausforderung der Korrespondenzfindung diskutiert (Kapitel 3) sowie nichtlineare Erweiterungen vorgestellt (Kapitel 4). Ein weit verbreitetes Einsatzgebiet dieser Modelle ist die Segmentierung von medizinischen Bilddaten. Nachfolgend wird zunächst der Stand der Technik der SFM-basierten Bildsegmentierung dargelegt (Abschnitt 5.1). Hierbei lassen sich drei wesentliche Komponenten identifizieren, welche in der vorliegenden Arbeit aufgegriffen und jeweils durch neuartige, hier entwickelte Lösungsansätze gelöst wurden. Diese werden in den Abschnitten 5.2 bis 5.4 eingeführt und die jeweiligen Methoden weitergehend diskutiert.

5.1 Stand der Technik

Die formmodellbasierte Segmentierung sowohl technischer Komponenten als auch medizinischer Strukturen wurde erstmals Anfang der 1990-er Jahre von Cootes und Taylor vorgeschlagen [43, 52]. Tatsächlich ist Bildsegmentierung die populärste Anwendung statistischer Formmodelle (vgl. [126]), ermöglicht jedoch auch die Formextrapolation im Fall spärlicher oder fehlender Information (z.B. [13, 97, 256, P20]) oder die Formanalyse z.B. zur Diskriminierung von pathologischen und nicht-pathologischen Formen (z.B. [67, 282]). Bei der formmodellbasierten Segmentierung wird zunächst ein SFM des zu segmentierenden Objektes im Bild platziert. Anschließend wird das SFM iterativ an die im Bild vorhandenen Strukturen angepasst, wofür sich die Bezeichnung aktives Formmodell (AFM) bzw. AFM-Algorithmus etabliert hat. Einige Aspekte dieses Algorithmus wurden bereits in Abschnitt 3.2.4 skizziert. Nachfolgend wird dieses Verfahren nun formal eingeführt, bevor anschließend Weiterentwicklungen aus der Literatur diskutiert werden.

Das Ergebnis der Bildsegmentierung mittels eines punktbasierten SFM ist eine aus n_p Landmarken bestehende Oberflächenrepräsentation $\boldsymbol{v} \in \mathbb{R}^{3n_p}$. Die Position der j-ten Landmarke ist durch $\boldsymbol{v}^{(j)} = \mathbf{T}\mathbf{y}^{(j)}$ gegeben. Hierbei transformieren die in der Ähnlichkeitstransformation $\mathbf{T}$ zusammengefassten Lageparameter die Segmentierungsform $\mathbf{y}$ vom normalisierten Formenraum (vgl. Def. 1 und Abschnitt 2.3.1) in das zu segmentierende Bild. Ausgangspunkt für den AFM-Algorithmus ist in vielen Fällen eine initiale Positionierung $\mathbf{T}_{\text{Init}}$ der mittleren Form $\bar{\mathbf{x}}$ (s. Gl. (2.3)) im Bild. Diese initiale Positionierung kann entweder automatisch erfolgen (vgl. Abschnitt 6.1.2) oder manuell, indem der Benutzer mit Hilfe einer graphischen Benutzeroberfläche (GUI von engl.: graphical user interface) das SFM interaktiv in der Nähe der zu segmentierenden Struktur platziert.

Sei $\mathbf{n}_j \in \mathbb{R}^3$ die Oberflächennormale mit Einheitsnorm an der j-ten Landmarke. Durch Abtastung des Bildvolumens entlang der Oberflächennormalen $\mathbf{n}_j$ an den Positionen

$$\mathbb{R}^3 \ni \mathbf{v}_j^{(k)} = \boldsymbol{v}^{(j)} + k\,\Delta\,\mathbf{n}_j,\ k = -n_k, \ldots, n_k,\ n_k \in \mathbb{N}^+ \qquad (5.1)$$

mit dem Abstand Δ, werden eindimensionale Intensitätsprofile der Länge $(2n_k + 1)$ gewonnen [42]. An jeder Position $\mathbf{v}_j^{(k)}$, $k = -n_k, \ldots, n_k$ werden wiederum n_f Bildmerkmale bestimmt. Die Auswertung dieser Bildmerkmale unter Verwendung der Kostenfunktion $f: \mathbb{R}^{n_f} \to \mathbb{R}$ liefert die im Sinne der jeweiligen Kostenfunktion f optimale Bildmerkmalsposition

$$\hat{\boldsymbol{v}}^{(j)} = \arg\min_{\mathbf{v}_j^{(k)}} f\left(\mathbf{v}_j^{(k)}\right), \qquad (5.2)$$

bzw. den Verschiebungsvektor $\hat{\boldsymbol{v}}^{(j)} - \boldsymbol{v}^{(j)} = \mathbf{u}^{(j)} \in \mathbb{R}^3$. Somit sollte die geschätzte Rekonstruktion $\hat{\mathbf{y}} = \mathbf{T}^{-1}\hat{\boldsymbol{v}}$ ein besserer Kandidat für die gesuchte Segmentierungsform $\mathbf{y}$ sein (vgl. Abschnitt 2.3.3). Allerdings ist $\hat{\mathbf{y}}$ typischerweise durch Bildrauschen, begrenzten Bildkontrast oder relevante Bildinformationen verbergende Bildartefakte affektiert. Um diese zu eliminieren, wird $\hat{\mathbf{y}}$ auf eine durch das lineare Modell in Gl. (2.11) beschreibbare Form $\mathbf{y}$ zurückgeführt. Die gesuchten Formparameter $\mathbf{b}$ können beispielsweise durch Minimierung der quadrierten 2-Norm des Rekonstruktionsfehlers, $\|\mathbf{r}_{\hat{\mathbf{y}}}\|^2 = \mathbf{r}_{\hat{\mathbf{y}}}^\mathsf{T}\mathbf{r}_{\hat{\mathbf{y}}}$, berechnet werden (vgl. Abb. 2.6). Die im Sinne der kleinsten Quadrate (KQ) optimalen Formparameter $\mathbf{b}$ ergeben sich dann durch Lösen der folgenden Zielfunktion:

$$\mathcal{L}_{\text{KQ}} := \|\mathbf{r}_{\hat{\mathbf{y}}}\|^2 = (\hat{\mathbf{y}} - (\bar{\mathbf{x}} + \mathbf{P}\mathbf{b}))^\mathsf{T}(\hat{\mathbf{y}} - (\bar{\mathbf{x}} + \mathbf{P}\mathbf{b})). \qquad (5.3)$$

5.1 Stand der Technik

Unter Verwendung von Gl. (5.3) folgt der Standard-AFM-Algorithmus [52], bei dem durch iterative Lösung des Ausdrucks

$$\arg\min_{\mathbf{b},\mathbf{T}} \sum_{j=1}^{n_p} \left\| \hat{\boldsymbol{v}}^{(j)} - \mathbf{T}\left(\bar{\mathbf{x}}^{(j)} + (\mathbf{Pb})^{(j)}\right) \right\|^2$$

sowohl die Lageparameter $\mathbf{T}$ als auch die Formparameter $\mathbf{b}$ bestimmt werden.

Ein Standardverfahren für die Berechnung der Lageparameter ist die Prokrustes-Analyse [110, 114] (vgl. Abschnitt 2.3.1). Des Weiteren wird nachfolgend gezeigt, dass die Formparameter, welche Gl. (5.3) minimieren und somit im Sinne der Methode der kleinsten Quadrate optimal sind, mittels Gl. (2.14) berechnet werden können. Diese Optimalität gilt jedoch nur unter der Annahme, dass die Abweichungen der Bildmerkmalspositionen $\hat{\mathbf{y}}$ vom linearen SFM (Gl. (2.11)) gaußverteilt sind. Einzelne Ausreißer in den Bildmerkmalspositionen können dagegen die Berechnung der Formparameter $\mathbf{b}$ erheblich beeinträchtigen. Aus diesem Grund wurde bereits von Cootes et al. [42] und später von Roger und Grahams [248] die Lösung des gewichteten kleinste Quadrate Problems (GKQ) unter Verwendung der folgenden Zielfunktion vorgeschlagen:

$$\mathcal{L}_{\text{GKQ}} := (\hat{\mathbf{y}} - (\bar{\mathbf{x}} + \mathbf{Pb}))^\mathsf{T} \mathbf{W} (\hat{\mathbf{y}} - (\bar{\mathbf{x}} + \mathbf{Pb})), \qquad (5.4)$$

wobei $\mathbf{W}$ eine $3n_p \times 3n_p$ Diagonalmatrix mit potenziell unterschiedlichen Gewichtungen für die einzelnen Landmarken ist (s. Abschnitt 5.3.1).

Die Ableitung von Gl. (5.4) bezüglich $\mathbf{b}$ ergibt sich mittels Matrix-Vektor-Rechnung zu

$$\frac{\partial \mathcal{L}_{\text{GKQ}}}{\partial \mathbf{b}} = \frac{\partial}{\partial \mathbf{b}} \left[(\hat{\mathbf{y}} - (\bar{\mathbf{x}} + \mathbf{Pb}))^\mathsf{T} \mathbf{W} (\hat{\mathbf{y}} - (\bar{\mathbf{x}} + \mathbf{Pb})) \right]$$

$$= \frac{\partial (\hat{\mathbf{y}} - \bar{\mathbf{x}} - \mathbf{Pb})}{\partial \mathbf{b}} \mathbf{W} (\hat{\mathbf{y}} - \bar{\mathbf{x}} - \mathbf{Pb}) + \frac{\partial (\hat{\mathbf{y}} - \bar{\mathbf{x}} - \mathbf{Pb})}{\partial \mathbf{b}} \mathbf{W}^\mathsf{T} (\hat{\mathbf{y}} - \bar{\mathbf{x}} - \mathbf{Pb})$$

$$= \mathbf{P}^\mathsf{T} \mathbf{W} (\hat{\mathbf{y}} - \bar{\mathbf{x}} - \mathbf{Pb}) + \mathbf{P}^\mathsf{T} \mathbf{W}^\mathsf{T} (\hat{\mathbf{y}} - \bar{\mathbf{x}} - \mathbf{Pb})$$

und mit $\mathbf{W}^\mathsf{T} = \mathbf{W}$

$$\frac{\partial \mathcal{L}_{\text{GKQ}}}{\partial \mathbf{b}} = 2\mathbf{P}^\mathsf{T} \mathbf{W} (\hat{\mathbf{y}} - \bar{\mathbf{x}} - \mathbf{Pb}). \qquad (5.5)$$

Gl. (5.5) wird minimiert, wenn $\frac{\partial \mathcal{L}_{\text{GKQ}}}{\partial \mathbf{b}} = 0$. Dementsprechend folgt

$$2\mathbf{P}^\mathsf{T} \mathbf{W} \mathbf{P} \mathbf{b} = 2\mathbf{P}^\mathsf{T} \mathbf{W} (\hat{\mathbf{y}} - \bar{\mathbf{x}})$$

und somit

$$\mathbf{b} = \mathbf{R}^\mathsf{T} (\hat{\mathbf{y}} - \bar{\mathbf{x}}), \qquad (5.6)$$

wobei

$$\mathbf{R}^\mathsf{T} = \left(\mathbf{P}^\mathsf{T} \mathbf{W} \mathbf{P}\right)^{-1} \mathbf{P}^\mathsf{T} \mathbf{W}. \qquad (5.7)$$

Für den Fall, dass die Gewichtungsmatrix die Einheitsmatrix ist, $\mathbf{W} = \mathbf{E}$, entspricht wegen $\mathbf{P}^\mathsf{T}\mathbf{P} = \mathbf{E}$ die Matrix $\mathbf{R}$ genau der Eigenvektormatrix $\mathbf{P}$ und Gl. (5.6) ist identisch mit Gl. (2.14).

Der Ansatz des aktiven Formmodells zeichnet sich durch seine Einfachheit aus, ist aber aufgrund des zugrundeliegenden SFM gleichzeitig robust gegenüber Bildartefakten und Bildrauschen und kommt deshalb bis heute in unterschiedlichsten Anwendungen zum Einsatz (s. [126] und Referenzen darin). Die drei wesentlichen Komponenten sind

- der eigentliche Suchalgorithmus,
- die dabei ggf. zur Anwendung kommende Regularisierung sowie
- die Art der Bildmerkmale.

Seit der Einführung des AFM wurden hinsichtlich aller drei Ergänzungen, Erweiterungen und Alternativen zum ursprünglichen Ansatz von Cootes et al. vorgeschlagen. Einen detaillierten Überblick bietet der Artikel von Heimann und Mainzer [126]. In der nachfolgenden Diskussion werden insbesondere die Referenzen diskutiert, welche für die vorliegende Arbeit von besonderer Relevanz sind.

Ein Nachteil der zuvor diskutierten Formrekonstruktion durch Projektion in den PCA-Unterraum (s. Gl. (2.14)) ist, dass patientenspezifische und/oder pathologische Formdetails durch das Modell in Gl. (2.11) nur bedingt abgebildet werden können. Um zusätzliche Freiheit für die Segmentierung zu erlauben, schlagen Weese et al. [315] die Optimierung (Minimierung) eines Ausdrucks der Form

$$\mathcal{L} := (1 - \alpha) \cdot E_{\text{Form}} + \alpha \cdot \gamma \cdot E_{\text{Bild}}. \quad (5.8)$$

vor. Hierbei kann mit dem Parameter $\alpha \in [0,1]$ eine Gewichtung von E_{Form} und E_{Bild} relativ zueinander vorgenommen werden, während der Parameter $\gamma \in \mathbb{R}^+$ für eine Anpassung der potenziell unterschiedlichen Größenordnungen von interner bzw. Formenergie E_{Form} und externer bzw. Bildenergie E_{Bild} sorgt. In dieser Arbeit wird Gl. (5.8) dem häufig anzutreffenden, äquivalenten Ausdruck $\mathcal{L} := E_{\text{Form}} + \gamma \cdot E_{\text{Bild}}$ zugunsten einer anschaulicheren Vergleichbarkeit mit dem in Abschnitt 5.2 entwickelten Algorithmus, vorgezogen. In [315] wird die Triangulierung des SFM verwendet, um jeder Kante eine Federkonstante zuzuweisen und auf diese Weise eine Formenergie ähnlich zum aktiven Kontur- bzw. Snake-Modell [158] zu berechnen. Die Bildenergie wird unter Berücksichtigung der gewichteten Positionen der Bildmerkmale berechnet.

Der Ansatz von Weese et al. wurde von Heimann et al. [127] aufgegriffen und u.a. für die Segmentierung der Leber in CT-Aufnahmen eingesetzt. Dieser Algorithmus berücksichtigt zum einen für die Berechnung interner Kräfte zusätzlich zu den Kantenlängen der Triangulierung ebenfalls deren Winkelverhältnisse. Zum anderen werden die Positionen der Bildmerkmale nicht unabhängig voneinander für jede einzelne Landmarke bestimmt. Stattdessen wird ein graphbasierter Algorithmus [191, 192] verwendet, um

5.1 Stand der Technik

die global optimale (d.h. minimale Kosten aufweisende) Oberfläche zu bestimmen. Hierbei dürfen benachbarte Bildmerkmalspositionen nur eine durch ein Maximum begrenzte Verschiebung gegeneinander aufweisen, sodass diese implizit einer Regularisierung unterworfen werden. In [154] wird die Robustheit des Standard-AFM-Algorithmus für die Berechnung einer initialen Lösung ausgenutzt. Diese wird anschließend durch die heuristische Kombination unterschiedlicher Verschiebungsvektorfelder, was letztendlich einer regularisierten Freiform-Deformation (FFD) entspricht, an die patientenspezifischen Formdetails adaptiert.

Ein methodisch eleganter Ansatz, der Ähnlichkeiten mit dem in dieser Arbeit entwickelten Verfahren aufweist (vgl. Abschnitt 5.2), ist die Verwendung der Formenergie aus Gl. (2.22) in Gl. (5.8). Dies wurde erstmals in [59] vorgeschlagen und in [169] auf die AFM-basierte 3D-Segmentierung übertragen. Dieses Verfahren hat zudem den Vorteil, dass, unter Verwendung von Gl. (4.37), die in Abschnitt 4.3 diskutierten nichtlinearen Modelle quasi unmittelbar eingesetzt werden können (vgl. [56, 165]). Wie bei den zuvor genannten Verfahren ist auch hier eine zusätzliche Regularisierung erforderlich, damit die erlaubte Abweichung vom PCA-Unterraum F nicht in einer unregelmäßigen, physiologisch unplausiblen Organ- bzw. Knochenoberfläche resultiert. Zu diesem Zweck wird in [170] ein zusätzlicher, mit E_{Lokal} bezeichneter Term in Gl. (5.8) eingefügt.

Aus der Betrachtung von Gl. (5.3) bzw. (5.4) ist ersichtlich, dass die Bildmerkmalspositionen $\hat{v}$ eine wesentliche Einflussgröße auf die mit dem AFM erzielbare Segmentierungsgüte darstellen. Dementsprechend spielt die Identifikation von Merkmalen, die die beiden Klassen „Objekt" und „Hintergrund" (z.B. [52, 106, 169]) bzw. „Objektgrenze" und „nicht Objektgrenze" (z.B. [131, 166, 318]) möglichst eindeutig diskriminieren, eine entscheidende Rolle. Die Komplexität ist dabei durchaus applikationsabhängig. So gelingt die Detektion von Knochenkanten häufig bereits mit einfachen Mitteln wie z.B. der Suche nach dem stärksten Gradienten vergleichsweise robust [153, 315, P12] (s. auch Abschnitt 5.4.1). Im Fall der Segmentierung von Weichgewebe wurde dagegen bereits in einer der ersten Arbeiten von Cootes et al. [44] die Möglichkeit des Lernens von linearen Modellen von sowohl normalisierten als auch nicht-normalisierten Intensitäts- und Gradientenprofilen untersucht. Die Modellierung erfolgt dabei analog zur Modellierung der Formvariabilität (vgl. Abschnitt 2.3). Die Limitierungen der dabei implizit angenommenen Normalverteilungsannahme wurde für den Fall der Formvariabilität bereits in den Abschnitten 4.1 und 4.2 untersucht. Diese gelten analog für die Variabilität der Bildintensitäten, wobei u.a. aufgrund der dem Bildgebungsprozess häufig zugrundeliegenden nichtlinearen physikalischen Effekte (z.B. [32, 80, 223]) mit einer nichtlinearen Verteilung der Bildintensitäten und daraus berechneten Merkmalen gerechnet werden muss. Abhilfe kann die Erstellung dedizierter Modelle selbst für Organe mit vergleichsweise heterogener Objektgrenzen wie z.B. der Leber schaffen [154, 327] oder auch die Verwendung alternativer Verteilungsfunktionen wie z.B. der F-Verteilung [165].

In den letzten Jahren haben zunehmend Verfahren aus dem Bereich der Computer Vision ihren Weg in die medizinische Bildverarbeitung gefunden. Eine wegweisende Arbeit in diesem Zusammenhang ist die von van Ginneken et al. [106]. Zum einen wird darin vorgeschlagen, bereits in der Trainingsphase lokale Merkmale sowohl für die Klasse „Objekt" als auch für die Klasse „Hintergrund" zu berechnen. Analog werden während der Segmentierung ebenfalls lokale Merkmale beider Klassen berechnet und unter Verwendung des k-nächste-Nachbarn- bzw. kNN-Klassifikators [53] die Wahrscheinlichkeit der Zugehörigkeit der Position zu einer der beiden Klassen bestimmt. Zum anderen wird versucht, Bildmerkmale in Anlehnung an das menschliche visuelle Sehen zu gewinnen. Zu diesem Zweck wird eine lineare multiskalen Repräsentation eines Bildes unter Verwendung von gaußförmigen Faltungskernen unterschiedlicher Varianz gewonnen [171, 319] und eine Taylor-Reihenentwicklung dieses Multiskalenraums berechnet [172]. Unter Verwendung dieser Filterbank werden lokale Histogramme erstellt [145], woraus beispielsweise statistische Momente unterschiedlicher Ordnung als Merkmale gewonnen werden [106].

Eine Weiterentwicklung dieses Ansatzes wird in [286] vorgeschlagen: Durch die Verwendung von Intensitätsdifferenzen soll die Detektion lokaler Positionen invariant gegenüber Ähnlichkeitstransformation gemacht werden [258]. Des Weiteren wird der kNN-Klassifikator durch mehrwertige Neuronen [4], einer speziellen Implementierung Neuronaler Netze, ersetzt.

Der Einsatz der sogenannten Haar-Merkmale hat sich in den letzten Jahren zunehmend im Zusammenhang mit der formmodellbasierten Segmentierung etabliert. Diese Merkmale basieren auf dem erstmalig in [118] erwähnten Haar-Wavelet, welches 1998 als effiziente Alternative zur bildintensitätsbasierten Merkmalsberechnung vorgeschlagen wurde [233]. Davon ausgehend wurden kurz darauf die zweidimensionalen Haar-Merkmale entwickelt [195, 309], welche in [318] für die formmodellbasierte Segmentierung eingesetzt werden. Dagegen finden in [111] eindimensionale Haar-Merkmale Anwendung, allerdings in Kombination mit weiteren Merkmalen wie der Bildintensität, dem Bildgradienten, statistischen Momenten sowie den Haralick-Merkmalen [121]. Im Zusammenhang mit der Organdetektion wurde kürzlich die Erweiterung der Haar-Merkmale auf drei Dimensionen vorgeschlagen und erfolgreich für die Lokalisierung unterschiedlicher Organe eingesetzt [150].

Weitere Methoden, die bereits im Zusammenhang mit aktiven Formmodellen bzw. aktiven Erscheinungsmodellen eingesetzt wurden, sind die skaleninvariante Merkmalstransformation (SIFT von engl.: scale-invariant feature transform) [202] beispielsweise für die Korrespondenzfindung [331] oder Wavelets [14] und Wedgelets [79] für die Erstellung aktiver Erscheinungsmodelle [186].

In den drei nachfolgenden Abschnitten werden die im Rahmen dieser Arbeit entwickelten Lösungen hinsichtlich der drei Aspekte Suchalgorithmus (Abschnitt 5.2), Regularisierung (Abschnitt 5.3) und Bildmerkmalsdetektion (Abschnitt 5.4) eingeführt und diskutiert.

5.2 Relaxiertes aktives Formmodell

Wie bereits im vorherigen Abschnitt 5.1 diskutiert, ist die Robustheit des Standard-AFM-Algorithmus gegenüber Bildstörungen gleichzeitig eine seiner wesentlichen Limitierungen: Patientenspezifische oder pathologische Formdetails können häufig nicht erfasst werden. Der Grund dafür ist, dass unabhängig davon, ob die Formparameter mittels Gl. (5.3) oder Gl. (5.4) berechnet werden, die Segmentierungsform $\mathbf{y}$ in beiden Fällen mit der linearen Formrekonstruktion $\mathbf{x}$ in Gl. (2.11) übereinstimmt und somit auf den PCA-Unterraum F begrenzt ist. Der dazu orthogonale Nullraum $F_\perp$ findet im AFM-Algorithmus keine Berücksichtigung (vgl. Abschnitt 2.3.3). Ausgehend von dieser Beobachtung wird nachfolgend ein neuartiger, den zugrunde liegenden AFM-Algorithmus unmittelbar erweiternden Ansatz eingeführt [P12]. Dagegen verwenden andere Verfahren wie z.B. [131, 154] das AFM jeweils für die Initialisierung eines zusätzlichen, davon jedoch letztendlich unabhängigen Algorithmus.

Prinzipiell ist es das Ziel, diejenige Segmentierungsform $\mathbf{y}$ zu finden, welche den optimalen Kompromiss zwischen Formerhaltung einerseits und Anpassung an die Bildmerkmale andererseits erlaubt. Unter dieser Prämisse kann davon ausgegangen werden, dass die gesuchte „optimale" Segmentierungsform $\mathbf{y}$ näherungsweise zwischen den beiden Formen $\mathbf{x}$ und $\hat{\mathbf{y}}$ und somit entlang des Differenzvektors $\mathbf{r}_{\hat{\mathbf{y}}} \in \mathbb{R}^{3n_p}$ (s. Gl. (2.13)) gefunden werden kann. Dies ist in Abb. 5.1 schematisch dargestellt. Dementsprechend kann der Vektor $\mathbf{r}_{\hat{\mathbf{y}}}$ gemäß Gl. (2.13) als die Summe des Vektors

$$\mathbf{r}_\mathbf{y} = \mathbf{y} - (\bar{\mathbf{x}} + \mathbf{Pb}) \tag{5.9}$$

sowie des Vektors $(\hat{\mathbf{y}} - \mathbf{y})$ betrachtet werden. Die im Sinne der kleinsten Quadrate optimale Segmentierungsform $\mathbf{y}$ sollte somit den Ausdruck

$$\|\mathbf{r}_{\hat{\mathbf{y}}}\|^2 = (1 - \alpha)\ \mathbf{r}_\mathbf{y}^\mathsf{T} \mathbf{r}_\mathbf{y} + \alpha\ (\hat{\mathbf{y}} - \mathbf{y})^\mathsf{T} (\hat{\mathbf{y}} - \mathbf{y}), \tag{5.10}$$

minimieren. Alternativ können, analog zur Gewichtungsmatrix $\mathbf{W}$ in Gl. (5.4), zusätzlich die Gewichtungsmatrizen $\mathbf{W}_\text{Form}$ und $\mathbf{W}_\text{Bild}$ berücksichtigt werden, sodass

$$\|\mathbf{r}_{\hat{\mathbf{y}}}\|^2 = (1 - \alpha)\ \mathbf{r}_\mathbf{y}^\mathsf{T} \mathbf{W}_\text{Form} \mathbf{r}_\mathbf{y} + \alpha\ (\hat{\mathbf{y}} - \mathbf{y})^\mathsf{T} \mathbf{W}_\text{Bild} (\hat{\mathbf{y}} - \mathbf{y}). \tag{5.11}$$

Gl. (5.11) entspricht mit $E_\text{Form} := \mathbf{r}_\mathbf{y}^\mathsf{T} \mathbf{W}_\text{Form} \mathbf{r}_\mathbf{y}$ sowie

$$E_\text{Bild} := (\hat{\mathbf{y}} - \mathbf{y})^\mathsf{T} \mathbf{W}_\text{Bild} (\hat{\mathbf{y}} - \mathbf{y}) \tag{5.12}$$

dem Ausdruck in Gl. (5.8) für $\gamma = 1$. Die gesuchte Segmentierungsform $\mathbf{y}$ ergibt sich durch einsetzen von Gl. (5.9) in Gl. (5.11) und Lösen von

$$\begin{aligned}\arg\min_\mathbf{y} [\ &(\mathbf{y} - (\bar{\mathbf{x}} + \mathbf{Pb}))^\mathsf{T} (\mathbf{E} - \mathbf{A})\, \mathbf{W}_\text{Form} (\mathbf{y} - (\bar{\mathbf{x}} + \mathbf{Pb})) \\ &+ (\hat{\mathbf{y}} - \mathbf{y})^\mathsf{T} \mathbf{A} \mathbf{W}_\text{Bild} (\hat{\mathbf{y}} - \mathbf{y})\ ],\end{aligned} \tag{5.13}$$

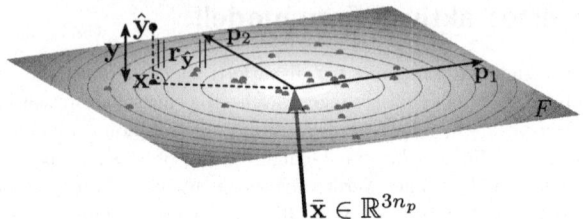

Abb. 5.1: Relaxiertes aktives Formmodell. Im Gegensatz zum Standard-AFM (vgl. Abb. 2.6) ist die Segmentierungsform **y** nicht auf den PCA-Unterraum F limitiert.

wobei **E** die $3n_p \times 3n_p$ Einheitsmatrix bezeichnet und **A** eine $3n_p \times 3n_p$ Diagonalmatrix mit Gewichtungen ist. Es besteht zum einen die Möglichkeit, analog zu Gl. (5.8) einen festen Wert für die Gewichtungen in Gl. (5.13) festzulegen, sodass $\mathbf{A} = \alpha\, \mathbf{E}$. Alternativ wird hier die Verwendung unterschiedlicher Gewichtungen für jede Landmarke vorgeschlagen, beispielsweise in Abhängigkeit von der Konfidenz c der Bildmerkmale,

$$\mathbf{A}(c) = \begin{bmatrix} c_1 & \cdots & 0 \\ \vdots & \ddots & \vdots \\ 0 & \cdots & c_{3n_p} \end{bmatrix}. \tag{5.14}$$

Hierbei gilt $[0,1] \ni c_{3j-2} = c_{3j-1} = c_{3j},\ j = 1,\ldots,n_p$, wobei c_{3j} die Konfidenz der gemäß Gl. (5.2) berechneten Bildmerkmalsposition $\hat{\mathbf{v}}^{(j)}$ bezeichnet. In Abhängigkeit von der Funktion f in Gl. (5.2) können die Konfidenzen auf unterschiedliche Weise bestimmt werden (s. Abschnitt 5.4).

Die bereits in Abschnitt 4.3.2 diskutierte Analogie zwischen dem quadrierten Rekonstruktionsfehler $\|\mathbf{r}_{\hat{\mathbf{y}}}\|^2$ und dem Fehlerterm $\rho(\hat{\mathbf{y}})$ (Gl. (4.34)) erlaubt die Formulierung einer Zielfunktion mit kernbasierter, potenziell nichtlinearer Formenergie

$$E_{\text{Form}} := \tilde{k}(\mathbf{y},\mathbf{y}) - \sum_{m=1}^{n_m} \boldsymbol{\beta}^{(m)2}. \tag{5.15}$$

Im Unterschied zur oben eingeführten linearen Formenergie ist bei der Berechnung von E_{Form} gemäß Gl. (5.15) weder eine unmittelbare Regularisierung analog zu Gl. (5.10) möglich [2, 330], noch die Verwendung der Gewichtungsmatrix **A** (Gl. (5.14)). Mit der Bildenergie in Gl. (5.12) ergibt sich die Segmentierungsform somit durch

$$\arg\min_{\mathbf{y}} \Big[\, (1-\alpha) \left(\tilde{k}(\mathbf{y},\mathbf{y}) - \sum_{m=1}^{n_m} \boldsymbol{\beta}^{(m)2} \right) + \alpha \cdot \gamma \cdot (\hat{\mathbf{y}} - \mathbf{y})^\top \mathbf{W}_{\text{Bild}}\, (\hat{\mathbf{y}} - \mathbf{y}) \,\Big]. \tag{5.16}$$

Die Möglichkeit zur Berechnung analytischer Ableitungen stellt unter praktischen bzw. technischen Gesichtspunkten ein bedeutender Aspekt der Zielfunktionen in Gl. (5.13)

5.2 Relaxiertes aktives Formmodell

und (5.16) dar. Für Gl. (5.13) ergibt sich unter Berücksichtigung der Produktregel

$$\frac{\partial \mathcal{L}}{\partial \mathbf{y}} = \frac{\partial}{\partial \mathbf{y}} \left[(\mathbf{y} - (\bar{\mathbf{x}} + \mathbf{Pb}))^\mathsf{T} (\mathbf{E} - \mathbf{A}) \mathbf{W}_{\text{Form}} (\mathbf{y} - (\bar{\mathbf{x}} + \mathbf{Pb})) \right]$$
$$+ \frac{\partial}{\partial \mathbf{y}} \left[(\hat{\mathbf{y}} - \mathbf{y})^\mathsf{T} \mathbf{AW}_{\text{Bild}} (\hat{\mathbf{y}} - \mathbf{y}) \right]$$
$$= \frac{\partial (\mathbf{y} - (\bar{\mathbf{x}} + \mathbf{Pb}))}{\partial \mathbf{y}} (\mathbf{E} - \mathbf{A}) \mathbf{W}_{\text{Form}} (\mathbf{y} - (\bar{\mathbf{x}} + \mathbf{Pb})) \qquad (5.17)$$
$$+ \frac{\partial (\mathbf{y} - (\bar{\mathbf{x}} + \mathbf{Pb}))}{\partial \mathbf{y}} ((\mathbf{E} - \mathbf{A}) \mathbf{W}_{\text{Form}})^\mathsf{T} (\mathbf{y} - (\bar{\mathbf{x}} + \mathbf{Pb}))$$
$$+ \frac{\partial (\hat{\mathbf{y}} - \mathbf{y})}{\partial \mathbf{y}} \mathbf{AW}_{\text{Bild}} (\hat{\mathbf{y}} - \mathbf{y}) + \frac{\partial (\hat{\mathbf{y}} - \mathbf{y})}{\partial \mathbf{y}} (\mathbf{AW}_{\text{Bild}})^\mathsf{T} (\hat{\mathbf{y}} - \mathbf{y}) \,.$$

Es ist zu beachten, dass die Formparameter $\mathbf{b}$ in diesem Fall analog zu Gl. (5.7) eine Funktion von $\mathbf{y}$ sind, sodass

$$\frac{\partial \mathbf{b}}{\partial \mathbf{y}} = \frac{\partial \left(\mathbf{R}^\mathsf{T} (\mathbf{y} - \bar{\mathbf{x}}) \right)}{\partial \mathbf{y}} = \mathbf{R}$$

bzw., entsprechend der Ableitungsregeln für Matrizen, $\partial \mathbf{Pb}/\partial \mathbf{y} = \mathbf{RP}^\mathsf{T}$. Durch Einsetzen in Gl. (5.17) folgt mit $(\mathbf{E} - \mathbf{A}) \mathbf{W}_{\text{Form}} = ((\mathbf{E} - \mathbf{A}) \mathbf{W}_{\text{Form}})^\mathsf{T} = \mathbf{W}_{\text{Form}}{}^\mathsf{T} (\mathbf{E} - \mathbf{A})^\mathsf{T}$ bzw. $\mathbf{AW}_{\text{Bild}} = (\mathbf{AW}_{\text{Bild}})^\mathsf{T} = \mathbf{A}^\mathsf{T} \mathbf{W}_{\text{Bild}}{}^\mathsf{T}$:

$$\frac{\partial \mathcal{L}}{\partial \mathbf{y}} = 2 (\mathbf{E} - \mathbf{A}) \mathbf{W}_{\text{Form}} \left(\mathbf{y} - (\bar{\mathbf{x}} + \mathbf{Pb}) - \mathbf{R} \left(\mathbf{P}^\mathsf{T} (\mathbf{y} - \bar{\mathbf{x}}) - \mathbf{b} \right) \right) \qquad (5.18)$$
$$+ 2 \mathbf{AW}_{\text{Bild}} (\hat{\mathbf{y}} - \mathbf{y}) \,.$$

Für den Fall, dass für die Gewichtungsmatrizen $\mathbf{W}_{\text{Form}} = \mathbf{W}_{\text{Bild}} = \mathbf{E}$ gilt und damit $\mathbf{R} = \mathbf{P}$ bzw. $\mathbf{b} = \mathbf{P}^\mathsf{T} (\mathbf{y} - \bar{\mathbf{x}})$ (s. Gl. (5.6) und Gl. (2.14)), vereinfacht sich Gl. (5.18) zu

$$\frac{\partial \mathcal{L}}{\partial \mathbf{y}} = 2 (\mathbf{E} - \mathbf{A}) (\mathbf{y} - (\bar{\mathbf{x}} + \mathbf{Pb})) + 2 \mathbf{A} (\hat{\mathbf{y}} - \mathbf{y}) \,. \qquad (5.19)$$

Für Gl. (5.16) ergibt sich zum einen die Ableitung der Bildenergie analog zu Gl. (5.17) - (5.19). Zum anderen gilt für die Ableitung der in Gl. (5.15) eingeführten Formenergie:

$$\begin{aligned} \frac{\partial E_{\text{Form}}}{\partial \mathbf{y}} &= \frac{\partial \tilde{k}(\mathbf{y}, \mathbf{y})}{\partial \mathbf{y}} - \sum_{m=1}^{n_m} \frac{\partial \beta^{(m)2}}{\partial \mathbf{y}} \\ &= \frac{\partial \tilde{k}(\mathbf{y}, \mathbf{y})}{\partial \mathbf{y}} - \sum_{m=1}^{n_m} 2 \beta^{(m)} \frac{\partial \beta^{(m)}}{\partial \mathbf{y}} \qquad (5.20) \\ &= \frac{\partial \tilde{k}(\mathbf{y}, \mathbf{y})}{\partial \mathbf{y}} - \sum_{m=1}^{n_m} 2 \beta^{(m)} \left[\sum_{i=1}^{n_s} \mathbf{q}_m{}^{(i)} \frac{\partial \tilde{k}(\mathbf{x}_i, \mathbf{y})}{\partial \mathbf{y}} \right], \end{aligned}$$

wobei für die Berechnung der Ableitung der zentrierten Kernfunktion $\tilde{k}(\cdot,\cdot)$ (Gl. (4.26)) auf Anhang A verwiesen sei.
Die Verwendung der analytischen Ableitungen aus Gl. (5.18) - (5.20) in einem auf Ableitungen erster Ordnung beruhenden Optimierungsverfahren erlaubt es, selbst im Fall mehrerer tausend Landmarken (vgl. Abschnitt 4.2.3) die Lösung von Gl. (5.13) bzw. von Gl. (5.16) auf effiziente Weise zu berechnen. Im Rahmen dieser Arbeit kommt das nach seinen Erfindern Broyden, Fletcher, Goldfarb und Shanno bezeichnete L-BFGS-Verfahren [199] zum Einsatz, welches in der vxl-Bibliothek[12] zur Verfügung steht. Dieses Quasi-Newton-Optimierungsverfahren weist häufig ein superlineares und damit besseres Konvergenzverhalten, als ausschließlich auf der Ableitung erster Ordnung basierende Optimierungsmethoden wie z.b. das Gradientenabstiegsverfahren auf [25]. Darüber hinaus eignet sich das L-BFGS-Verfahren in besonderer Weise für Optimierungsprobleme mit mehreren tausend Parametern, da eine Approximation der inversen Hesse-Matrix berechnet wird, sodass weniger Hauptspeicher (RAM von engl.: random access memory) benötigt wird [229].

5.3 Regularisierung im aktiven Formmodell

Der in Abschnitt 5.2 eingeführte Rekonstruktionsalgorithmus ermöglicht die Kompensation wesentlicher Limitierungen des Standard-AFM-Algorithmus. Allerdings geht diese zusätzliche Freiheit potenziell zulasten der Robustheit, sodass, wie es auch bei anderen Ansätzen der Fall ist (vgl. Abschnitt 5.1), eine zusätzliche Regularisierung erforderlich wird. In dieser Arbeit hat sich die nachfolgend beschriebenen Regularisierung der Lage- und Formparameter (Abschnitt 5.3.1) sowie Regularisierung des Verschiebungsvektorfeldes (Abschnitt 5.3.2) als besonders geeignet herausgestellt (vgl. Abschnitte 6.1.4 und 6.2.3).

5.3.1 Parameterregularisierung

Die unterschiedliche Gewichtung der Variablen eines kleinste Quadrate Problems ist ein prominenter Ansatz, der sowohl im Zusammenhang mit der Bestimmung der Lageparameter [141] als auch der Formparameter [42, 248] zur Anwendung kommt (s. Gl. (5.4)). Dieser wird auf die in dieser Arbeit entwickelte Zielfunktion in Gl. (5.13) übertragen. Hinsicht der Bestimmung der Gewichtungen kann man sich zum einen an den Ergebnissen der Evaluierung unterschiedlicher Strategien in [111] orientieren. Dort wird festgestellt, dass die distanzabhängige Gewichtung im Mittel die besten Resultate liefert, d.h. der Gewichtungsparameter w_j wird umso kleiner gewählt, je größer die Distanz $\left\|\mathbf{u}^{(j)}\right\|$ ist, wobei $\mathbf{u}^{(j)} = \hat{\boldsymbol{v}}^{(j)} - \boldsymbol{v}^{(j)}$, $j = 1, \ldots, n_p$. Ein durch [42] inspiriertes Kriterium ergibt sich unter Verwendung der mit $\bar{u}$ bezeichneten, mittleren Länge der Verschiebungsvektoren

---
[12]http://vxl.sourceforge.net/

5.3 Regularisierung im aktiven Formmodell

bei gleichzeitiger Berücksichtigung der Konfidenz der Bildmerkmale:

$$\bar{u} = \frac{1}{|\{c_j \geq 0{,}5\}|} \sum_{j=1, c_j \geq 0{,}5}^{n_p} \left\|\mathbf{u}^{(j)}\right\|. \tag{5.21}$$

Für die Konfidenz der j-ten Bildmerkmalsposition gilt $c_j \in [0,1]$, $j = 1,\ldots,n_p$ (s. Abschnitt 5.4). Für den Fall, dass $|\{c_j \geq 0{,}5\}| = 0$, wird davon ausgegangen, dass keine einzige valide Bildmerkmalsposition vorliegt, und der Suchalgorithmus wird abgebrochen. Unter Verwendung von Gl. (5.21) werden die Gewichtungen zu

$$w_j = \begin{cases} 0, & \text{wenn } c_j < 0{,}5 \\ \frac{1}{\left(2+\|\mathbf{u}^{(j)}\|^2\right)}, & \text{wenn } c_j \geq 0{,}5 \wedge \left\|\mathbf{u}^{(j)}\right\| > \bar{u} \\ 1 & \text{sonst} \end{cases}$$

berechnet und in die Gewichtungsmatrix $\mathbf{W}$ (Gl. (5.4)) eingesetzt:

$$\mathbf{W} = \mathbf{W}_{\text{Form}} = \begin{bmatrix} w_1 & \ldots & 0 \\ \vdots & \ddots & \vdots \\ 0 & \ldots & w_{n_p} \end{bmatrix},$$

wobei $w_j = \mathbf{W}^{(3j-2,3j-2)} = \mathbf{W}^{(3j-1,3j-1)} = \mathbf{W}^{(3j,3j)}$, $j = 1,\ldots,n_p$. Auf dieselbe Weise wird auch die Gewichtungsmatrix $\mathbf{W}_{\text{Form}}$ in Gl. (5.11) konstruiert.

5.3.2 Glättung des Verschiebungsvektorfeldes

Die Verwendung der Gewichtungsmatrix $\mathbf{W}$ kann zu einer deutlichen Verbesserung der Robustheit der Bestimmung der Lageparameter $\mathbf{T}$ sowie der Formparameter $\mathbf{b}$ [111, 248] beitragen (s. auch Abschnitte 6.1.4). Allerdings begrenzt die in Gl. (5.13) vorgeschlagene Zielfunktion die Segmentierungsform $\mathbf{y}$ nicht auf den PCA-Unterraum F, sodass unabhängig von der Verwendung der Gewichtungsmatrix $\mathbf{W}$ Ausreißer in den Bildmerkmalspositionen $\hat{\mathbf{y}}$ zu „zackigen" und damit physiologisch unplausiblen Segmentierungen führen können. In Abschnitt 5.1 wurden bereits einige Regularisierungsverfahren diskutiert, die z.B. implizit eine glattere Oberfläche erzwingen [131], das Verschiebungsvektorfeld glätten [154] oder die Oberfläche explizit mittels entsprechender Algorithmen (z.B. [288, 322]) glätten [165].

In dieser Arbeit wird für die Regularisierung der durch [325] inspirierte Ansatz der iterativen Glättung eines Vektorfeldes eingesetzt. Dabei wird für jede Landmarkenposition $\boldsymbol{v}^{(j)}$ aus der gewichteten Mittelung der Verschiebungen ihrer N_j Nachbarlandmarken, $\mathbf{u}^{(l)}, l = 1,...,N_j, l \neq j$ sowie der Verschiebung $\mathbf{u}^{(j)}$ ein neuer Verschiebungsvektor $\mathbf{u}^{*(j)}$ berechnet. Die Berücksichtigung des zentralen Verschiebungsvektors $\mathbf{u}^{(j)}$ ist erforderlich, um ein Schrumpfen der geglätteten Oberfläche zu vermeiden (vgl. z.B. [310]). Die in [325] vorgeschlagene Gewichtung für den Vektor an der zentralen Landmarke $\boldsymbol{v}^{(j)}$ berechnet sich zu $\sigma_j = \frac{1}{1+N_j \exp\left(-\frac{1}{2\lambda}\right)}$, während für die benachbarten Landmarken $\sigma_l = \frac{\exp\left(-\frac{1}{2\lambda}\right)}{1+N_j \exp\left(-\frac{1}{2\lambda}\right)}$ zur Anwendung kommt. Hierbei ist $\lambda \in \mathbb{R}^+$ ein vom Benutzer festzulegender Parameter. Dessen Wert liegt typischerweise in der Größenordnung von 1,0, wobei durch größere Werte eine stärkere Glättung erzeugt wird [325].

Bei der Übertragung dieses Verfahrens auf die vorliegende Anwendung gilt es, folgenden Aspekt zu beachten: Die Verschiebungen der Nachbarlandmarken sollten einen größeren Einfluss auf die zu berechnende Verschiebung $\mathbf{u}^{*(j)}$ der j-ten Landmarke haben, wenn deren Konfidenzwert c_j klein ist und einen geringeren Einfluss im umgekehrten Fall. Dies kann erreicht werden, indem die Konstante im Zähler von σ_j durch c_j und der Parameter λ durch den variablen Konfidenzwert c_l der jeweiligen Nachbarlandmarke ersetzt werden. Dementsprechend werden die Gewichtungen

$$\sigma_j = \frac{c_j}{c_j + \sum_{k=1}^{N_j} \exp\left(-\frac{1}{2c_k}\right)} \tag{5.22}$$

und

$$\sigma_l = \frac{\exp\left(-\frac{1}{2c_l}\right)}{c_j + \sum_{k=1}^{N_j} \exp\left(-\frac{1}{2c_k}\right)}, \tag{5.23}$$

für die gewichtete Mittelung des Verschiebungsvektors $\mathbf{u}^{(j)}$ und seiner benachbarten Verschiebungsvektoren $\mathbf{u}^{(l)}$, $l = 1, \ldots, N_j$ vorgeschlagen. Auf diese Weise wird eine lokal adaptive Glättung des Verschiebungsvektorfeldes $\mathbf{u}$ durchgeführt. Ein alternativer Ansatz ist, die mit den „optimalen" Bildmerkmalspositionen $\boldsymbol{v}^{(k)}$, $j = 1, \ldots, n_p$ jeweils assoziierten Profilpositionen $\hat{k}^{(j)}, \in [-n_k, n_k]$ als Skalarfeld zu interpretieren und mit Hilfe des zuvor beschriebenen Verfahrens zu glätten. In Experimenten hat sich dieser Ansatz jedoch als weniger leistungsfähig herausgestellt.

Die Verschiebungen $\mathbf{u}^{*(j)}$, $j = 1, \ldots, n_p$ werden in jeder Iteration unabhängig voneinander berechnet. Dabei hat sich in der Praxis gezeigt, dass ein bis zwei Iterationen genügen, um das Verschiebungsvektorfeld $\mathbf{u}$ einerseits von Ausreißern zu bereinigen, ohne andererseits erwünschte Formdetails zu unterdrücken. Auf die formale Unterscheidung zwischen $\mathbf{u}$ und $\mathbf{u}^*$ wird nachfolgend zugunsten einer besseren Lesbarkeit verzichtet. Sofern nicht anders erwähnt, handelt es sich bei $\mathbf{u}$ stets um das geglättete Verschiebungsvektorfeld.

5.4 Modellierung lokaler Bildmerkmale

Bereits in Abschnitt 5.1 wurden unterschiedliche Arten lokaler Bildmerkmale und entsprechend verschiedene Ansätze diese zu modellieren diskutiert. Für die im Rahmen dieser Arbeit betrachteten Anwendungen, Segmentierung des Unterkieferknochens (s. Abschnitt 6.1) sowie abdominaler Organe (s. Abschnitt 6.2), wurden unterschiedliche Modelle entwickelt, die in Abschnitt 5.4.1 bzw. Abschnitt 5.4.2 eingeführt werden.

5.4 Modellierung lokaler Bildmerkmale

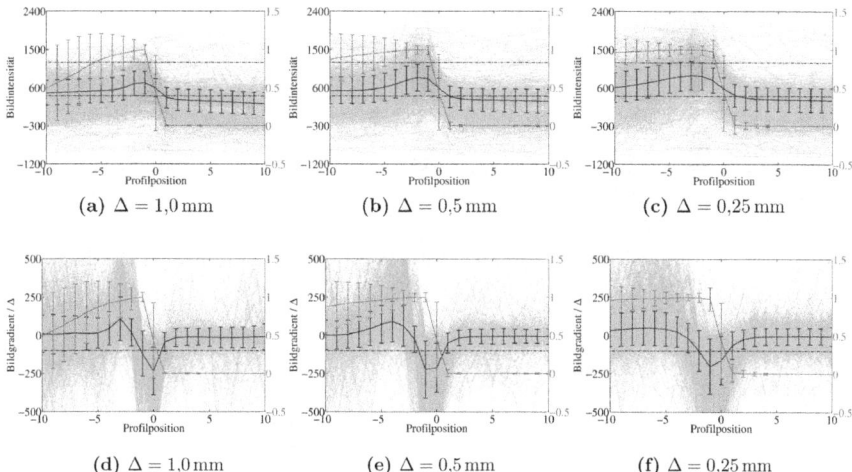

Abb. 5.2: Intensitätsprofile (a)-(c) und Gradientenprofile (d)-(f) senkrecht zur Oberfläche des Unterkieferknochens für drei verschiedene Bildauflösungen (jeweils isotrope Voxelgröße identisch zur Schrittweite Δ). Die Profile verlaufen von „innen" (negative Position) nach „außen" (positive Position), wobei die rechte y-Achse die Zugehörigkeit der jeweiligen Profilposition zum Knochen (1) bzw. Hintergrund (0) darstellt. Die durchgezogenen Linien mit Fehlerbalken repräsentieren jeweils Mittelwert mit zugehöriger Standardabweichung. Die gestrichelten Linien markieren die Schwellwerte aus Gl. (5.24): $I_{K_{min}} = 400$, $I_{K_{max}} = 1200$, $G_{K_{max}} = -100/\Delta$.

5.4.1 Heuristisches Intensitätsmodell

In Computertomographiaufnahmen sind typischerweise ausgeprägte Intensitätsunterschiede zwischen den beiden Gewebeklassen „Knochen" und „Weichgewebe" festzustellen. Ausgehend von der Knochenoberfläche lässt sich dementsprechend entlang der Oberflächennormalen ein spezifischer Verlauf der Bildintensitäten beobachten, wie die in Abb. 5.2(a)-(c) dargestellten Intensitätsprofile zeigen[13]. Die entlang der Oberflächennormalen an den Positionen $\mathbf{v}_j^{(k)}$, $j = 1, \ldots, n_p$, $k = -n_k, \ldots, n_k$ (s. Gl. (5.1)) abgetasteten Intensitätswerte $I(\mathbf{v}_j^{(k)})$ werden zunächst einer gerichteten Medianfilterung unterworfen. Die sich daraus ergebenden Intensitätswerte $I'(\mathbf{v}_j^{(k)})$ sowie die mittels Vorwärtsdifferenzen berechneten gerichteten Gradienten $G(\mathbf{v}_j^{(k)})$ werden für die Auswertung der folgenden

---

[13]Trotz ihrer Ähnlichkeit mit den entsprechenden Werten der Hounsfieldskala (z.B. [32]), repräsentieren diese von Dental-CT-Geräten mit Kegelstrahlgeometrie entstammenden Bildintensitäten (vgl. Abschnitt 6.1) keine Hounsfieldwerte (HU von engl.: Hounsfield units), sondern durch das Aufnahmegerät definierte Intensitätswerte (s. auch [203]).

Kapitel 5 Formmodellbasierte Segmentierung medizinischer Bilder

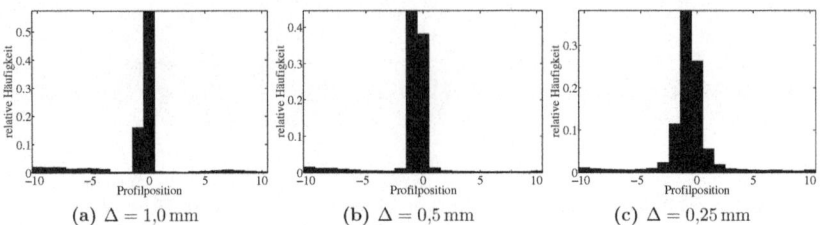

(a) $\Delta = 1{,}0\,\text{mm}$ (b) $\Delta = 0{,}5\,\text{mm}$ (c) $\Delta = 0{,}25\,\text{mm}$

Abb. 5.3: Häufigkeitsverteilung der mittels dem heuristischem Intensitätsmodell in Gl. (5.24) detektierten Profilposition der Unterkieferoberfläche.

Kostenfunktion eingesetzt:

$$f\left(\mathbf{v}_j^{(k)}\right) = \begin{cases} G(\mathbf{v}_j^{(k)}), & \text{falls} \quad I'(\mathbf{v}_j^{(k)}) \in I_{\text{K}} \wedge G(\mathbf{v}_j^{(k)}) \leq G_{K_{\max}} \\ 0 & \text{sonst,} \end{cases} \quad (5.24)$$

wobei $G_{K_{\max}} \in \mathbb{R}^-$ ein Gradientenschwellwert und $I_{\text{K}} = [I_{\text{K}_{\min}}, I_{\text{K}_{\max}}] \in [\mathbb{Z}, \mathbb{Z}]$ ein Intensitätsintervall ist (vgl. Abb. 5.2).

Einsetzen von Gl. (5.24) in Gl. (5.2) liefert die lokal optimale Landmarkenposition $\hat{\boldsymbol{v}}^{(j)}$. Abb. 5.3 stellt die Verteilung der relativen Häufigkeit von $\hat{\boldsymbol{v}}^{(j)}$ für die Profile aus Abb. 5.2 dar. Es zeigt sich, dass bereits im Fall der gröbsten Auflösung, $\Delta = 1{,}0\,\text{mm}$, für nahezu 60 % der Landmarken die korrekte Oberflächenposition ($k = 0$) detektiert werden kann (Abb. 5.3(a)). Im Fall von $\Delta = 0{,}5\,\text{mm}$ bzw. $\Delta = 0{,}25\,\text{mm}$ beträgt der Abstand von $\hat{\boldsymbol{v}}^{(j)}$ zur tatsächlichen Knochenkontur in über 80 % der Fälle weniger als $0{,}5\,\text{mm}$, wie Abb. 5.3(b),(c) zeigt. Beim Betrachten dieser Abbildungen fällt auf, dass die meisten „Treffer" bei der Profilposition $k = -1$ und nicht wie intuitiv zu erwarten bei $k = 0$ liegen. Der Grund dafür ist, dass der stärkste negative Gradient im Mittel häufiger bei $k = -1$ auftritt (vgl. Abb. 5.2(e) und 5.2(f)), während sich die Position $\mathbf{v}_j^{(k=0)}$ (Gl. (5.1)) bei ca. der Hälfte der Landmarken bereits außerhalb des Knochens befindet. Dies lässt sich in Abb. 5.2 jeweils anhand der rechten y-Achse nachvollziehen, welche die Zugehörigkeit der jeweiligen Profilposition zum Knochen (Indexwert 1) bzw. Hintergrund (Indexwert 0) darstellt.

Die Anzahl der falsch positiven Treffer ist in allen drei Fällen gering (Abb. 5.3(a)-(c)). Der Einfluss der falsch negativen, d.h. $f(\mathbf{v}_j^{(k)}) \geq G_{K_{\max}}$, obwohl eine Knochenoberfläche innerhalb von $k = -n_k, \ldots, n_k$ vorhanden ist, kann mit Hilfe der zuvor beschriebenen Regularisierung (Abschnitt 5.3.1) und gewichteten Glättung (Abschnitt 5.3.2) effektiv kompensiert werden (s. Ergebnisse in Abschnitt 6.1.4). In diesem Fall wird $\hat{\boldsymbol{v}}^{(j)} = \boldsymbol{v}^{(j)}$ in Kombination mit einem kleinen Konfidenzwert $c_j = 0{,}1$ (Gl. (5.21)-(5.23)) verwendet.

5.4 Modellierung lokaler Bildmerkmale

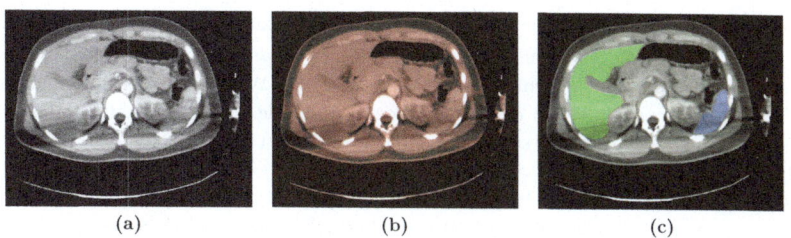

(a) (b) (c)

Abb. 5.4: Axiale Schicht einer CT-Aufnahme des Abdomens (a). In (b) sind alle Bildelemente, die einen Intensitätswert $I \in [-50, 250]\, HU$ aufweisen rot eingefärbt. In (c) sind die von einem medizinischen Experten segmentierten Organe Leber und Milz grün bzw. blau markiert.

5.4.2 Nichtlineares Modell

Während die Unterscheidung von Knochen- und Weichgewebe in Computertomographieaufnahmen vergleichsweise gut gelingt (vgl. Abb 5.2), werden die Intensitätswerte unterschiedlicher Weichgewebeklassen wie z.b. Herz, Leber, Niere, Milz oder Muskelgewebe in sehr ähnliche, sich zumindest teilweise überlappende Intervalle der Hounsfieldskala abgebildet (vgl. [32]). Lebergewebe befindet sich beispielsweise in der Regel in dem HU-Intervall $[-50, 250]$ (z.B. [255]), wobei die Aufnahme eines einzelnen Patienten nur einen Teil dieses Intervalls abdeckt. Gleichzeitig variieren die Intensitätswerte der anderen zuvor genannten Gewebearten ebenfalls innerhalb dieses Intervalls, wie Abb. 5.4 veranschaulicht.

Um die Grenze eines zu segmentierenden Organs trotzdem robust zu detektieren, besteht zum einen die Möglichkeit der Verwendung dedizierter, auf die Segmentierung des jeweiligen Organs zugeschnittener Intensitätsmodelle (z.B. [154]). Ein anderer Ansatz stellt die Verwendung von Verfahren der Mustererkennung dar. Hierbei werden Merkmale der beiden (Gewebe-) Klassen „Objekt" und „Hintergrund" bzw. „Objektgrenze" und „nicht Objektgrenze" mit Hilfe eines Klassifikators unterschieden (z.B. [106, 131]).

Dieser Ansatz ist generischer und kommt in dieser Arbeit für die Segmentierung der Leber und der Milz zur Anwendung (s. Abschnitt 6.2). Zunächst werden in einer Lernphase automatisch Merkmale aus denselben volumetrischen Bilddaten gewonnen, aus denen die für die Erstellung des statistischen Formmodells (vgl. Abschnitt 2.3.2) verwendeten Oberflächenformen entstammen. Für die Landmarke $\mathbf{x}_j$ werden, entsprechend Gl. (5.1), für jeden der n_s Trainingsdatensätze entlang den Oberflächennormalen Merkmalsvektoren $\mathbf{f}_j^{(k)}$ an den Positionen $\mathbf{v}_j^{(k)}$, $j = 1, \ldots, n_p$, $k = -n_k, \ldots, n_k$ extrahiert. Durch diese Abtastung von Merkmalen entlang der Oberflächennormalen links und rechts der eigentlichen Landmarkenposition, lassen sich sowohl Merkmale der Klasse „Objekt" als auch „Hintergrund" extrahieren. Diese dienen dem Entwurf eines Klassifikators zur Differenzierung dieser beiden Klassen. Während der Segmentierung werden in derselben Weise

Merkmalsvektoren $\mathbf{f}_j^{(k)}$ aus den ungesehenen Bilddaten extrahiert. Die Wahrscheinlichkeit $p\left(\mathbf{f}_j^{(k)}\right)$, dass die Merkmale zur Klasse „Objekt" gehören, wird mit Hilfe des zuvor erstellten Klassifikators berechnet und mit der erwarteten Wahrscheinlichkeit verglichen. Wird beispielsweise links von der Landmarkenposition die Klasse „Objekt" (Indexwert 1) und rechts davon die Klasse „Hintergrund" (Indexwert 0) erwartet, folgt unter Berücksichtigung von jeweils $n_e = 3$ Profilpositionen links und rechts der Landmarke für die erwarteten Wahrscheinlichkeiten: $p_{E_{-3}} = p_{E_{-2}} = p_{E_{-1}} = 1$ sowie $p_{E_0} = 0{,}5$ und $p_{E_1} = p_{E_2} = p_{E_3} = 0$. Die Summe der absoluten Differenzen zwischen erwarteter und tatsächlicher Zugehörigkeit eines Merkmalsvektors zur Klasse „Objekt" führt auf die Kostenfunktion [106]

$$f\left(\mathbf{v}_j^{(k)}\right) = \sum_{\iota=-n_e}^{n_e} \left| p_{E_\iota} - p\left(\mathbf{f}_j^{(k+\iota)}\right) \right|. \tag{5.25}$$

Einsetzen von Gl. (5.25) in Gl. (5.2) liefert die lokal optimale Landmarkenposition $\hat{\mathbf{v}}^{(j)}$.

Die beiden grundlegenden Fragestellungen bei der Implementierung des zuvor skizzierten Ansatzes betreffen die verwendeten Merkmalsvektoren sowie den zum Einsatz kommenden Klassifikator. In der vorliegenden Arbeit kommt ausschließlich der k-nächste-Nachbarn bzw. kNN-Klassifikator [53] zum Einsatz, wobei sich die Abstandsgewichtung mit der inversen quadratischen Distanz als vorteilhaft erwiesen hat (vgl. z.B. [320]). Das Training des kNN-Klassifikators ist vergleichsweise einfach und besteht aus der Speicherung der Trainingsbeispiele. Weiterhin ermöglicht dieser die Separation von Klassen, welche eine nichtlineare Trennfläche aufweisen. Nachteilhaft ist die, z.B. im Vergleich zu Support-Vector-Machines, längere Rechenzeit bei der Anwendung, die jedoch durch die Verwendung eines Suchbaums deutlich verbessert werden kann.

Der zuvor genannte erfolgreiche Einsatz heuristischer Intensitätsmodelle durch andere Gruppen deutet bereits daraufhin, dass die Bildintensität ein sehr gut geeignetes Merkmal ist. Tatsächlich werden z.B. in [131, 169] „kurze" Intensitätsprofile an den Position $\mathbf{v}_j^{(k)}$, $k = -n_k, \ldots, n_k$ extrahiert und unmittelbar als Merkmalsvektoren verwendet. Dieser Ansatz wird in der vorliegenden Arbeit ebenfalls verfolgt, wobei als zusätzliche Merkmale Gradientenprofile, Haar-Merkmale [309], Haar-Wavelets [118] statistische Momente und Rangordnungsfolgen in unterschiedlichen Kombinationen untersucht wurden. Um eine Vergleichbarkeit der unterschiedlichen Merkmale zu gewährleisten, wurden die einzelnen Elemente des Merkmalsvektors jeweils standardisiert. Da die Leistungsfähigkeit der Distanzfunktion mit zunehmender Anzahl der Dimensionen des Merkmalsraumes abnimmt („Fluch der Dimensionalität", vgl. [16]), wurde zum einen experimentell untersucht, inwiefern sich die Selektion der besten Merkmale mittels des Relief- [162] bzw. ReliefF-Algorithmus [174] als vorteilhaft erweist. Weiterhin wurde, sowohl der Merkmalsselektion nachgeschaltet als auch unter Verwendung sämtlicher Merkmale, eine Merkmalstransformation mittels Hauptkomponentenanalyse (vgl. Abschnitt 2.3.2) bzw. Diskriminanzanalyse [93] durchgeführt. Ziel dieser Merkmalstransformationen ist es, die Korrelation der unterschiedlichen Merkmale zu verringern bzw. die Zwischenklassenvarianz zu maximieren.

5.4 Modellierung lokaler Bildmerkmale

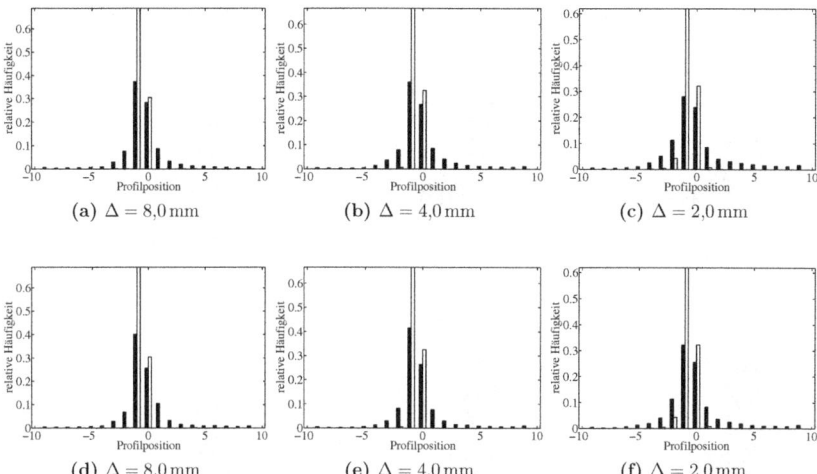

Abb. 5.5: Häufigkeitsverteilung der mittels dem Modell in Gl. (5.25) detektierten Profilposition der Leberoberfläche (schwarz) für drei verschiedene Bildauflösungen und entsprechend angepasster Schrittweite Δ. Die Profile verlaufen senkrecht zur Leberoberfläche von „innen" (negative Position) nach „außen" (positive Position). Die weißen Balken repräsentieren die Verteilung der tatsächliche Position der Leberoberfläche. In (a)-(c) wurden als Merkmale Intensitätsprofile verwendet, in (d)-(f) aus diesen Profilen berechnete Haar-Wavelet-Koeffizienten.

Letztendlich stellte sich jedoch die ausschließliche Verwendung von mittels der diskreten Wavelet-Transformation [14] berechneten Koeffizienten des Haar-Wavelets [118] experimentell als am besten geeignet zur Diskriminierung der beiden Klassen „Objekt" und „Hintergrund" heraus. Haar-Koeffizienten repräsentieren (gemittelte) Intensitätswerte und Intensitätsdifferenzen auf unterschiedlichen Skalen, stellen somit eine Art „Kombination" der Merkmale Intensität und Gradient dar. Um diese Koeffizienten zu berechnen, wird an den Position $\mathbf{v}_j^{(k)}$, $k = -n_k, \ldots, n_k$ jeweils ein acht Elemente umfassendes Intensitätsprofil extrahiert und dessen Haar-Wavelet-Koeffizienten mit Hilfe eines rekursiven Algorithmus berechnet [280].

Eine vergleichende Bewertung dieser Merkmale ist in Abb. 5.5 und Abb. 5.6 dargestellt. Dabei zeigt Abb. 5.5 die Häufigkeitsverteilung der durch die Kostenfunktion in Gl. (5.25) detektierte Position der Leberoberfläche (schwarz) sowie die Verteilung der tatsächlichen Position der Objektgrenze (weiß). Es ist festzustellen, dass bei Verwendung eines aus standardisierten Haar-Wavelet-Koeffizienten bestehenden Merkmalsvektors (Abb. 5.5(d)-(f)) insgesamt eine bessere Übereinstimmung mit der tatsächlichen

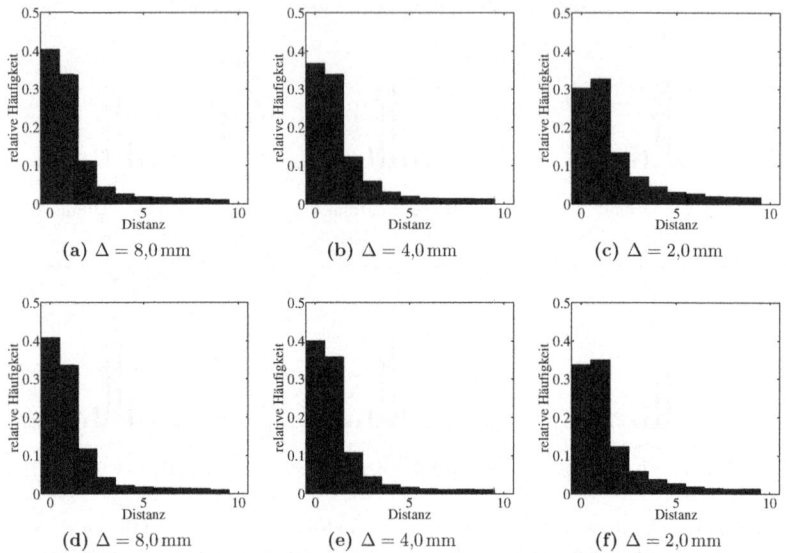

Abb. 5.6: Häufigkeitsverteilung der Distanz der mittels dem Modell in Gl. (5.25) detektierten zur tatsächlichen Profilposition der Leberoberfläche für drei verschiedene Bildauflösungen. (a) - (f) korrespondieren jeweils zu Abb. 5.5(a) - (f)

Verteilung vorliegt als bei Verwendung von standardisierten Intensitätsprofilen 5.5(a) - (c).

Deutlicher wird dies anhand von Abb. 5.6, in der die Häufigkeitsverteilung der Distanz der mittels Gl. (5.25) detektierten zur tatsächlichen Profilposition der Leberoberfläche dargestellt ist. Betrachtet man jeweils die Summe der Häufigkeiten mit einem Abstand ≤ 1 zur tatsächlichen Leberoberfläche, ist festzustellen, dass zwischen der Verwendung von Intensitätsprofilen und Haar-Wavelet-Koeffizienten bei der gröbsten Bildauflösung kaum Unterschiede auftreten (Abb. 5.6(a) vs. (d)). Dagegen liegt die Detektionsrate bei Verwendung der Haar-Wavelet-Koeffizienten bei der zweiten und dritten Auflösung jeweils 7 - 9 % über der bei Verwendung der Intensitätsprofile (Abb.5.6(e),(f) vs. (b),(c)). Ähnliche Beobachtungen wurden auch bei der Detektion der Milzoberfläche gemacht, was den Einsatz der Haar-Wavelet-Koeffizienten für die Segmentierung abdominaler Organe (s. Abschnitt 6.2) in der vorliegenden Arbeit begründet.

6

Anwendungen

In diesem Kapitel werden die in den vorangegangenen Kapiteln vorgestellten Prinzipien und Verfahren, erörterten Fragestellungen und neu eingeführten Lösungsansätze unter dem Aspekt ihrer Anwendung für die Segmentierung dreidimensionaler medizinischer Bilder beleuchtet. Wie bereits in Abschnitt 1.1 motiviert und Abschnitt 2.1 diskutiert, stellt die (möglichst automatische) Segmentierung von Organen und anderen anatomischen Strukturen bis heute eine Herausforderung dar. Gleichzeitig ist sie für viele medizinische Applikationen von bedeutender praktischer Relevanz.

So kann z.B. die präoperative Planung komplexer chirurgischer Eingriffe, wie beispielsweise einer Lebertransplantation [323], die Kompensation von Gewebedefekten [88] oder die Behandlung von (angeborenen) Missbildungen [326], unter Zuhilfenahme einer Segmentierung der zu behandelnden Anatomie erfolgen. Weiterhin gewinnt der Einsatz von Methoden der virtuellen Realität (VR, engl.: virtual reality) zunehmend an Popularität für die Simulation minimal-invasiver chirurgischer Eingriffe, beispielsweise von Laparoskopien [11], Arthroskopien [104] oder Lumbalpunktionen [210]. Eine präzise Segmentierung stellt in vielen Fällen die grundlegende Voraussetzung für die Entwicklung dieser virtuellen Umgebungen dar. In der Radiotherapie werden bösartige Tumorerkrankungen häufig mit Hilfe eines Bestrahlungsplans behandelt [299]. Dieser muss so konzipiert sein, dass die Strahlendosis des den Tumor umgebenden gesunden Gewebes bzw. benachbarter Risikoorgane möglichst minimal ist. Eine wesentliche Hilfestellung hierbei ist das Wissen um den Verlauf der Objektgrenzen, beispielsweise als Ergebnis einer Segmentierung der zu schonenden Strukturen [237, 242]. In der Diagnostik kann die Segmentierung von Organen ein Hilfsmittels bei der Quantifizierung von medizinisch relevanten

Parametern sein [P19]. Des Weiteren liefert die dynamische Darstellung von mittels Segmentierung freigestellten Strukturen, z.B. vom Herzen oder vom Unterkiefer(-Gelenk), häufig wertvolle diagnostische Informationen [327]. In der Orthopädie gewinnt die Erstellung patientenspezifischer 3D-Oberflächendaten aus CT- oder auch MRT-Aufnahmen zunehmend an Bedeutung. Darauf basierend können beispielsweise patientenindividuelle Implantate [89, 90] und Knochenplatten [38] oder synthetische Knochensubstitute [324] angefertigt werden.

Für einzelne der genannten Applikationen, wie z.B. die Segmentierung des Unterkieferknochens, werden in den nachfolgenden Abschnitten komplette Lösungsvorschläge erarbeitet (s. Abschnitt 6.1). Ein anderer wesentlicher Aspekt ist die Identifikation des Einflusses der unterschiedlichen Methoden aus den Kapiteln 2-5 auf die in der Praxis mit einem SFM erzielbare Segmentierungsgüte. Neben dem Suchalgorithmus und dessen konkreter Implementierung (vgl. Abschnitte 5.2-5.4) sind dies das zugrundeliegende Modell (linear vs. nichtlinear, vgl. Abschnitt 2.3 und Kapitel 4) oder das Verfahren zur Korrespondenzfindung (vgl. Abschnitt 2.4). Bezüglich letzterem lieferte Kapitel 3 bereits erste Erkenntnisse. Allerdings erfordert sowohl die Frage nach dem Einfluss in der realen Anwendung, als auch die in Abschnitt 4.2 gemachte Beobachtung der Abhängigkeit vom zugrundeliegenden Modell weiteren Klärungsbedarf. Auf die im Einzelnen diskutierten Fragestellungen wird in den Abschnitten 6.1 und 6.2 jeweils im Detail verwiesen.

6.1 Unterkiefersegmentierung

In der Dentalbranche sowie der Mund-Kiefer-Gesichtschirurgie werden zunehmend hochauflösende Niedrigdosis-CTs eingesetzt. Aufgrund der reduzierten Strahlenintensität sowie der häufig verwendeten Kegelstrahlgeometrie (engl.: cone-beam computed tomography, CBCT) weisen die damit akquirierten Aufnahmen im Vergleich zur konventionellen Computertomographie eine vergleichsweise schlechte Bildqualität auf. Dies manifestiert sich zum Beispiel in einem charakteristischen, hohen Bildrauschen (s. auch Abb. 6.6(b),(c)) und dem vermehrten Auftreten von Aufhärtungsartefakten. Zudem ist das Sichtfeld (FOV von engl.: field of view) auf ein die Kieferregion eng umschließendes Volumen begrenzt, an dessen Rändern die Bildqualität noch weiter vermindert ist. Für die Segmentierung solcher Daten werden in den kommerziell erhältlichen Software-Produkten bis heute relativ einfache, verhältnismäßig viel Benutzerinteraktion erfordernde und damit subjektiven Einflüssen unterworfene Segmentierungsverfahren eingesetzt. Ein prominentes Beispiel hierfür ist die Planungssoftware SimPlant® der Firma Materialise Inc. mit Sitz in Leuven, Belgien. Andererseits ist in den letzten Jahren das Bewusstsein um die Bedeutung einer maximal exakten Segmentierung zunehmend gewachsen [308]. Eine Möglichkeit hierzu stellt das Einbringen von Vorwissen über die zu segmentierende Struktur, beispielsweise in Form statistischer Formmodelle dar. Gerade aufgrund der verminderten Bildqualität lassen „intelligente" Verfahren bessere Resultate erwarten. In den folgenden Abschnitten werden die im Rahmen dieser Arbeit realisierte

6.1 Unterkiefersegmentierung

Abb. 6.1: Trainingspopulation für das SFM des Unterkiefers. Die Linien visualisieren durch Minimierung der Beschreibungslänge (Gl. (2.24)) bestimmte Korrespondenzen.

technische Umsetzung des SFM-basierten Vorgehens sowie die damit erzielten Ergebnisse vorgestellt.

6.1.1 Modellerstellung

Die Erstellung eines statistischen Formmodells des Unterkiefers wurde bereits in unterschiedlichen Arbeiten adressiert. Zachow et al. [326] setzen ein semi-automatisches Parametrisierungsverfahren für die Korrespondenzfindung ein (vgl. Abschnitt 2.4.2). In einer späteren Arbeit wird das damit erstellte SFM für die Unterkiefersegmentierung verwendet [184]. In [254] werden korrespondierende Punkte ebenfalls semi-automatisch bestimmt. Weiterhin wird in [6] ein bildregistrierungsbasiertes Verfahren für die Erstellung eines statistischen Formmodells der Gesichts- und Schädelknochen vorgestellt, allerdings ohne dieses einer quantitativen Evaluierung zu unterziehen. Der erste automatische Ansatz zur Erstellung eines punktbasierten SFM des Unterkiefers wurde im Rahmen dieser Arbeit entwickelt [P8], parallel zu jedoch unabhängig von Kroons Arbeit [177].

Die in der vorliegenden Arbeit für die SFM-Erstellung zur Verfügung stehende Trainingspopulation $\{\mathbf{x}_i;\ i = 1, \ldots, n_s\}$ besteht aus $n_s = 30$ Formen, davon 13 von weiblichen und 17 von männlichen Patienten im Alter von 18 bis 73 Jahren. Die Bilddaten stehen in 29 Fällen in Form von Computertomographieaufnahmen zur Verfügung und wurden in einem Fall mit einem 3D-Röntgenbogen akquiriert[14]. Die Auflösung der Bilddaten beträgt 0,2-1,0 mm in der axialen Ebene und die Schichtdicke 0,4-3,0 mm. In diesen Aufnahmen wurde der Unterkiefer manuell bzw. semi-manuell unter Auslassung der Zahnregion segmentiert. Die resultierenden Binärvolumen (vgl. Abb. 2.1(b)) bilden die Grundlage für die automatische Modellerstellung, welche unter Einsatz des in Abschnitt 2.4.2 entwickelten Distmin-Parametrisierungsverfahrens erfolgte (vgl. Abb. 2.11). Hierbei wurden bei der Neuvernetzung der 18358 - 30864 Vertices aufweisenden Triangulierungen (vgl. Abb. 2.7) $n_p = 4002$ Landmarken verwendet. Es stellte sich empirisch heraus, dass diese Zahl ein geeigneter Kompromiss zwischen einer guten Effizienz ei-

---
[14]http://www.volvis.org/ [Zugriff am: 03. April 2010]

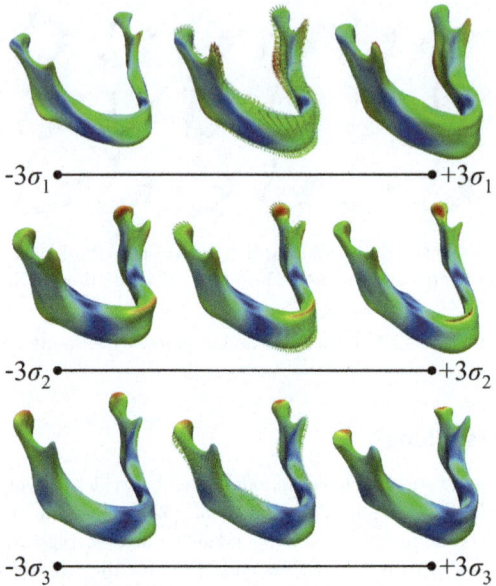

Abb. 6.2: Formvariabilität des Unterkiefers bei unabhängiger Variation der ersten drei Eigenmoden um $\pm 3\sqrt{\lambda_m}$, $m \in \{1,2,3\}$. Die Farben kodieren die Amplitude der Bewegung der einzelnen Landmarken, wobei blau der geringsten und rot der stärksten Bewegung entspricht: Erste Eigenmode: 0,1 - 2,7 mm, zweite Eigenmode: 0,0 - 2,2 mm, dritte Eigenmode: 0,0 - 2,5 mm. Die drei Eigenmoden enthalten 30 %, 16 % bzw. 11 % der Gesamtvariabilität. In der mittleren Spalte ist jeweils die Durchschnittsform zu sehen und die Bewegungsrichtung der Landmarken bei Variation entlang der jeweiligen Eigenmode durch Vektorglyphen dargestellt.

nerseits und andererseits der Erhaltung wichtiger Formdetails wie z.B. dem Processus coronoideus ist.

Basierend auf den Distmin-Korrespondenzen wurde im zweiten Schritt eine Korrespondenzoptimierung durchgeführt. Dazu wurde die approximative Beschreibungslänge des SFM (s. Gl. (2.24)) unter Verwendung des von Heimann et al. [132] vorgeschlagenen Optimierungsalgorithmus iterativ minimiert (vgl. Abb. 2.12). Letzteres Modell wird nachfolgend als MDL-SFM bezeichnet. Aus der Korrespondenzoptimierung resultierende Formvektoren sind in Abb. 6.1 qualitativ dargestellt. Dabei markieren gleichfarbige Linien über die gesamte Trainingspopulation korrespondierende Regionen. Abb. 6.2 gibt einen qualitativen Eindruck von der Formvariabilität des MDL-SFM. Es lässt sich erkennen, dass die erste Hauptkomponente insbesondere die Höhe des Unterkieferkörpers variiert. Mit der zweiten wird vor allem die Streckung bzw. Stauchung des Unterkiefers bestimmt und die dritte nimmt starken Einfluss auf die Form der Kondylen.

6.1.2 Unterkieferlokalisation

Voraussetzung für formmodellbasierte Bildsegmentierung ist die initiale Positionierung des SFM im zu segmentierenden Bild bzw. die Bestimmung der Lageparameter **T**. In der Literatur lassen sich unterschiedliche Ansätze für die Unterkieferdetektion und damit automatische Lösung dieser Problemstellung finden. Atlasbasierte Verfahren (z.B. [119, 329]) setzen häufig Methoden der Bildregistrierung ein. In [9] wird ein aktives Erscheinungsmodell (AEM) des Unterkiefers mit Hilfe eines sogenannten Parts+Geometry-Modells [91, 92] initialisiert. Kainmueller et al. [153] verwenden die generische jedoch vergleichsweise rechenintensive generalisierte Houghtransformation für die Initialisierung eines Unterkiefer-SFM. In der vorliegenden Arbeit wird für die Lokalisierung des Unterkiefers eine effiziente Heuristik eingesetzt, welche auf der Analyse der Verteilung der Intensitätswerte und deren Gradienten im Bildvolumen $I(\mathbf{v})$, $\mathbf{v} \in \Omega \subset \mathbb{R}^3$ basiert.

Um die Leistungsfähigkeit dieses Verfahrens zu verbessern, wird zunächst ein Bildvolumen berechnet, das die halbe Auflösung des Originalvolumens aufweist. Anschließend wird eine Region von Interesse (ROI von engl.: region of interest) festgelegt, welche lediglich den Unterkieferkörper, nicht jedoch die beiden Unterkieferäste (Rami mandibulae) beinhaltet. Hierbei wird ausgenutzt, dass die Menge der den Zahnschmelz repräsentierenden Voxel

$$V_Z = \{I(\mathbf{v}) \mid I(\mathbf{v}) \in [I_{Z_{\min}}, I_{Z_{\max}}], \mathbf{v} \in \Omega\},$$

vergleichsweise robust unter Verwendung eines Intensitätsintervalls $[I_{Z_{\min}}, I_{Z_{\max}}] \in \mathbb{Z}^2$ gefunden werden kann. Durch Projektion der Voxel V_Z auf die y-z-Ebene und Akkumulation der Pixel über diese beiden Achsen, ergeben sich die in Abb. 6.3(a) gezeigten Achsenhistogramme. Daraus kann die Ausdehnung des Unterkiefers in y- und z-Richtung abgeschätzt und eine entsprechende ROI Ω^* festgelegt werden (rot markierter Bereich in Abb. 6.3(b)). Innerhalb der ROI Ω^* werden nun sämtliche Voxel bezüglich ihres Intensitätswerts und ihres Gradienten klassifiziert, um auf diese Weise die zur Knochenkortikalis des Unterkiefers beitragenden Voxel

$$V_K = \{I(\mathbf{v}) \mid I(\mathbf{v}) \in I_B \wedge \|\partial I(\mathbf{v})/\partial \mathbf{v}\| \geq G_{\max}/10,\, \mathbf{v} \in \Omega^*\}$$

zu identifizieren. Diese sind in Abb. 6.3(c) gelb markiert dargestellt. Hierbei ist I_B das in Abschnitt 5.4.1 eingeführte Intensitätsintervall. Der Schwellwert $G_{\max}/10$ hat sich experimentell als geeignet herausgestellt, wobei $G_{\max} \in \mathbb{R}^+$ die maximale, mit Hilfe des Sobeloperators berechnete Amplitude des Bildgradienten ist. Anschließend wird das die Voxelmenge V_K repräsentierende Binärvolumen dilatiert, um eine zusammenhängende Repräsentation der Knochenkortikalis zu erhalten. Die zufällige Abtastung der Oberfläche dieses Binärvolumens mit ca. 10.000 Punkten führt auf die in Abb. 6.3(d) gezeigte Punktwolke, welche mit Hilfe des Iterative Closest Point Algorithmus [15] rigide mit

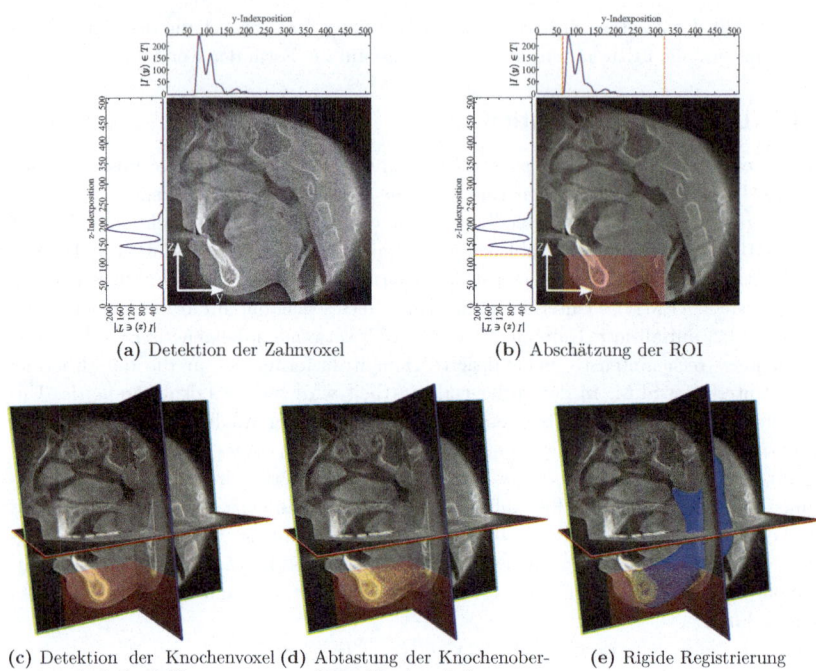

Abb. 6.3: Automatische Lokalisierung des Unterkieferknochens. $T = [I_{Z_{\min}}, I_{Z_{\max}}] \in \mathbb{Z}^2$ bezeichnet das den Zahnschmelz repräsentierende Intensitätsintervall.

der zunächst in der Mitte des Bildvolumens Ω platzierten mittleren Form $\bar{\mathbf{x}}$ (blau eingefärbte Oberfläche in Abb. 6.3(e)) registriert wird. Ein exemplarisches Ergebnis dieser Lokalisation und Ausgangspunkt für die nachfolgende SFM-basierte Segmentierung zeigt Abb. 6.3(e).

6.1.3 Experimente

Die SFM-basierte Unterkiefersegmentierung wurde erfolgreich für die Segmentierung von mehr als zehn unterschiedlichen mit den CBCT-Geräten *GALILEOS Comfort* sowie *GALILEOS Comfort^{PLUS}* der Firma Sirona akquirierten Dental-CT-Aufnahmen eingesetzt. Diese Testdaten sind mit der für die SFM-Erstellung verwendeten Trainingspopulation in Abb. 6.1 disjunkt. Die Auflösung der mit dem *GALILEOS Comfort* akquirierten Aufnahmen beträgt 512^3 Bildelemente bei einer isotropen Voxelgröße von 0,29 mm. Im Fall

6.1 Unterkiefersegmentierung

Beschreibung	Variable	Wert
Intensitätsintervall Zahnschmelz	$[I_{Z_{min}}, I_{Z_{max}}]$	$[1500, 2700]$
Intensitätsintervall Knochenkortikalis	$[I_{K_{min}}, I_{K_{max}}]$	$[400, 1200]$
oberer Gradientenschwellwert	$G_{K_{max}}$	$-100\,\text{mm}^{-1}$
Anzahl Landmarkenpositionen	n_k	4
Anzahl Ebenen der Gauß-Pyramide	-	3
Profilschrittweite je Ebene der Gauß-Pyramide	Δ	$1{,}0/0{,}5/0{,}25\,\text{mm}$

Tab. 6.1: Parameter des Algorithmus für die SFM-basierte Unterkiefersegmentierung.

des *GALILEOS Comfort*^{PLUS} sind es 616^3 Bildelemente bei einer isotropen Voxelgröße von 0,25 mm. Für sechs der *GALILEOS Comfort*-Datensätze (davon fünf Aufnahmen aus der klinischen Routine sowie eine Aufnahme eines anthropomorphen Phantoms, vgl. Abb. 6.6(a)) stehen manuelle Referenzsegmentierungen zur Verfügung. Diese bilden somit die Basis für die nachfolgenden qualitativen und quantitativen Auswertungen.

Die Segmentierung erfolgte stets nach dem folgenden Schema. Initial wurde das SFM mit Hilfe des in Abschnitt 6.1.2 beschriebenen Verfahrens im zu segmentierenden Bildvolumen positioniert. Die dabei verwendeten Parameter sind Tab. 6.1 zu entnehmen. Anschließend erfolgte die eigentliche Segmentierung unter Verwendung einer drei Ebenen aufweisenden Gauß-Pyramide [50], wobei, beginnend mit der Originalauflösung, die nächste Ebene jeweils noch die halbe Auflösung aufweist und die Schrittweite bei der Abtastung der Intensitätsprofile entsprechend angepasst wurde (vgl. Tab. 6.1). Als Referenzverfahren dient das Standard-AFM (nachfolgend mit AFM bezeichnet). Dieses wurde hier so realisiert, dass auf jeder Ebene der Gauß-Pyramide Gl. (5.4) unter Verwendung einer festen Anzahl von 20 Iterationen gelöst wurde.

Die Segmentierung mit Hilfe des in Abschnitt 5.2 eingeführten relaxierten linearen sowie kern-basierten AFM (nachfolgend mit rAFM sowie rkAFM bezeichnet) erfolgte zunächst analog zum Standard-AFM: Gl. (5.4) wurde auf der obersten (gröbsten) Auflösung und der mittleren Ebene der Gauß-Pyramide unter Verwendung von 20 bzw. zehn Iterationen ausgewertet. Anschließend wurde Gl. (5.13) bzw. Gl. (5.16) einmal auf dem Bildvolumen mit halber Auflösung und zwei mal auf dem Originalbild gelöst. Der dabei eingesetzte L-BFGS-Optimierer (vgl. Abschnitt 5.2) konvergierte bei Verwendung der standardmäßig eingestellten Konvergenzkriterien[15] (max. Änderung des Lösungsvektors/Funktionswertes/Gradienten: $10^{-8}/10^{-11}/10^{-5}$) in den meisten Fällen bereits nach fünf Iterationen. Die maximale Anzahl der Funktionsauswertungen ist auf zehn limitiert und somit werden, äquivalent zum Standard-AFM, in der Summe maximal 20 Iterationen auf jeder Ebene der Gauß-Pyramide verwendet.

Die zuvor beschriebenen Experimente wurden sowohl unter Verwendung des Distmin-SFM als auch des MDL-SFM durchgeführt und auf diese Weise der Einfluss des Kor-

---

[15]vgl. http://public.kitware.com/vxl/doc/release/core/vnl/html/classvnl__lbfgs.html [Zugriff am: 14. Dezember 2013]

respondenzverfahrens auf die Segmentierungsgüte evaluiert. Zudem wurden aufbauend auf der Untersuchung der Normalverteilungsannahme für unterschiedliche Korrespondenzverfahren (s. Abschnitt 4.2) für das Distmin- und das MDL-Verfahren sowohl lineare als auch nichtlineare Modelle eingesetzt. Als weiteres lineares Modell neben dem rAFM wurde das probabilistische AFM [166, 169] verwendet, welches auf der Formenergie E_{Form} in Gl. (2.22) basiert und nachfolgend mit pAFM bezeichnet wird. Die nichtlineare, auf der Kern-PCA basierende Entsprechungen des pAFM verwendet den Ausdruck in Gl. (4.37) als Formenergie und wird nachfolgend mit pkAFM bezeichnet. Die jeweilige Formenergie E_{Form} wird in Gl. (5.8) eingesetzt und analog zum rAFM und rkAFM unter Anwendung analytischer Ableitungen (s. Gl. (5.17) und Gl. (5.20)) mit Hilfe des L-BFGS-Optimierers gelöst. In allen vier Fällen wurden die Bildmerkmalspositionen mittels Gl. (5.24) und die Bildenergie gemäß Gl. (5.12) berechnet. Bei letzterer wurde auf eine zusätzliche Regularisierung verzichtet, d.h. $\mathbf{W}_{\text{Bild}} = \mathbf{E}$, da eine solche bereits implizit durch den „sonst"-Zweig von Gl. (5.24) erfolgt.

Im Unterschied zum rAFM weisen beim pAFM, rkAFM und pkAFM Form- und Bildenergie in der Regel unterschiedliche Größenordnungen auf. Somit muss zunächst ein geeigneter Wert für den Gewichtungsparameter γ in Gl. (5.8) gefunden werden. Der sich in den Experimenten jeweils als optimal herausgestellte Wert für γ kann Tab. 6.3 entnommen werden.

6.1.4 Ergebnisse und Diskussion

Die Generalisierungsfähigkeit (Gl. (3.2)) und Spezifität (Gl. (3.1)) des Distmin- sowie des MDL-SFM sind in Abb. 6.4 bzw. Abb 6.5 dargestellt. Als zusätzliche Referenz ist zudem die Güte des SPHARM-SFM [160] (vgl. Abschnitt 2.4.2 und Abschnitt 3.3) zu sehen. Analog zu den Ergebnissen in Abschnitt 3.4 zeigt das SFM mit populationsoptimierten Korrespondenzen für alle Distanzmaße eine bessere Generalisierungsfähigkeit und eine bessere Spezifität, als die beiden anderen Modelle. Deren Performanz unterscheidet sich insgesamt nur unwesentlich, wobei das Distmin-SFM tendenziell eine etwas bessere Spezifität aufweist (s. Abb. 6.5). Aus diesem Grund beschränkt sich die nachfolgende Evaluierung der Segmentierungsergebnisse im Sinne einer besseren Übersichtlichkeit auf den Vergleich von Distmin-SFM und MDL-SFM (vgl. auch das Vorgehen in Abschnitt 3.4.2)

In Abb. 6.6 und Abb. 6.7 sind Ergebnisse der Segmentierung mittels Standard-AFM sowie dem in Abschnitt 5.2 eingeführten relaxierten AFM zu sehen. In allen Beispielen zeigt sich, dass das rAFM bessere Segmentierungsergebnisse liefert. So werden beispielsweise die spezifischen Formdetails der Rami mandibulae (Abb. 6.6(a)), das dorsale Ende des Unterkieferknochens (Abb. 6.6(c)) oder, besonders prominent, das Kinn in Abb. 6.6(b) besser repräsentiert. In Abb. 6.7 verdeutlicht die Einfärbung der gesamten Oberfläche die genannten Beobachtungen: Im Vergleich zum Standard-AFM ist bei Verwendung des relaxierten AFM der überwiegende Teil der Oberfläche dunkelblau eingefärbt, was einem Abstand von weniger als 0,5 mm zur Referenzsegmentierung entspricht.

6.1 Unterkiefersegmentierung

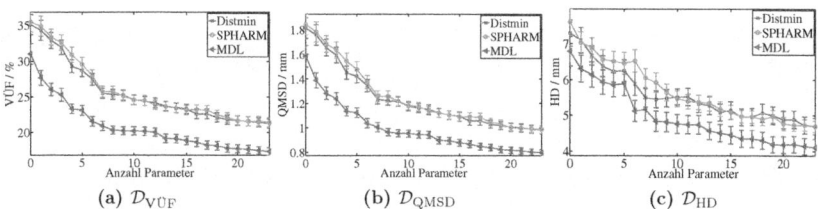

(a) $\mathcal{D}_{\text{VÜF}}$ (b) $\mathcal{D}_{\text{QMSD}}$ (c) $\mathcal{D}_{\text{HD}}$

Abb. 6.4: Korrespondenzgüte (Generalisierungsfähigkeit) verschiedener Unterkiefer-SFM für drei unterschiedliche Distanzmaße (Gl. (3.5), (3.7) und (3.8)).

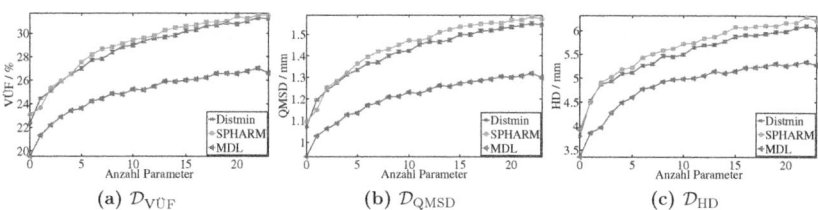

(a) $\mathcal{D}_{\text{VÜF}}$ (b) $\mathcal{D}_{\text{QMSD}}$ (c) $\mathcal{D}_{\text{HD}}$

Abb. 6.5: Korrespondenzgüte (Spezifität) verschiedener Unterkiefer-SFM für drei unterschiedliche Distanzmaße (Gl. (3.5), (3.7) und (3.8)).

Die quantitativen Ergebnisse sowohl der Unterkieferlokalisation (Abschnitt 6.1.2) als auch der Segmentierung sind in Tab. 6.2 zusammengefasst. Hinsichtlich der automatischen Lokalisation ist zu bemerken, dass diese in allen Fällen geeignete Ergebnisse für eine nachfolgende Segmentierung lieferte. Des Weiteren bestätigen sich die qualitativen Beobachtungen: Sowohl ohne Regularisierung (A) als auch mit Regularisierung (B) kann eine deutliche Überlegenheit des rAFM gegenüber dem Standard-AFM festgestellt werden. Besonders prominent (im Mittel ca. 45 %) ist diese Überlegenheit für die mittlere symmetrische Oberflächendistanz (MSD, Gl. (3.6)) sowie den volumetrischen Überlappungsfehler (VÜF, Gl. (3.5)). Bei der quadratischen mittleren symmetrischen Oberflächendistanz (QMSD, Gl. (3.7)) beträgt die Verbesserung im Mittel bis zu 25 %, während für die maximale bzw. der Hausdorff-Distanz (HD, Gl. (3.8)) keine wesentliche Verbesserung festzustellen ist.

Es ist intuitiv nachvollziehbar, dass der Gewichtungsparameter α bzw. die Gewichtungsmatrix $\mathbf{A}$ (Gl. (5.14)) einen wesentlichen Einfluss auf die Lösung von Gl. (5.13) und damit die Leistungsfähigkeit des relaxierten AFM hat. Diese Abhängigkeit ist in Abb. 6.8 mit Hilfe von Box-Whisker-Plots für vier Distanzmaße dargestellt. Die Länge der Whisker beträgt jeweils maximal das 1,5-fache des Interquartilsabstands, Werte außerhalb dieses Intervalls sind durch Punkte dargestellt. Es zeigt sich, dass mit Ausnahme der Hausdorff-Distanz (Abb. 6.8(c)) bereits mit $\alpha = 0{,}1$ eine deutliche Verbesserung

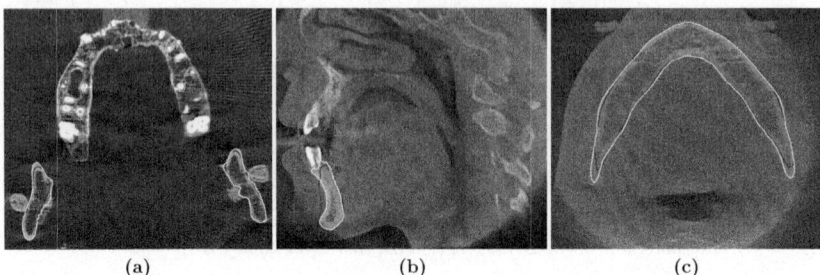

(a) (b) (c)

Abb. 6.6: Qualitative Ergebnisse der Unterkiefersegmentierung für drei exemplarische Datensätze. Die blauen bzw. gelben Konturlinien repräsentieren die Ergebnisse mit Standard-AFM bzw. relaxiertem AFM, die manuelle Referenzsegmentierung ist rot markiert. Für die Darstellung der drei CBCT-Aufnahmen wurde das Intensitätsintervall $[-700, 1500]$ verwendet.

gegenüber dem Standard-AFM erzielbar ist. Mit größer werdendem α und damit zunehmender Flexibilität nimmt die Segmentierungsgüte zunächst deutlich zu, flacht jedoch ab $\alpha = 0{,}7$ merklich ab (Abb. 6.8(a),(b),(d)). Mit die besten Ergebnisse werden bei Verwendung von $\mathbf{A}(c)$ gemäß Gl. (5.14) und damit landmarkenspezifischer Anpassung der Gewichtung von Form- und Bildenergie in Abhängigkeit von der Konfidenz der Bildmerkmale erzielt. In der vorliegenden Anwendung ist somit die Lösung der Zielfunktion des relaxierten AFM (Gl. (5.13)) unabhängig von durch den Benutzer vorgegebenen Parametern möglich.

		MSD/mm	QMSD/mm	HD/mm	VÜF/%
	Lokalisation	$2{,}33 \pm 0.36$	$3{,}00 \pm 0{,}46$	$12{,}9 \pm 3{,}8$	$53{,}1 \pm 7{,}5$
(A)	AFM	$0{,}76 \pm 0{,}13$	$1{,}17 \pm 0{,}21$	$10{,}2 \pm 3{,}5$	$20{,}5 \pm 3{,}8$
	rAFM ($\alpha = 0{,}7$)	$0{,}50 \pm 0{,}06$	$0{,}98 \pm 0{,}13$	$10{,}5 \pm 2{,}5$	$13{,}9 \pm 2{,}8$
	rAFM ($\mathbf{A}(c)$)	$0{,}45 \pm 0{,}06$	$0{,}96 \pm 0{,}15$	$10{,}2 \pm 2{,}0$	$12{,}4 \pm 2{,}4$
(B)	AFM	$0{,}75 \pm 0{,}14$	$1{,}18 \pm 0{,}24$	$10{,}3 \pm 3{,}8$	$20{,}5 \pm 4{,}1$
	rAFM ($\alpha = 0{,}7$)	$0{,}44 \pm 0{,}09$	$0{,}90 \pm 0{,}21$	$10{,}3 \pm 3{,}3$	$12{,}0 \pm 2{,}1$
	rAFM ($\mathbf{A}(c)$)	$\mathbf{0{,}40 \pm 0{,}09}$	$\mathbf{0{,}87 \pm 0{,}20}$	$\mathbf{10{,}1 \pm 3{,}2}$	$\mathbf{11{,}0 \pm 2{,}0}$

Tab. 6.2: Ergebnisse (Mittelwert $\pm$ Standardabweichung) der initialen Unterkieferlokalisation (s. Abschnitt 6.1.2) sowie der Unterkiefersegmentierung mittels relaxiertem aktiven Formmodell im Vergleich zum Standard-AFM. Es sind zum einen die Ergebnisse ohne Regularisierung (A), d.h. unter Verwendung der Einheitsmatrix $\mathbf{W} = \mathbf{E}$ in Gl. (5.4) bzw. Gl. (5.13), als auch mit Regularisierung in Kombination mit lokal adaptiver Glättung des Verschiebungsvektorfeldes (B) (s. Abschnitt 5.3), dargestellt. Die besten Werte der unterschiedlichen Maße sind jeweils hervorgehoben.

6.1 Unterkiefersegmentierung

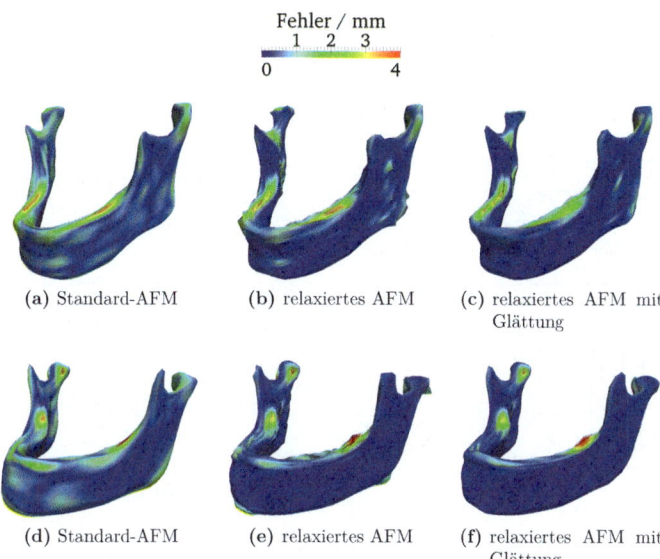

Abb. 6.7: Segmentierungsergebnisse für zwei exemplarische Datensätze ((a)-(c) sowie (d)-(f)) bei Verwendung des Standard-AFM (a),(d) sowie des relaxierten AFM ohne (b),(e) und mit (c),(f) Glättung des Verschiebungsvektorfeldes (s. Abschnitt 5.3). Die Farben markieren jeweils den Abstand zur Referenzsegmentierung.

Ein weiterer Aspekt des Segmentierungsalgorithmus ist der Einfluss der zusätzlichen Regularisierung der Form- und Lageparameter (s. Abschnitt 5.3.1) sowie des Verschiebungsvektorfeldes (s. Abschnitt 5.3.2). Während damit im Fall des Standard-AFM im Mittel keine Verbesserung erzielt werden kann (vgl. auch [248]), ist im Fall des rAFM eine Verbesserung von bis zu 10 % festzustellen (vgl. (A) gegenüber (B) in Tab. 6.2). Der Einfluss der Glättung des Verschiebungsvektorfeldes kann zudem anhand von Abb. 6.7 nachvollzogen werden. Dort ist zu erkennen, dass ohne eine Glättung des Verschiebungsvektorfeldes die Segmentierung nicht die physiologisch zu erwartende, glatte Oberfläche aufweist (Abb. 6.7(b),(e)). Hingegen wird dies durch die in Abschnitt 5.3.2 vorgeschlagene lokal adaptive Glättung gewährleistet (Abb. 6.7(c),(f)).

Tab. 6.3 und Abb. 6.9 zeigen die Segmentierungsergebnisse bei Verwendung unterschiedlicher Korrespondenzverfahren und Formmodelle. Zusätzlich zu den bereits zuvor diskutierten Ergebnissen des Standard-AFM und des relaxierten AFM (rAFM) sind zum einen die des probabilistischen AFM (pAFM) dargestellt. Zum anderen die Kern-PCA basierten Entsprechungen des relaxierten und des probabilistischen AFM, rkAFM und pkAFM. Für die beiden letzteren wurden die in Abschnitt 6.1.3 beschrie-

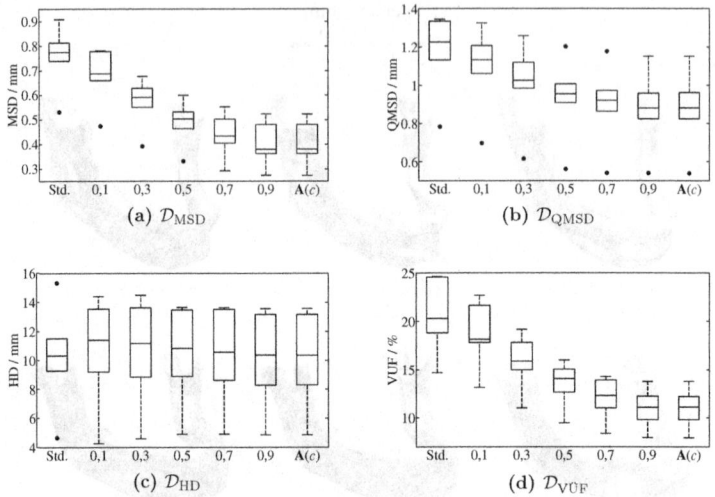

Abb. 6.8: Box-Whisker-Plots der Ergebnisse der Unterkiefersegmentierung mittels Standard-AFM (Std.) (Gl. (5.4)) sowie relaxiertem aktiven Formmodell (Gl. (5.13)) mit unterschiedlichem Gewichtungsparameter α für vier verschiedene Distanzmaße.

benen Experimente jeweils mit dem RBF-Kern (Gl. (4.28)) als auch dem Polynomkern (Gl. (4.29)) mit jeweils unterschiedlichen Parametern durchgeführt ($d \in \{1, 2, 3\}$ bzw. $\sigma \in \{\sigma_{1,5}, \sigma_{3,0}, \sigma_{6,0}, \sigma_{9,0}\}$). In Tab. 6.3 und Abb. 6.9 sind repräsentativ die Ergebnisse für $\sigma = \sigma_{3,0}$ (s. Gl. (4.38)) bzw. $d = 2$ dargestellt.

Die genannten Modelle wurden sowohl für das SFM mit Distmin-Korrespondenzen als auch das SFM mit MDL-Korrespondenzen eingesetzt. Unter Verwendung eines Zweistichproben-t-Tests [123] zeigt sich bei einem Signifikanzniveau von 5 %, dass sowohl im Fall der Distmin- als auch der MDL-Korrespondenzen die Ergebnisse von rAFM, pAFM, rkAFM und pkAFM mit Ausnahme der Hausdorff-Distanz jeweils statistisch signifikant besser als die Ergebnisse des jeweiligen Standard-AFM sind (p-Werte zwischen 0,0001 und 0,038). Andererseits unterscheiden sich die Ergebnisse von rAFM, pAFM, rkAFM und pkAFM unabhängig vom Distanzmaß nur unwesentlich. Allerdings werden in der vorliegenden Anwendung die besten Segmentierungsergebnisse erzielt, wenn ein relativ großer Wert für den Gewichtungsparameter α verwendet wird (vgl. Abb. 6.8) und damit die Bildenergie E_{Bild} in Gl. (5.8) relativ stark gewichtet wird. Sofern also das verwendete Modell das „Ausbrechen" aus den vergleichsweise rigiden Vorgaben des Standard-AFM erlaubt, hängt die Segmentierungsgüte in der Folge ganz wesentlich von der Qualität der Bildmerkmale ab (vgl. Abschnitt 5.4.1). Dieses „Ausbrechen" wird nun, wie Abb. 5.1 schematisch veranschaulicht, sowohl durch die linearen Modelle rAFM und pAFM als

6.1 Unterkiefersegmentierung

		MSD/mm	QMSD/mm	HD/mm	VÜF/%
AFM	Distmin	0,85 ± 0,11	1,38 ± 0.15	10,9 ± 2,8	22,7 ± 3,8
	MDL	0,75 ± 0,14	1,18 ± 0,24	10,3 ± 3,8	20,5 ± 4,1
rAFM	Distmin	0,48 ± 0.06	1,09 ± 0,09	10,5 ± 1,8	13,0 ± 2,4
	MDL	0,40 ± 0.09	0,87 ± 0,21	10,1 ± 3,3	11,0 ± 2,0
pAFM	Distmin	0,47 ± 0,06	1,08 ± 0,08	10,3 ± 1,8	12,9 ± 2,4
($\gamma = 3 \cdot 10^{-6}$)	MDL	0,39 ± 0,09	0,87 ± 0,20	10,1 ± 3,2	10,8 ± 2,0
rkAFM	Distmin	0,47 ± 0,06	1,08 ± 0,08	10,3 ± 1,7	12,8 ± 2,4
($d = 2, \gamma = 3 \cdot 10^{-3}$)	MDL	0,39 ± 0,09	0,86 ± 0,20	10,0 ± 3,1	10,7 ± 2,0
rkAFM	Distmin	0,47 ± 0,06	1,08 ± 0,08	10,3 ± 1,7	12,8 ± 2,4
($\sigma_{3,0}, \gamma = 3 \cdot 10^{-3}$)	MDL	0,39 ± 0,09	0,87 ± 0,20	10,1 ± 3,1	10,8 ± 2,0
pkAFM	Distmin	0,47 ± 0,07	1,08 ± 0,08	10,4 ± 1,7	12,8 ± 2,4
($d = 2, \gamma = 2 \cdot 10^{-6}$)	MDL	0,39 ± 0,09	0,87 ± 0,20	10,1 ± 3,2	10,8 ± 2,1
pkAFM	Distmin	0,47 ± 0,06	1,08 ± 0,08	10,3 ± 1,7	12,8 ± 2,4
($\sigma_{3,0}, \gamma = 2 \cdot 10^{-6}$)	MDL	0,39 ± 0,09	0,87 ± 0,20	10,1 ± 3,1	10,8 ± 2,1

Tab. 6.3: Ergebnisse (Mittelwert ± Standardabweichung) der Unterkiefersegmentierung bei Verwendung unterschiedlicher Korrespondenzverfahren und Formmodelle. Es wurde jeweils der Gewichtungsparameter $\alpha = 0,9$ in Gl. (5.13) bzw. Gl. (5.8) verwendet.

auch vermeintlich spezifischeren (vgl. Abschnitt 4.2) nichtlinearen Modelle rkAFM und pkAFM ermöglicht.

Allerdings zeigt der Vergleich der mittels Distmin- und MDL-Korrespondenzen erzielten Ergebnisse, dass das Korrespondenzverfahren einen großen Einfluss sowohl auf die linearen als auch die nichtlinearen Modelle haben kann. Auf den ersten Blick scheint es überraschend, dass die nichtlinearen Modelle nicht robuster gegenüber der Wahl des Korrespondenzverfahrens sind. Dabei zeigt sich in der vorliegenden Anwendung, dass sowohl beim Standard-AFM (Abb. 6.10(a),(d)), als auch beim rAFM (Abb. 6.10(b),(d)) sowie beim nichtlinearen AFM (Abb. 6.10(c),(f)) im Bereich der Kondylen die größten Unterschiede der Ergebnisse mittels Distmin- gegenüber den Ergebnissen mittels MDL-Korrespondenzen auftreten (Abb. 6.7(a),(c),(d),(f)). Der Grund dafür kann anhand von Abb. 6.11 nachvollzogen werden. Dort ist zum einen der über alle Trainingsformen gemittelte Oberflächenabstand (Gl. (3.6)) zur mittleren Form sowohl für die Distmin- (Abb. 6.11(a)) als auch die MDL-Korrespondenzen (Abb. 6.11(b)) zu sehen. Zusätzlich wurde jeweils eine Trainingsform als „Referenzform" herausgegriffen und der Oberflächenabstand (Gl. (3.6)) zu allen anderen Trainingsformen berechnet. Indem nacheinander jede der Trainingsformen als Referenzform verwendet und der Oberflächenabstand aller möglichen Vergleiche gemittelt wird, ergibt sich die in Abb. 6.11(c) bzw. Abb. 6.11(d) dargestellte Fehlerkarte für die Distmin- bzw. die MDL-Korrespondenzen. Bezüglich des Distanzmaßes ist an dieser Stelle zu bemerken, dass der Vergleich der Varianz der Distmin- und der MDL-Landmarken kein valides Kriterium wäre, da die Minimierung der Beschreibungslänge der Minimierung der Varianz der Landmarken entspricht (vgl. Abschnitt 2.4.3.1). Aus Abb. 6.11 wird ersichtlich, dass im Fall der Distmin-

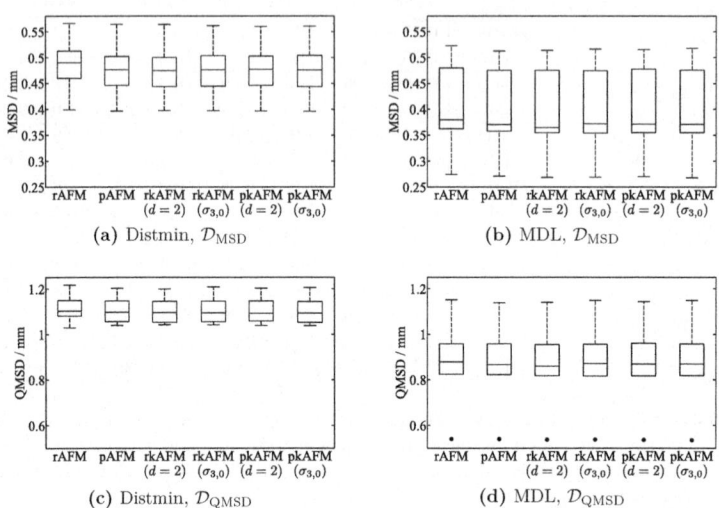

Abb. 6.9: Ergebnisse der Unterkiefersegmentierung bei Verwendung unterschiedlicher Korrespondenzverfahren und Formmodelle. Es sind jeweils die Resultate für den mittleren (a),(b) sowie den quadratischen mittleren (c),(d) symmetrischen Oberflächenabstand zu sehen.

Korrespondenzen die Oberflächendistanz insbesondere im Bereich der Kondylen deutlich größer ist als im Fall der MDL-Korrespondenzen. Dies trifft einerseits beim Vergleichen mit der Durchschnittsform zu (Abb. 6.11(a)), was für die Berechnung der linearen Formenergie (Gl. (2.22b) und (5.13)) und deren Gradienten relevant ist. Andererseits aber auch beim Vergleichen der Trainingsformen untereinander (Abb. 6.11(c)), was für die Berechnung der kern-basierten Formenergie (Gl. (4.37b) und (5.16)) und deren Gradienten relevant ist. Die Positionierung der Landmarken durch Minimierung der Beschreibungslänge wirkt sich somit in der vorliegenden Anwendung sowohl auf die lineare als auch auf die nichtlineare Formenergie positiv aus. Aus diesem Grund können in der vorliegenden Anwendung mit den MDL-Korrespondenzen unabhängig vom verwendeten Modell bessere Ergebnisse als mit den Distmin-Korrespondenzen erzielt werden.

Hinsichtlich der benötigten Rechenzeit unterscheidet sich die Verwendung unterschiedlicher Modelle oder Korrespondenzen nicht nennenswert. Die eigentliche, in C++ implementierte Segmentierung benötigt unter Verwendung der in Abschnitt 6.1.3 genannten Parameter ca. 10 s auf einem PC mit Intel Core i5 und 8 GB RAM. Für die komplette, unter Verwendung der Bibliotheken ITK [147] und VTK [264] implementierte Verarbeitung inklusive Laden und Speichern der Bilddaten, Unterkieferlokalisation und Erstellung der Bildpyramide sind ca. 60 s für ein Bildvolumen mit 512^3 Bildelementen zu veranschlagen.

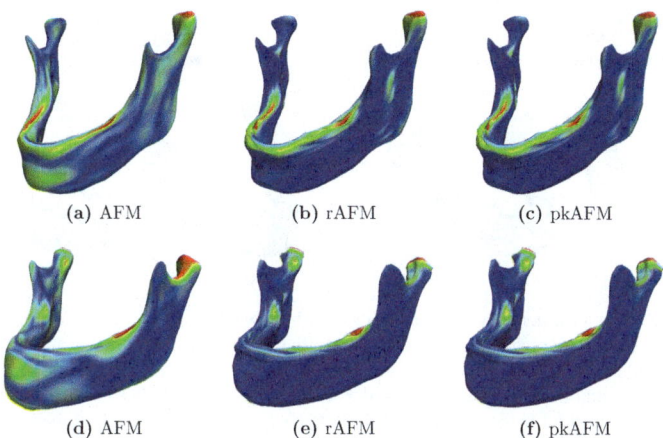

Abb. 6.10: Ergebnisse der Unterkiefersegmentierung bei Verwendung des Distmin-Korrespondenzverfahrens für dieselben Datensätze wie in Abb. 6.7 und unter Verwendung derselben Farbskala.

Eine Reduktion der Rechenzeit ist z.B. durch Optimierung der Verarbeitungskette und die vergleichsweise einfach zu realisierende Parallelisierung der Segmentierung möglich.

Abschließend ist festzuhalten, dass mit den im Rahmen der vorliegenden Arbeit entwickelten Methoden (vgl. Abschnitte 5.2, 5.3, 5.4.1 und 6.1.2) sehr gute, dem Stand der Technik entsprechende Segmentierungsergebnisse erzielbar sind. Dies wird aus der Gegenüberstellung mit den Ergebnissen anderer Arbeiten in Tab. 6.4 deutlich. Hierbei ist zu betonen, dass die Ergebnisse in Tab. 6.4 auf der Basis unterschiedlicher Daten erzielt wurden, sowohl was deren Art (Niedrigdosis-Dental-CT vs. konventionelle CT) als auch deren Umfang angeht. Es handelt sich dabei somit nicht um einen unmittelbaren Vergleich der verschiedenen Verfahren, sondern um eine Einordnung der Ergebnisse.

6.2 Segmentierung abdominaler Organe

Die konventionelle Computertomographie hat bis heute ihren festen Platz in der radiologischen 3D-Diagnostik des Abdomens. Wie bereits in der Einleitung dieses Kapitels erörtert, stellt die Segmentierung dieser Daten die Grundlage für unterschiedliche diagnostische und therapeutische Anwendungen dar. Der limitiert Weichgewebekontrast dieser Aufnahmen wurde schon in Abschnitt 5.4.2 aufgegriffen (s. Abb. 5.4) und stellt eine we-

---

[16]Der Dice-Koeffizient (DK) weist eine große Ähnlichkeit mit dem Jaccard-Koeffizienten (Gl. (3.4)) auf, wobei die Dice-Distanz im Unterschied zur Jaccard-Distanz die Dreiecksungleichung nicht erfüllt und damit keine Metrik ist. Mit der Notation aus Gl. (3.4) gilt, $\mathcal{C}_{\mathrm{DK}}(S', S) = \frac{2|V(S') \cap V(S)|}{|V(S')| + |V(S)|}$ [78, 272].

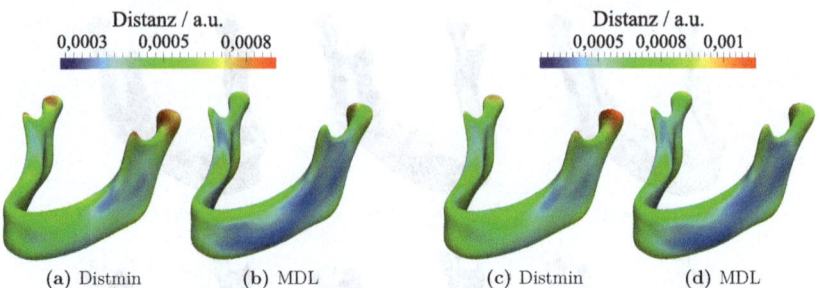

Abb. 6.11: Vergleich der Oberflächendistanzen für unterschiedliche Korrespondenzverfahren. Die Farben geben jeweils die gemittelte Oberflächendistanz an. Um die Vergleichbarkeit unterschiedlicher Korrespondenzverfahren zu gewährleisten, erfolgt die Berechnung unter Verwendung der auf Einheitsnorm skalierten Formen (vgl. Abschnitt 2.3.1). Somit weist die Oberflächendistanz willkürliche Einheiten (a.u. von engl.: arbitrary units) auf.

sentliche Herausforderung in der medizinischen Bildverarbeitung dar. Dies lässt sich u.a. auch daran erkennen, dass auf namhaften internationalen Konferenzen zunehmend sogenannte „Challenges" zur Segmentierung unterschiedlicher abdominaler Organe wie z.B. der Leber (http://sliver07.org) oder des Pankreas (http://biomedicalimaging.org/2014/program/challenges/) durchgeführt werden. Bei diesen gehören formmodellbasierte Ansätze häufig zu den erfolgreichsten Ansätzen (z.B. [125]). In den folgenden Abschnitten werden die in dieser Arbeit entwickelten Algorithmen für die Modellerstellung und die Segmentierung der Organe Leber und Milz angewendet. Dabei soll neben deren sequentiellen Segmentierung unter Verwendung eines Leber- bzw. Milz-SFM auch die simultane Segmentierung dieser Organe mit Hilfe eines Multi-Objekt-SFM erfolgen. In den nachfolgenden Abschnitten wird die technische Realisierung der Modellerstellung vorgestellt sowie die mit den Modellen erzielten Ergebnisse diskutiert.

6.2.1 Modellerstellung

Die Erstellung eines statistischen 3D-Formmodells der Leber wurde erstmals in [181] adressiert. Während dort für die Korrespondenzfindung Grenzlinien zwischen unterschiedlichen (anatomischen) Regionen manuell definiert werden müssen, erfolgt diese in der vorliegenden Arbeit sowohl für die Leber als auch die Milz vollautomatisch. Diese beiden Organe wurden in insgesamt 82 CT-Aufnahmen, die auf einem Toshiba Aquillion 16 in portalvenöser Phase akquiriert worden waren, von einem medizinischen Experten der Klinik für Radiologie und Nuklearmedizin des Universitätsklinikum Schleswig-Holstein, Campus Lübeck per Hand-Stift auf einem Tabletmonitor segmentiert. Die Auflösung dieser Aufnahmen von 61 männlichen und 21 weiblichen Patienten im Alter von 18 bis 70 Jahren beträgt 0,64-0,98 mm in der axialen Ebene und die Schichtdicke 5,0 mm.

6.2 Segmentierung abdominaler Organe

	mittlerer Distanz/mm	quadr. mittlere Distanz/mm	maximale Distanz/mm	Dice Koeffizient[16]
rAFM	$0{,}35 \pm 0{,}04$	$0{,}67 \pm 0{,}05$	$5{,}5 \pm 0{,}9$	$0{,}94 \pm 0{,}01$
Kainmueller et al. [153]	$0{,}5 \pm 0{,}1$	$0{,}8 \pm 0{,}2$	$6{,}2 \pm 2{,}3$	n.a.
Kainmueller et al. [152]	n.a.	n.a.	n.a.	$0{,}88 \pm 0{,}03$ $(0{,}92 \pm 0{,}01)$
Han et al. [119]	n.a.	n.a.	n.a.	$0{,}92 \pm 0{,}01$
Qazi et al. [242]	n.a.	n.a.	n.a.	$0{,}93 \pm 0{,}01$

Tab. 6.4: Gegenüberstellung der Ergebnisse der Unterkiefersegmentierung bei Verwendung des in dieser Arbeit entwickelten relaxierten AFM (rAFM) mit den Ergebnissen anderer Arbeiten (jeweils Mittelwert ± Standardabweichung). Die verwendeten Distanz- bzw. Ähnlichkeitsmaße entsprechen denen in den referenzierten Arbeiten. Für die Werte in Klammern verwendeten die Autoren in [152] selbst erstellt Referenzsegmentierungen anstelle der Referenzsegmentierungen, die von den Organisatoren der MICCAI Segmentierungs-Challenge [237] zur Verfügung gestellt wurden.

Die CT-Aufnahmen sowie die aus der Segmentierung resultierenden Binärvolumen wurden dem Institut für Medizintechnik, Universität zu Lübeck freundlicherweise zur Verfügung gestellt. Letztere bilden die Grundlage für die Generierung von jeweils zwei SFM für jedes der beiden Organe Leber und Milz analog zur Modellerstellung im Fall des Unterkiefers (s. Abschnitt 6.1.1): Zunächst wurden mit dem Distmin-Algorithmus (s. Abschnitt 2.4.2) initiale Korrespondenzen berechnet. Zusätzlich wurden die Distmin-Korrespondenzen bezüglich der approximativen Beschreibungslänge des SFM (s. Gl. (2.24)) optimiert. Für die Neuvernetzung der Leberformen wurden analog zu Abschnitt 3.3.3 $n_p = 2562$ Landmarken verwendet. Für die weniger komplexen Milzformen stellte sich experimentell die Verwendung von $n_p = 1002$ Landmarken als geeignet heraus. Die Formvektoren, welche aus der Korrespondenzoptimierung unter Berücksichtigung aller 82 Formen resultieren, sind in Abb. 6.12 bzw. 6.13 qualitativ für die Leber bzw. die Milz dargestellt. Dabei markieren gleichfarbige Linien jeweils über die gesamte Trainingspopulation korrespondierende Regionen.

Zusätzlich zur Erstellung eines Distmin- bzw. MDL-SFM sowohl der Leber als auch der Milz, wurden dieselben Formvektoren folgendermaßen für die Erstellung eines aus diesen beiden Organen bestehenden Multi-Objekt-SFM verwendet: Zunächst wurden die beiden Organe durch Konkatenation ihrer Formvektoren für jeden der n_s Datensätze jeweils wie ein einzelnes Objekt behandelt, und zur Entfernung „globaler" Lageunterschiede mittels generalisierter Prokrustesanalyse (GPA) ausgerichtet (vgl. Abschnitt 2.3.1). Anschließend erfolgte die Ausrichtung der Formvektoren der einzelnen Organe wiederum unter Einsatz der GPA, um die verbleibenden „lokalen" Lagevariationen zu eliminieren.

Das skizzierte Vorgehen der sukzessiven Entfernung von globalen und lokalen Lagevariationen wird z.B. auch in [113] vorgeschlagen. Allerdings werden im dort beschriebene Modell die lokalen Lageparameter inkludiert. Dagegen werden in der vorliegenden Arbeit für jeden Datensatz der „global" und „lokal" ausgerichtete Formvektor von Leber

124   Kapitel 6 Anwendungen

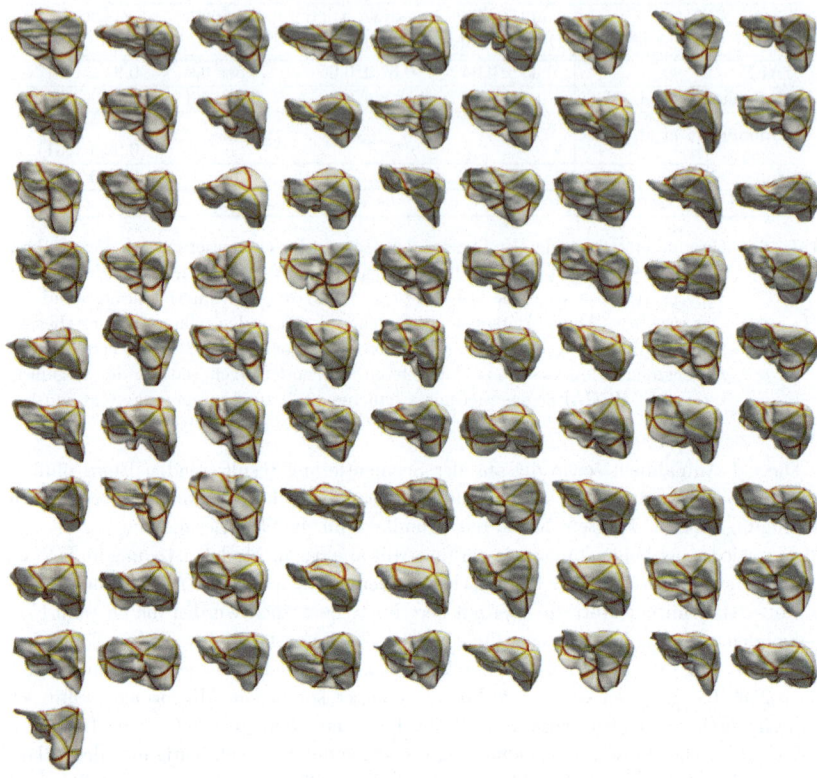

Abb. 6.12: Leberformen deren durch die Linien visualisierte Korrespondenzen durch Minimierung der Beschreibungslänge (Gl. (2.24)) bestimmt wurden.

und Milz konkateniert und gemäß Gl. (2.11) ein Formmodell erstellt, welches aus diesen beiden Organen besteht. Einen qualitativen Eindruck von deren gemeinsamer Formvariabilität gibt Abb. 6.14. In der vorliegenden Arbeit wird aus zwei Gründen auf eine gemeinsame Modellierung der Formparameter und der lokalen Lageparameter verzichtet: Zum einen dominiert die Amplitude der Lageparameter typischerweise die der Formparameter, sodass ohne eine entsprechende Anpassung der Amplituden die Gefahr besteht, dass die Formvariabilität nicht adäquat durch das Modell repräsentiert wird. Zum anderen wurde in [230] gezeigt, dass die Lage von Leber und Milz nur mäßig miteinander korrelieren. Ausgehende von dieser Beobachtung kann eine PCA basierte Modellierung, unabhängig davon, ob diese nichtlineare (Rotations-)Effekte berücksichtigt oder nicht, nur bedingt erfolgreich sein. Stattdessen wird in dieser Arbeit die unabhängige Bestim-

6.2 Segmentierung abdominaler Organe

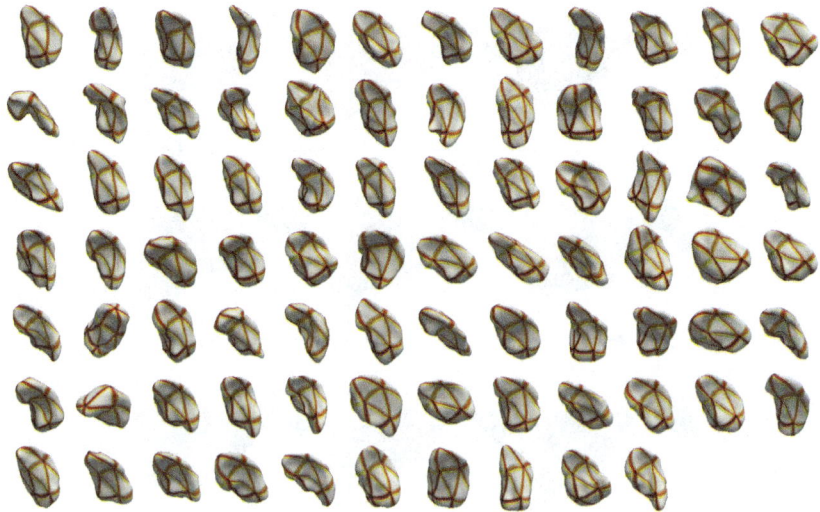

Abb. 6.13: Milzformen deren durch die Linien visualisierte Korrespondenzen durch Minimierung der Beschreibungslänge (Gl. (2.24)) bestimmt wurden.

mung der Lageparameter von Leber und Milz während der Segmentierung vorgeschlagen. Die Formparameter werden hingegen unter Verwendung des gemeinsamen Hauptkomponentenunterraums bestimmt (vgl. Abb. 6.15).

6.2.2 Experimente

Die Segmentierung der Leber wurde bereits in einigen wissenschaftlichen Publikationen adressiert. Erwähnt seien an dieser Stelle lediglich der erste modellbasierte Ansatz [271] sowie einige nachfolgende Arbeiten, welche auf dem Einsatz eines statistischen Formmodells beruhen (z.B. [126, 154, 169, 231]). Dagegen wurde die Segmentierung der Milz zwar vergleichsweise selten isoliert betrachtet (z.B. [321, 328]), aber dafür häufig im Zusammenhang der sequentiellen [197] bzw. gleichzeitigen (z.B. [230, 266, 269, P16]) Segmentierung mehrerer abdominaler Organe. Ziel der nachfolgend beschriebenen Experimente ist dementsprechend nicht die Demonstration einer neuartigen Applikation. Stattdessen steht die Evaluierung der Eignung des in Abschnitt 5.2 eingeführten, neuartigen relaxierten AFM für die Abdomensegmentierung und insbesondere die Multi-Objekt Segmentierung im Vordergrund.

Die Datenbasis bilden die bereits in Abschnitt 6.2.1 beschriebenen CT-Aufnahmen. Von diesen Datensätzen wurden 61 (45 männlich, 16 weiblich) zufällig für die im vorangehenden Abschnitt 6.2.1 beschriebenen Modellerstellung ausgewählt und die verblei-

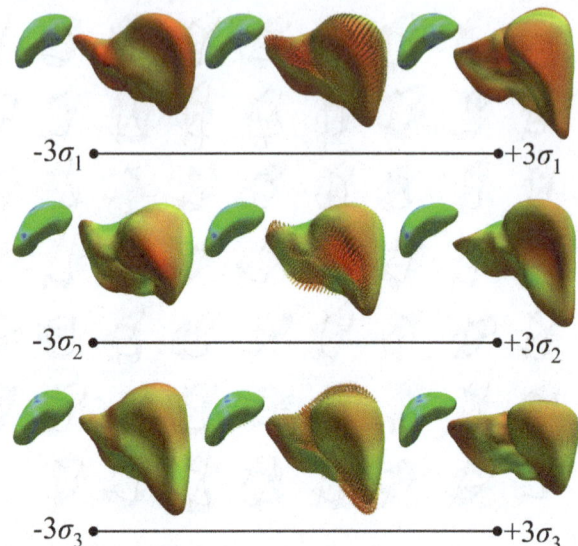

Abb. 6.14: Gemeinsame Formvariabilität von Leber und Milz bei unabhängiger Variation der ersten drei Eigenmoden um $\pm 3\sqrt{\lambda_m}$, $m \in \{1,2,3\}$. Die Farbkodierung ist äquivalent zu Abb. 6.2: Erste Eigenmode: 0,1 - 7,5 mm, zweite Eigenmode: 0,1 - 8,8 mm, dritte Eigenmode: 0,0 - 8,6 mm. Die drei Eigenmoden enthalten 21 %, 16 % bzw. 12 % der Gesamtvariabilität.

benden 21 für die Evaluierung verwendet. Hierbei ist zu betonen, dass im Unterschied zu anderen Arbeiten (z.B. [124]) bereits bei der Korrespondenzfindung auf eine konsequente Trennung zwischen Training- und Testdaten geachtet wurde. Dieses Vorgehen entspricht den im Rahmen der Korrespondenzevaluierung in Kapitel 3 gemachten Beobachtungen. So wurde in Abschnitt 3.4 festgestellt, dass die Rekonstruktionsgenauigkeit des SFM für eine Form potenziell systematisch überschätzt wird, wenn diese Form im Rahmen einer Kreuzvalidierung zwar nicht für die SFM-Erstellung, wohl aber für die Korrespondenzoptimierung berücksichtigt wird.

Wie bereits in Abschnitt 6.1.2 diskutiert, erfordert der AFM-Algorithmus eine geeignete initiale Positionierung des SFM im zu segmentierenden Bild. Dementsprechend ist im Fall der Verwendung unterschiedlicher SFM die äquivalente Initialisierung dieser Modelle Voraussetzung für die Vergleichbarkeit der damit erzielten Segmentierungsergebnisse. Dies wird hier realisiert, indem zunächst die mittlere Form des Multi-Objekt-SFM mit Hilfe des ICP-Algorithmus [15] mit den Referenzsegmentierungen von Leber und Milz registriert wird. Diese gleichzeitige Bestimmung der initialen Lageparameter von Leber und Milz resultiert in einem mittlerer volumetrischer Überlappungsfehler von

6.2 Segmentierung abdominaler Organe

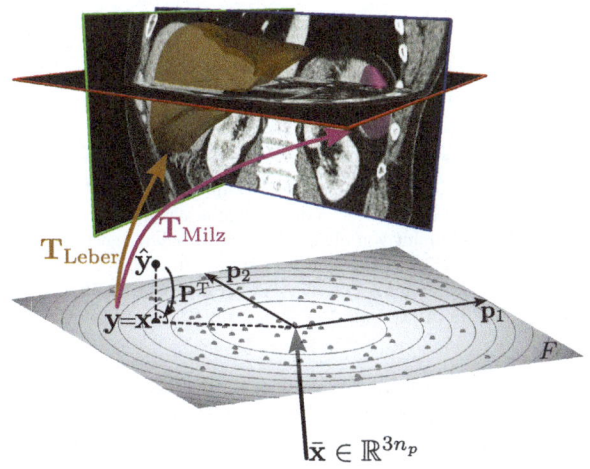

Abb. 6.15: Multi-Objekt-Segmentierung (Leber und Milz) unter Verwendung gemeinsamer Formparameter und separater Lageparameter am Beispiel des Standard-AFM (vgl. Abb. 2.6).

ca. 27 % bzw. ca. 46 % für Leber bzw. Milz (vgl. Tab. 6.6). Dies sind im Vergleich zur Lokalisationsgenauigkeit in [150] eher konservative Ergebnisse, eine „zu gute" Initialisierung des AFM-Algorithmus aufgrund des ICP-Ansatzes kann somit ausgeschlossen werden. Im Anschluss an die Positionierung des Multi-Objekt-SFM werden die mittlere Form des Leber-SFM bzw. des Milz-SFM wiederum mit Hilfe des ICP-Algorithmus mit der bereits im zu segmentierenden Bild platzierten mittleren Leber- bzw. Milzform des Multi-Objekt-SFM registriert. Das skizzierte Initialisierungsverfahren wurde sowohl für SFM mit Distmin- als auch die SFM mit MDL-Korrespondenzen eingesetzt. Die nahezu identische Platzierung der unterschiedlichen SFM im zu segmentierenden Bild wurde anschließend durch deren überlagerte Darstellung visuell verifiziert.

Für die Segmentierung wurde zunächst das Bildrauschen in den CT-Aufnahmen durch Medianfilterung (3 × 3 × 3 Nachbarschaft) reduziert. Die alternative Entrauschung mittels anisotroper Diffusion, wie sie z.B. in [131, 154] verwendet wird, brachte bei größerem Rechenaufwand keine besseren Ergebnisse, weshalb diese hier nicht zur Anwendung kommt. Die Segmentierung von Leber bzw. Milz erfolgte dann unter Verwendung einer vier bzw. drei Ebenen aufweisenden Gauß-Pyramide [50]. Entsprechend der Auflösung der CT-Daten (vgl. Abchnitt 6.2.1) wurde für die Abtastung der Intensitätsprofile (s. Gl. (5.1)) die Profilschrittweite $\Delta = 1,0$ mm auf der ersten Ebene (Originalauflösung) gewählt und diese in den darüber liegenden Ebenen wie auch die Bildauflösung jeweils verdoppelt (vgl. Tab. 6.5). Für die Erstellung des nichtlinearen Modells der lokalen Bildmerkmale wurden die CT-Aufnahmen in analoger Weise aufbereitet. Anschlie-

Ebene	Δ	Leber		Milz		Multi-Objekt	
		AFM	rAFM	AFM	rAFM	AFM	rAFM
3	8,0 mm	10	10/0	-	-	10	10/0
2	4,0 mm	5	3/2	10	10/0	10	8/2
1	2,0 mm	5	0/3	5	3/2	5	0/3
0	1,0 mm	5	0/2	5	0/3	5	0/3

Tab. 6.5: Anzahl der Iterationen für jede Ebene der Gauß-Pyramide bei getrennter Segmentierung von Leber und Milz sowie bei deren simultaner Segmentierung (Multi-Objekt). Die Bildauflösung nimmt von oben (achtfach reduziert) nach unten (Originalauflösung) zu. Es ist jeweils die Konfiguration für das Standard-AFM sowie das relaxierte AFM (rAFM, s. Abschnitt 5.2) notiert, wobei sich beim rAFM die erste bzw. zweite Zahl jeweils auf die Anzahl der Iterationen für Gl. (5.3) bzw. Gl. (5.13) bezieht.

ßend wurde für jede Ebene der Bildpyramide an jeder Landmarkenposition sowie an jeweils vier entlang der Oberflächennormalen abgetasteten Positionen links und rechts von der Landmarke ein acht Elemente aufweisendes Intensitätsprofil erstellt und daraus die Haar-Wavelet-Koeffizienten berechnet (vgl. Abschnitt 5.4.2). Als Referenzverfahren dient sowohl bei der getrennten Segmentierung von Leber und Milz (Single-Objekt, SO) als auch deren gemeinsamen Segmentierung (Multi-Objekt, MO) das Standard-AFM. Im Fall der Single-Objekt Segmentierung mittels Standard-AFM wurde Gl. (5.3) unter Verwendung von zehn Iterationen auf der gröbsten Auflösung der Gauß-Pyramide und jeweils fünf Iterationen auf den nachfolgenden Ebenen gelöst (s. Tab. 6.5). Bei Verwendung des Multi-Objekt-SFM wird, wie im Fall der Lebersegmentierung, eine aus vier Ebenen bestehende Gauß-Pyramide verwendet. Auf der obersten Ebene werden jedoch nur die Landmarken der Leber berücksichtigt, da diese Auflösung für die deutlich kleinere Milz zu grob ist. Die Landmarken der Milz werden erst ab der Ebene „2" ausgewertet, weshalb hier Gl. (5.3) erneut in zehn Iterationen gelöst wird (s. Tab. 6.5).

Für die Segmentierung mittels des in Abschnitt 5.2 eingeführten relaxierten linearen sowie kern-basierten AFM (nachfolgend mit rAFM sowie rkAFM bezeichnet) wurde initial Gl. (5.3) auf der gröbsten sowie zweitgröbsten Auflösung ausgewertet. Anschließend wurde sowohl auf der zweitgröbsten als auch allen weiteren Auflösungen ausschließlich Gl. (5.13) bzw. Gl. (5.16) gelöst. Die jeweils verwendete Anzahl an Iterationen ist Tab. 6.5 zu entnehmen. Die Lösung von Gl. (5.13) bzw. Gl. (5.16) erfolgte wie bei der Unterkiefersegmentierung mit dem L-BFGS-Optimierer. Die verwendeten Konvergenzkriterien sind identisch zu Abschnitt 6.1.3.

Standard-AFM, rAFM, rkAFM sowie das bereits aus Abschnitt 6.1 bekannte probabilistische AFM (pAFM) [166, 169] sowie dessen nichtlineare, auf der Kern-PCA basierende Entsprechung pkAFM werden jeweils unter Verwendung unterschiedlicher Korrespondenzverfahren (Distmin und MDL) für die getrennte und die gemeinsame Segmentierung von Leber und Milz eingesetzt. Auf diese Weise sollen die Ergebnisse der Untersuchung der Normalverteilungsannahme für unterschiedliche Korrespondenzverfahren (s. Abschnitt 4.2) im Rahmen einer realen Anwendung beleuchtet werden. Für

6.2 Segmentierung abdominaler Organe

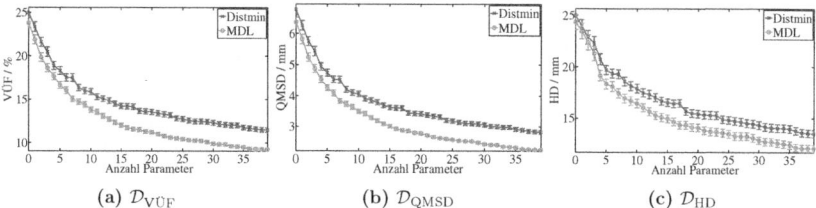

Abb. 6.16: Korrespondenzgüte (Generalisierungsfähigkeit) verschiedener Leber-SFM für drei unterschiedliche Distanzmaße (Gl. (3.5), (3.7) und (3.8)).

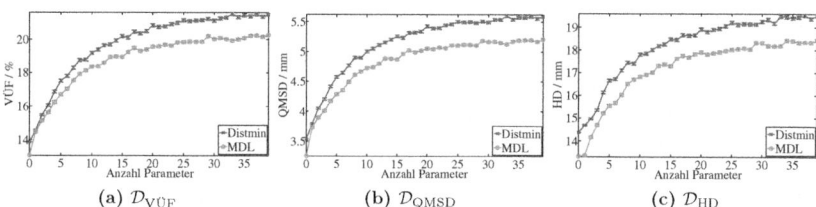

Abb. 6.17: Korrespondenzgüte (Spezifität) verschiedener Leber-SFM für drei unterschiedliche Distanzmaße (Gl. (3.5), (3.7) und (3.8)).

rkAFM, pAFM und pKAFM wurden mit Ausnahme des Gewichtungsparameters γ in Gl. (5.8) identische Parameter wie für das rAFM verwendet. Der sich in den Experimenten jeweils als optimal herausgestellte Wert für γ ist in Abschnitt 6.2.3 aufgeführt (s. Tab. 6.7 und Tab. 6.8).

6.2.3 Ergebnisse und Diskussion

Die Distmin- und die MDL-Korrespondenzen von Leber und Milz bilden den Ausgangspunkt für die Erstellung der jeweils zwei Leber-SFM, Milz-SFM sowie Multi-Objekt-SFM (vgl. Abschnitt 6.2.1). Die vergleichende Evaluierung dieser beiden Korrespondenzen bezüglich der beiden Gütekriterien Generalisierungsfähigkeit und Spezifität sind in Abb. 6.16 und Abb. 6.17 am Beispiel der Leber gezeigt. Wie entsprechend den Ergebnissen in Abschnitt 3.4 zu erwarten war, zeigt das Leber-SFM mit populationsoptimierten Korrespondenzen für alle Distanzmaße eine bessere Generalisierungsfähigkeit und eine bessere Spezifität. Für die Milz gilt entsprechendes, weshalb auf die Darstellung von deren Gütekriterien zugunsten einer besseren Übersichtlichkeit verzichtet wurde.

Qualitative Segmentierungsergebnisse bei getrennter Segmentierung von Leber und Milz und Verwendung des Standard-AFM sowie des in dieser Arbeit entwickelten relaxierten AFM (s. Abschnitt 5.2) sind in Abb. 6.18 anhand von drei exemplarischen

Datensätzen dargestellt. Bei der Betrachtung fällt auf, dass das rAFM insbesondere im Fall der Leber die tatsächliche Organgrenze häufig besser als das Standard-AFM beschreibt (Abb. 6.18(a) - (i)). Dagegen sind die Unterschiede zwischen rAFM und AFM im Fall der Milz vergleichsweise gering, sodass die Konturlinien an vielen Stellen nahezu komplett übereinander liegen. Lediglich für den ersten Datensatz ist bei Verwendung des rAFM eine etwas bessere Übereinstimmung mit der rot eingefärbten Referenzsegmentierung festzustellen (Abb. 6.18(d),(g),(j)).

Diese qualitativen Beobachtungen werden durch die in Tab. 6.6 notierten quantitativen Ergebnisse bestätigt. So lässt sich bei der Segmentierung der Leber mittels rAFM im Vergleich zum Standard-AFM im Mittel eine Verbesserung von ca. 12 % der mittlern symmetrischen Oberflächendistanz (MSD) bzw. des volumetrischen Überlappungsfehlers (VÜF) feststellen. Im Fall der gemeinsamen Segmentierung von Leber und Milz verbessern sich diese beiden Distanzmaße für die Leber im Mittel um ca. 15 %. Der mittlere quadratische symmetrische Oberflächenabstand (QMSD) verbessert sich um ca. 8 % bzw. 13 % im Fall des Single-Objekt- bzw. Multi-Objekt-SFM, während für die maximale bzw. Hausdorff-Distanz (HD) keine Verbesserung festgestellt werden kann. Bei der Milzsegmentierung ist im Fall des Single-Objekt-SFM bei Verwendung des rAFM ebenfalls eine Verbesserung der beiden Distanzmaße MSD (ca. 6 %) und VÜF (ca. 7 %) gegenüber dem Standard-AFM festzustellen. Beim Multi-Objekt-SFM kann durch Verwendung des rAFM eine deutlichere Verbesserung aller vier Distanzmaße gegenüber dem Standard-AFM erzielt werden: MSD, QMSD und VÜF verbessern sich im Mittel jeweils um mehr als 21 % und die Hausdorff-Distanz annähernd um 15 %. Somit erweist sich die größere Flexibilität des relaxierten AFM gegenüber dem Standard-AFM bei der Multi-Objekt Segmentierung als besonders vorteilhaft. Der Grund dafür ist, dass beim Standard-AFM mehr Information mit derselben Anzahl an Hauptkomponenten modelliert werden muss, was die Flexibilität des einzelnen Objektes im Vergleich zu dessen individueller Modellierung tendenziell vermindert. Beim relaxierten AFM wird die Formenergie zwar ebenfalls unter Verwendung dieser Hauptkomponenten berechnet, insgesamt ermöglicht Gl. (5.13) jedoch eine größere „Freiheit" für die Platzierung der einzelnen Landmarken.

Der Einflusses des Gewichtungsparameters α bzw. von der Gewichtungsmatrix $\mathbf{A}$ in Gl. (5.14) auf die Leistungsfähigkeit des relaxierten AFM im Fall der Leber- bzw. Milzsegmentierung kann anhand von Abb. 6.19 bzw. Abb. 6.20 nachvollzogen werden. Insgesamt lässt sich sowohl für die Leber als auch die Milz zunächst mit größer werdendem Parameter α und damit zunehmender „Flexibilität" des rAFM eine Verbesserung der Segmentierungsergebnisse gegenüber dem Standard-AFM feststellen. Allerdings fällt die Verbesserung bei der Milz geringer aus, wie bereits anhand der qualitativen und quantitativen Ergebnisse in Abb. 6.18 und Tab. 6.6 festzustellen war. Die im Mittel besten Ergebnisse werden mit Ausnahme der Hausdorff-Distanz (s. Abb. 6.19(c)) jeweils bei Verwendung von $\alpha = 0{,}7$ erzielt. Bei zu großer Flexibilität ($\alpha = 0{,}9$) werden die Ergebnisse infolge des stärkeren Einflusses falsch positiver Bildmerkmale schlechter. Des Weiteren sind die Resultate bei Verwendung der Gewichtungsmatrix $\mathbf{A}$ und somit landmarken-

6.2 Segmentierung abdominaler Organe

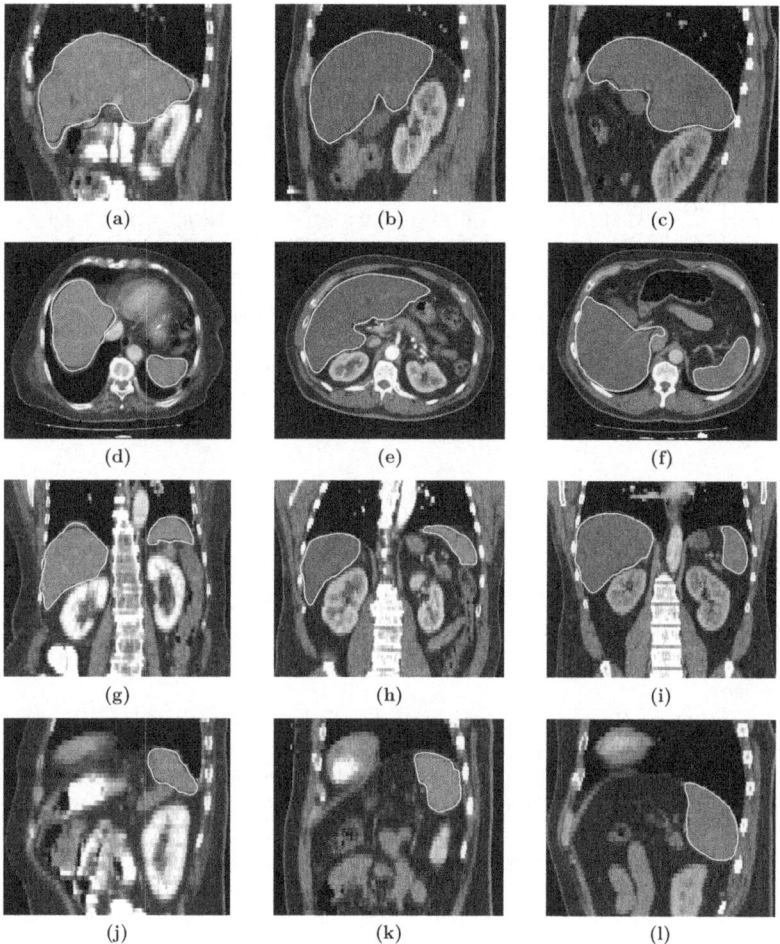

Abb. 6.18: Qualitative Ergebnisse der Leber- und Milzsegmentierung für drei exemplarische Datensätze. Die blauen bzw. gelben Konturlinien repräsentieren die Ergebnisse mit Standard-AFM bzw. relaxiertem AFM, die manuelle Referenzsegmentierung ist rot markiert. Für die Darstellung der CT-Aufnahmen wurde das Hounsfieldskalaintervall $[-170, 230]$ verwendet.

spezifischer Gewichtung in Abhängigkeit von der Konfidenz der Bildmerkmale häufig nahezu identisch mit den besten Ergebnissen. Somit ist wie bei der Unterkiefersegmentie-

			MSD/mm	QMSD/mm	HD/mm	VÜF/%
Leber		Initialisierung	6,1 ± 2,0	8,1 ± 2,9	34,0 ± 11,3	27,2 ± 7,0
	SO	AFM	2,5 ± 0,6	3,6 ± 0,9	**25,7 ± 8,6**	12,3 ± 2,2
		rAFM ($\alpha = 0,7$)	**2,2 ± 0,6**	**3,3 ± 0,9**	26,1 ± 7,0	**11,0 ± 2,6**
	MO	AFM	2,6 ± 0,7	3,8 ± 1,2	**26,5 ± 2,4**	13,0 ± 2,5
		rAFM ($\alpha = 0,7$)	**2,2 ± 0,6**	**3,3 ± 1,2**	26,8 ± 10,7	**11,0 ± 2,8**
Milz		Initialisierung	5,7 ± 2,3	7,3 ± 3,0	23,5 ± 10,2	45,6 ± 11,5
	SO	AFM	1,7 ± 0,5	2,5 ± 0,9	**12,3 ± 6,3**	16,6 ± 4,6
		rAFM ($\alpha = 0,7$)	**1,6 ± 0,4**	**2,3 ± 0,8**	12,7 ± 6,1	**15,5 ± 4,9**
	MO	AFM	2,3 ± 0,9	3,3 ± 1,5	**15,8 ± 7,6**	21,6 ± 5,8
		rAFM ($\alpha = 0,7$)	**1,8 ± 0,7**	**2,6 ± 1,2**	13,5 ± 7,7	**16,9 ± 6,0**

Tab. 6.6: Ergebnisse (Mittelwert ± Standardabweichung) der Segmentierung von Leber und Milz mittels relaxiertem AFM (rAFM) im Vergleich zum Standard-AFM für unterschiedliche Distanzmaße (Gl. (3.5) - Gl.(3.8)). Die besten Werte sind jeweils hervorgehoben. SO bzw. MO stehen für Single-Objekt bzw. Multi-Objekt und bezeichnen die Verwendung des Leber- oder Milz- bzw. aus Leber und Milz bestehenden SFM.

rung (vgl. Abschnitt 6.2.3) eine automatische Anpassung des Gewichtungsparameters α auch bei der Abdomensegmentierung möglich und sinnvoll.

Äquivalent zur Unterkiefersegmentierung wurde auch für die Abdomensegmentierung die lokal adaptive Glättung (s. Abschnitt 5.3) eingesetzt. Während damit bei Verwendung des Standard-AFM keine Verbesserung erreicht werden kann, nehmen beim rAFM auf diese Weise der MSD sowie der VÜF um ca. 5 % ab. Für eine detaillierte Evaluierung des Einflusses dieser Regularisierung auf die Segmentierungsgüte sei auf Abschnitt 6.1.4 verwiesen.

Die quantitativen Segmentierungsergebnisse für die Leber bzw. die Milz bei Verwendung unterschiedlicher Korrespondenzverfahren und Formmodelle zeigen Tab. 6.7 bzw. Tab. 6.8 und Abb. 6.21 bzw. Abb. 6.22. Zusätzlich zu den bereits zuvor diskutierten Ergebnissen des Standard-AFM und des relaxierten AFM (rAFM) sind dort zum einen die des probabilistischen AFM (pAFM) dargestellt, zum anderen die Kern-PCA basierten Entsprechungen des relaxierten und des probabilistischen AFM, rkAFM und pkAFM. Für die beiden letzteren sind jeweils exemplarisch die Ergebnisse bei Verwendung des RBF-Kerns aus Gl. (4.28) mit $\sigma = \sigma_{3,0}$ (s. Gl. (4.38)) sowie des Polynomkerns aus Gl. (4.29) mit $d = 2$ aufgeführt. Die genannten linearen und nichtlinearen Modelle wurden sowohl für die getrennte Segmentierung von Leber und Milz als auch deren gemeinsame Segmentierung verwendet. In allen Fällen wurden für die SFM-Erstellung sowohl die Distmin- als auch die MDL-Korrespondenzen verwendet. Unabhängig vom Korrespondenzverfahren sind bei Verwendung der Modelle rAFM, pAFM, rkAMF und pkAFM bessere Ergebnisse als mit dem Standard-AFM festzustellen, sowohl bei der Lebersegmentierung (s. Tab. 6.7 und Abb. 6.21) als auch bei der Milzsegmentierung (s. Tab. 6.8 und Abb. 6.22). Besonders prominent ist diese Verbesserung beim Multi-Objekt-SFM: Mit Hilfe eines Zweistichproben-t-Tests [123] lässt sich bei einem

6.2 Segmentierung abdominaler Organe

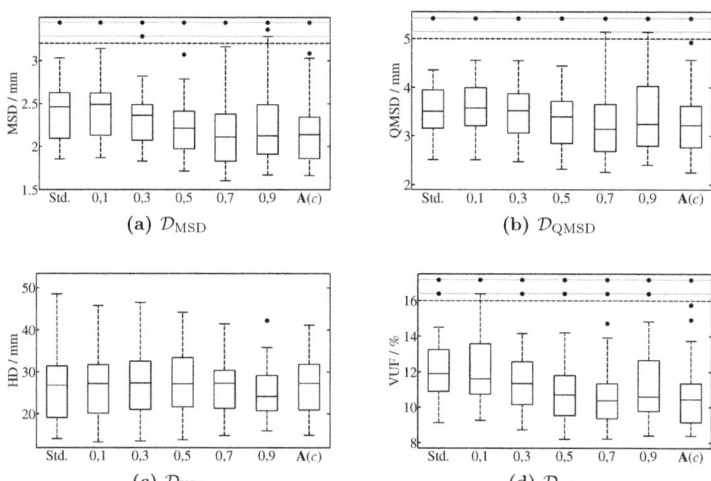

Abb. 6.19: Box-Whisker-Plots der Ergebnisse der Lebersegmentierung mittels Standard-AFM (Std.) (Gl. (5.4)) sowie relaxiertem aktiven Formmodell (Gl. (5.13)) mit unterschiedlichem Gewichtungsparameter α für vier verschiedene Distanzmaße.

Signifikanzniveau von 5 % zeigen, dass im Fall der MDL-Korrespondenzen die MSD und der VÜF für Leber und Milz beim rAFM, pAFM, rkAFM und pkAFM statistisch signifikant besser sind als als beim Standard-AFM (p-Werte zwischen 0,009 und 0,039). Im Fall der Distmin-Korrespondenzen lassen sich für die Milz statistisch signifikante Verbesserungen von MSD, VÜF und QMSD (Ausnahme: pAFM) feststellen (p-Werte zwischen 0,003 und 0,049).

Bezüglich der bereits eben genannten, vernachlässigbaren Unterschiede zwischen den Modellen rAFM, pAFM, rkAFM und pkAFM für ein gegebenes Korrespondenzverfahren und SFM (Single-Objekt oder Multi-Objekt) sind zwei Aspekte zu berücksichtigen. Dies ist zum einen der Unterschied zwischen linearen und nichtlinearen Modellen und zum anderen der Einfluss der populationsbasierten Korrespondenzoptimierung.

Hinsichtlich des ersten Gesichtspunktes ist zu sagen, dass man angesichts der in Abschnitt 4.2 festgestellten Verletzung der Normalverteilungsannahme von Leber und Milz intuitiv bessere Ergebnisse bei Verwendung der nichtlinearen, Kern-PCA basierten Modelle rkAFM und pkAFM gegenüber den linearen Modellen erwartet hätte. Tatsächlich trifft dies, wie bereits oben festgestellt wurde, im Vergleich zum Standard-AFM auch zu, und bestätigt somit die Ergebnisse der statistischen Testverfahren in Abschnitt 4.2.4. Gleichzeitig gelingt jedoch mit den Modellen rkAFM und pkAFM keine weitere Verbesserung der Ergebnisse im Vergleich zum rAFM oder dem pAFM. Nun basieren das

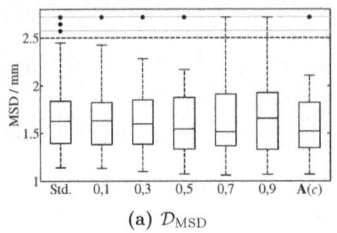
(a) $\mathcal{D}_{\text{MSD}}$

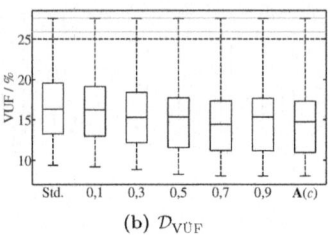
(b) $\mathcal{D}_{\text{VÜF}}$

Abb. 6.20: Box-Whisker-Plots der Ergebnisse der Milzsegmentierung mittels Standard-AFM (Std., Gl. (5.4)) sowie relaxiertem aktiven Formmodell (Gl. (5.13)) mit unterschiedlichem Gewichtungsparameter α für zwei verschiedene Distanzmaße.

rAFM und das pAFM zwar auf demselben linearen Modell wie das Standard-AFM. Allerdings ist zu bedenken, dass das rAFM und das pAFM das „Ausbrechen" aus den vergleichsweise rigiden Vorgaben des Standard-AFM erlauben. Somit befindet sich die rekonstruierte Form typischerweise nicht im Hauptkomponentenunterraum F und kann dementsprechend auch nicht durch das lineare Modell in Gl. (2.11) repräsentiert werden (vgl. Abb. 5.1). Eben diese Feststellung wird durch die Ergebnisse der statistischen Testverfahren in Abschnitt 4.2.4 untermauert. Sofern mit einem Modell also das „Ausbrechen" aus dem Standard-AFM möglich ist, scheinen andere Faktoren wie z.B. Güte und Gewichtung der Bildmerkmale einen größeren Einfluss auf die Segmentierungsgüte zu haben als die spezifischen Modelleigenschaften. Dies zeigt sich auch an den Ergebnissen der Unterkiefersegmentierung, bei der im Fall einer starken Gewichtung der Bildmerkmale quasi unabhängig vom Modell sehr gute und nahezu identische Ergebnisse erzielt werden (s. Abschnitt 6.1.4). Prämisse für die Eignung eines Modells ist allerdings häufig eine empirische Parameteroptimierung, wie die unterschiedlichen Werte von α und γ in Tab. 6.7 und Tab. 6.8 verdeutlichen. Im Gegensatz zu anderen Modellen aus der Literatur (z.B. [131, 154]) ist die Anzahl der Parameter bei den hier verwendeten rAFM, pAFM, rkAFM und pkAFM allerdings geringer. Als besonders vorteilhaft ist in diesem Zusammenhang das in dieser Arbeit entwickelte rAFM zu nennen, bei dem die Amplituden von Form- und Bildenergie automatisch balanciert sind (s. Abschnitt 5.2), sodass stets $\gamma = 1$ und eine intuitive Wahl des Parameters $\alpha \in [0,1]$ genügt. Durch automatische Adaption der Gewichtungsmatrix $\mathbf{A}$ (Gl. (5.14)) ist sogar eine Verwendung des rAFM komplett ohne vom Benutzer festzulegender Parameter möglich (vgl. Ergebnisse in Abb. 6.19 und Abb. 6.20). Dagegen kann sich beim pAFM, rkAFM und pkAFM der empirisch als optimal ermittelte Parameter γ (s. Gl. (5.8)) je nach Anwendung um mehrere Größenordnungen unterscheiden (s. Tab. 6.7 und Tab. 6.8). Bei den nichtlinearen Modellen rkAFM und pkAFM besteht darüber hinaus eine Abhängigkeit von der verwendeten Kernfunktion, welche wiederum ebenfalls in geeigneter Weise zu parametrisieren ist (s. Gl (4.28) - (4.30)).

6.2 Segmentierung abdominaler Organe

			MSD/mm	QMSD/mm	HD/mm	VÜF/%
AFM	SO	Distmin	2,6 ± 0,6	3,7 ± 0,9	24,9 ± 7,6	12,6 ± 2,3
		MDL	2,5 ± 0,6	3,6 ± 0,9	25,9 ± 8,7	12,3 ± 2,2
	MO	Distmin	2,8 ± 0,9	4,2 ± 1,8	26,2 ± 11,7	14,9 ± 4,2
		MDL	2,6 ± 0,7	3,8 ± 1,2	26,5 ± 11,0	12,9 ± 2,5
rAFM	SO	Distmin ($\alpha = 0{,}7$)	2,3 ± 0,6	3,5 ± 1,0	26,2 ± 8,1	11,4 ± 2,7
		MDL ($\alpha = 0{,}7$)	2,2 ± 0,6	3,3 ± 0,9	26,0 ± 7,0	11,0 ± 2,6
	MO	Distmin ($\alpha = 0{,}7$)	2,4 ± 0,9	4,0 ± 2,1	27,8 ± 11,5	12,5 ± 4,5
		MDL ($\alpha = 0{,}7$)	2,2 ± 0,6	3,3 ± 1,2	26,8 ± 10,7	11,0 ± 2,8
pAFM	SO	Distmin ($\gamma = 5 \cdot 10^{-6}, \alpha = 0{,}3$)	2,2 ± 0,6	3,4 ± 1,0	25,5 ± 7,4	11,2 ± 2,6
		MDL ($\gamma = 3 \cdot 10^{-6}, \alpha = 0{,}3$)	2,2 ± 0,5	3,3 ± 0,9	25,4 ± 7,4	10,9 ± 2,5
	MO	Distmin ($\gamma = 1 \cdot 10^{+2}, \alpha = 0{,}3$)	2,4 ± 0,9	3,9 ± 2,0	27,2 ± 11,7	12,3 ± 4,4
		MDL ($\gamma = 1 \cdot 10^{+2}, \alpha = 0{,}5$)	2,1 ± 0,6	3,3 ± 1,2	25,5 ± 10,1	11,0 ± 2,8
rkAFM ($d = 2$)	SO	Distmin ($\gamma = 3 \cdot 10^{-2}, \alpha = 0{,}1$)	2,3 ± 0,6	3,4 ± 0,9	25,0 ± 6,8	11,3 ± 2,5
		MDL ($\gamma = 3 \cdot 10^{-2}, \alpha = 0{,}1$)	2,2 ± 0,6	3,3 ± 0,9	25,9 ± 7,0	11,0 ± 2,5
	MO	Distmin ($\gamma = 5 \cdot 10^{-9}, \alpha = 0{,}5$)	2,4 ± 0,9	3,9 ± 2,1	27,7 ± 11,3	12,3 ± 4,4
		MDL ($\gamma = 5 \cdot 10^{-9}, \alpha = 0{,}5$)	2,1 ± 0,6	3,3 ± 1,2	25,8 ± 10,1	11,0 ± 2,7
rkAFM ($\sigma_{3,0}$)	SO	Distmin ($\gamma = 5 \cdot 10^{-2}, \alpha = 0{,}5$)	2,2 ± 0,6	3,4 ± 0,9	24,8 ± 6,7	11,3 ± 2,6
		MDL ($\gamma = 5 \cdot 10^{-2}, \alpha = 0{,}7$)	2,2 ± 0,6	3,3 ± 1,0	24,7 ± 6,5	11,0 ± 2,8
	MO	Distmin ($\gamma = 5 \cdot 10^{+5}, \alpha = 0{,}5$)	2,4 ± 0,9	3,8 ± 2,0	26,3 ± 11,4	12,4 ± 4,4
		MDL ($\gamma = 5 \cdot 10^{+5}, \alpha = 0{,}5$)	2,1 ± 0,6	3,3 ± 1,2	25,5 ± 10,6	11,0 ± 2,8
pkAFM ($d = 2$)	SO	Distmin ($\gamma = 5 \cdot 10^{-6}, \alpha = 0{,}3$)	2,2 ± 0,6	3,4 ± 1,0	25,4 ± 7,0	11,2 ± 2,6
		MDL ($\gamma = 5 \cdot 10^{-6}, \alpha = 0{,}5$)	2,2 ± 0,6	3,3 ± 1,0	25,1 ± 6,9	10,9 ± 2,7
	MO	Distmin ($\gamma = 1 \cdot 10^{+2}, \alpha = 0{,}3$)	2,4 ± 0,9	3,8 ± 2,0	26,6 ± 11,5	12,3 ± 4,4
		MDL ($\gamma = 1 \cdot 10^{+2}, \alpha = 0{,}5$)	2,2 ± 0,6	3,3 ± 1,2	26,0 ± 9,9	11,1 ± 2,9
pkAFM ($\sigma_{3,0}$)	SO	Distmin ($\gamma = 5 \cdot 10^{-6}, \alpha = 0{,}3$)	2,3 ± 0,6	3,4 ± 1,0	24,8 ± 7,0	11,4 ± 2,7
		MDL ($\gamma = 5 \cdot 10^{-6}, \alpha = 0{,}5$)	2,2 ± 0,6	3,3 ± 1,0	24,7 ± 7,4	10,9 ± 2,6
	MO	Distmin ($\gamma = 1 \cdot 10^{+2}, \alpha = 0{,}3$)	2,4 ± 0,9	3,8 ± 1,9	26,4 ± 11,0	12,4 ± 4,4
		MDL ($\gamma = 1 \cdot 10^{+2}, \alpha = 0{,}5$)	2,2 ± 0,7	3,4 ± 1,3	26,0 ± 10.5	11,2 ± 3,1

Tab. 6.7: Ergebnisse (Mittelwert ± Standardabweichung) der Lebersegmentierung bei Verwendung unterschiedlicher Korrespondenzverfahren und Formmodelle. SO bzw. MO stehen für Single-Objekt bzw. Multi-Objekt und bezeichnen die Verwendung des Leber- bzw. aus Leber und Milz bestehenden SFM.

Hinsichtlich des zweiten zuvor angesprochenen Aspekts, dem Einfluss der populationsbasierten Korrespondenzoptimierung, ist zunächst festzuhalten, dass die dabei durchgeführte Optimierung der Beschreibungslänge die bestmögliche Verteilung der Landmarken für das linearen Modell in Gl. (2.11) anstrebt. Die bessere Generalisierungsfähigkeit (s. Abb. 6.16) und die bessere Spezifität (s. Abb. 6.17) der MDL-Korrespondenzen im Vergleich zu den Distmin-Korrespondenzen sind ein Hinweis darauf, dass dies gelingt. Ein weiteres Indiz dafür sind die Ergebnisse in Abschnitt 4.2, welche eine stärkere Ablehnung der Normalverteilungsannahme für Leber und Milz im Fall der Distmin-Korrespondenzen nachweisen. Dementsprechend ist bei Verwendung des Standard-AFM eine relativ bessere Leistungsfähigkeit der MDL-gegenüber den Distmin-Korrespondenzen zu erwarten, als es beim rAFM, pAFM, rkAFM und pkAFM der Fall ist. Allerdings zeigen Tab. 6.7 und Tab. 6.8, dass die bei Verwendung des Standard-AFM vorliegenden Unterschiede zwischen MDL- und Distmin-Korrespondenzen letztendlich analog auch bei Verwendung

			MSD/mm	QMSD/mm	HD/mm	VÜF/%
AFM	SO	Distmin	$1{,}7 \pm 0{,}6$	$2{,}4 \pm 1{,}2$	$12{,}2 \pm 6{,}9$	$16{,}9 \pm 6{,}1$
		MDL	$1{,}7 \pm 0{,}5$	$2{,}5 \pm 0{,}9$	$12{,}3 \pm 6{,}3$	$16{,}6 \pm 4{,}6$
	MO	Distmin	$2{,}1 \pm 0{,}6$	$2{,}9 \pm 1{,}1$	$13{,}7 \pm 6{,}6$	$20{,}7 \pm 5{,}0$
		MDL	$2{,}3 \pm 0{,}9$	$3{,}3 \pm 1{,}5$	$15{,}8 \pm 7{,}6$	$21{,}6 \pm 5{,}8$
rAFM	SO	Distmin ($\alpha = 0{,}7$)	$1{,}6 \pm 0{,}6$	$2{,}3 \pm 1{,}2$	$12{,}7 \pm 7{,}2$	$15{,}6 \pm 6{,}8$
		MDL ($\alpha = 0{,}7$)	$1{,}6 \pm 0{,}4$	$2{,}3 \pm 0{,}8$	$12{,}7 \pm 6{,}1$	$15{,}5 \pm 4{,}9$
	MO	Distmin ($\alpha = 0{,}7$)	$1{,}7 \pm 0{,}5$	$2{,}3 \pm 0{,}8$	$12{,}3 \pm 5{,}8$	$16{,}2 \pm 5{,}3$
		MDL ($\alpha = 0{,}7$)	$1{,}8 \pm 0{,}7$	$2{,}6 \pm 1{,}2$	$13{,}5 \pm 7{,}7$	$16{,}9 \pm 6{,}0$
pAFM	SO	Distmin ($\gamma = 5 \cdot 10^{-6}, \alpha = 0{,}3$)	$1{,}6 \pm 0{,}6$	$2{,}3 \pm 1{,}1$	$12{,}4 \pm 6{,}8$	$15{,}5 \pm 6{,}6$
		MDL ($\gamma = 5 \cdot 10^{-6}, \alpha = 0{,}7$)	$1{,}6 \pm 0{,}4$	$2{,}3 \pm 0{,}8$	$12{,}7 \pm 6{,}2$	$15{,}5 \pm 4{,}9$
	MO	Distmin ($\gamma = 1 \cdot 10^{+2}, \alpha = 0{,}3$)	$1{,}6 \pm 0{,}5$	$2{,}3 \pm 0{,}9$	$12{,}4 \pm 6{,}1$	$16{,}0 \pm 5{,}3$
		MDL ($\gamma = 1 \cdot 10^{+2}, \alpha = 0{,}5$)	$1{,}7 \pm 0{,}6$	$2{,}5 \pm 1{,}1$	$13{,}8 \pm 7{,}4$	$16{,}7 \pm 5{,}8$
rkAFM ($d = 2$)	SO	Distmin ($\gamma = 3 \cdot 10^{-2}, \alpha = 0{,}1$)	$1{,}6 \pm 0{,}6$	$2{,}3 \pm 1{,}1$	$12{,}5 \pm 6{,}9$	$15{,}6 \pm 6{,}5$
		MDL ($\gamma = 3 \cdot 10^{-2}, \alpha = 0{,}1$)	$1{,}6 \pm 0{,}4$	$2{,}3 \pm 0{,}8$	$12{,}7 \pm 6{,}1$	$15{,}5 \pm 4{,}8$
	MO	Distmin ($\gamma = 5 \cdot 10^{-9}, \alpha = 0{,}5$)	$1{,}6 \pm 0{,}5$	$2{,}3 \pm 0{,}8$	$11{,}7 \pm 5{,}9$	$16{,}1 \pm 5{,}4$
		MDL ($\gamma = 5 \cdot 10^{-9}, \alpha = 0{,}5$)	$1{,}8 \pm 0{,}7$	$2{,}6 \pm 1{,}2$	$13{,}5 \pm 7{,}7$	$16{,}8 \pm 5{,}8$
rkAFM ($\sigma_{3,0}$)	SO	Distmin ($\gamma = 5 \cdot 10^{-2}, \alpha = 0{,}5$)	$1{,}6 \pm 0{,}6$	$2{,}3 \pm 1{,}1$	$12{,}3 \pm 6{,}7$	$15{,}5 \pm 6{,}6$
		MDL ($\gamma = 5 \cdot 10^{-2}, \alpha = 0{,}7$)	$1{,}7 \pm 0{,}4$	$2{,}4 \pm 0{,}8$	$13{,}1 \pm 6{,}6$	$16{,}0 \pm 5{,}2$
	MO	Distmin ($\gamma = 5 \cdot 10^{+5}, \alpha = 0{,}3$)	$1{,}6 \pm 0{,}5$	$2{,}3 \pm 0{,}8$	$12{,}4 \pm 5{,}7$	$16{,}0 \pm 5{,}2$
		MDL ($\gamma = 5 \cdot 10^{+5}, \alpha = 0{,}5$)	$1{,}8 \pm 0{,}7$	$2{,}6 \pm 1{,}2$	$14{,}1 \pm 7{,}6$	$17{,}0 \pm 6{,}1$
pkAFM ($d = 2$)	SO	Distmin ($\gamma = 5 \cdot 10^{-6}, \alpha = 0{,}3$)	$1{,}6 \pm 0{,}6$	$2{,}3 \pm 1{,}1$	$12{,}5 \pm 6{,}8$	$15{,}5 \pm 6{,}5$
		MDL ($\gamma = 5 \cdot 10^{-6}, \alpha = 0{,}7$)	$1{,}6 \pm 0{,}4$	$2{,}3 \pm 0{,}8$	$12{,}9 \pm 6{,}2$	$15{,}4 \pm 4{,}9$
	MO	Distmin ($\gamma = 1 \cdot 10^{+2}, \alpha = 0{,}3$)	$1{,}6 \pm 0{,}5$	$2{,}3 \pm 0{,}9$	$12{,}2 \pm 5{,}8$	$15{,}9 \pm 5{,}1$
		MDL ($\gamma = 1 \cdot 10^{+2}, \alpha = 0{,}3$)	$1{,}8 \pm 0{,}6$	$2{,}6 \pm 1{,}2$	$13{,}8 \pm 7{,}7$	$16{,}7 \pm 5{,}9$
pkAFM ($\sigma_{3,0}$)	SO	Distmin ($\gamma = 5 \cdot 10^{-6}, \alpha = 0{,}3$)	$1{,}6 \pm 0{,}6$	$2{,}3 \pm 1{,}1$	$12{,}2 \pm 6{,}6$	$15{,}4 \pm 6{,}3$
		MDL ($\gamma = 5 \cdot 10^{-6}, \alpha = 0{,}7$)	$1{,}6 \pm 0{,}4$	$2{,}3 \pm 0{,}8$	$12{,}6 \pm 6{,}1$	$15{,}4 \pm 4{,}7$
	MO	Distmin ($\gamma = 1 \cdot 10^{+2}, \alpha = 0{,}3$)	$1{,}6 \pm 0{,}5$	$2{,}3 \pm 0{,}9$	$12{,}5 \pm 5{,}8$	$15{,}9 \pm 5{,}1$
		MDL ($\gamma = 1 \cdot 10^{+2}, \alpha = 0{,}3$)	$1{,}8 \pm 0{,}7$	$2{,}6 \pm 1{,}3$	$14{,}1 \pm 7{,}5$	$16{,}8 \pm 6{,}0$

Tab. 6.8: Ergebnisse (Mittelwert ± Standardabweichung) der Milzsegmentierung bei Verwendung unterschiedlicher Korrespondenzverfahren und Formmodelle. SO bzw. MO stehen für Single-Objekt bzw. Multi-Objekt und bezeichnen die Verwendung des Milz- bzw. aus Leber und Milz bestehenden SFM.

der anderen Modelle festzustellen sind. Beispielsweise liefern die MDL-Korrespondenzen bei der Single-Objekt Lebersegmentierung mittels Standard-AFM im Mittel eine um 1 mm bessere MSD und QMSD (s. Tab. 6.7) gegenüber den Distmin-Korrespondenzen. Beim rAFM, pAFM, rkAFM und pkAFM sind nahezu identische Unterschiede festzustellen. Diese Beobachtungen treffen in analoger Weise auch bei der Multi-Objekt Segmentierung zu, wobei hier der Vorteil der MDL- gegenüber den Distmin-Korrespondenzen größer ist. Für die Milzsegmentierung scheint die Korrespondenzoptimierung auf den ersten Blick keine Vorteile zu bringen: MDL- und Distmin-Korrespondenzen führen auf nahezu identische Ergebnisse bei der Single-Objekt Segmentierung der Milz. Im Fall der simultanen Segmentierung der Leber scheinen die Distmin-Korrespondenzen sogar etwas besser geeignet zu sein. Allerdings schlägt die Milzsegmentierung bei Verwendung der Distmin-Korrespondenzen auf einem Datensatz fehl. Dies wird durch einen schlechten

6.2 Segmentierung abdominaler Organe

Jaccard-Koeffizienten (JK < 0.66 [130]) impliziert und ist aus Abb. 6.22(d) ersichtlich. Auf die MDL-Korrespondenzen trifft dies nicht zu (s. Abb. 6.22(e)). Insgesamt ist festzuhalten, dass der Vorteil der Korrespondenzoptimierung ein kompakteres SFM ist. Dadurch ist insbesondere in Regionen hoher Formvariabilität eine konsistentere Landmarkenplatzierung möglich, wie in Abschnitt 6.1.4 anhand von Abb. 6.11 demonstriert wurde. Aufgrund der ausgeprägten Formvariabilität der Leber macht sich die Korrespondenzoptimierung dementsprechend bei dieser stärker positiv bemerkbar als bei der Milz. In allen durchgeführten Experimenten erwies sich eine bessere Konsistenz der Landmarkenplatzierung auch für die nichtlinearen Modell als vorteilhaft. Dementsprechend stellt sich für zukünftige Arbeiten die Frage, wie diese Konsistenz der Landmarkenplatzierung als Zielfunktion formulierbar ist, entweder als Erweiterung der MDL-Zielfunktion (s. Gl. (2.24)) oder als alternativer Ansatz.

Ähnlich zur Unterkiefersegmentierung (s. Abschnitt 6.1.4) lassen sich bezüglich der Rechenzeit bei Verwendung unterschiedlicher Modelle oder Korrespondenzen keine nennenswerten Unterschiede feststellen. Die in C++ implementierte Segmentierung von Leber bzw. Milz benötigt ca. 70-80 s bzw. 25-30 s auf einem PC mit Intel Core i5 und 8 GB RAM. Dementsprechend sind infolge der linearen Skalierung mit der Anzahl der Landmarken ca. 100-110 s für die Multi-Objekt-Segmentierung zu veranschlagen. Die Laufzeit für die Kern-PCA basierten Modelle rkAFM bzw. pkAFM ist nur unwesentlich schlechter als bei den linearen Modellen rAFM und pAFM, trotz der im Vergleich zur Unterkiefersegmentierung mehr als doppelt so großen Trainingspopulation (61 vs. 30 Trainingsformen) und damit entsprechend größerer Kern-Matrix (s. Gl. (4.18)). Der insgesamt deutlich größere Rechenaufwand im Vergleich zur Unterkiefersegmentierung ist der Auswertung des Modells der lokalen Bildmerkmale geschuldet, wobei eine Optimierung der Implementierung durchaus Beschleunigungspotenzial birgt.

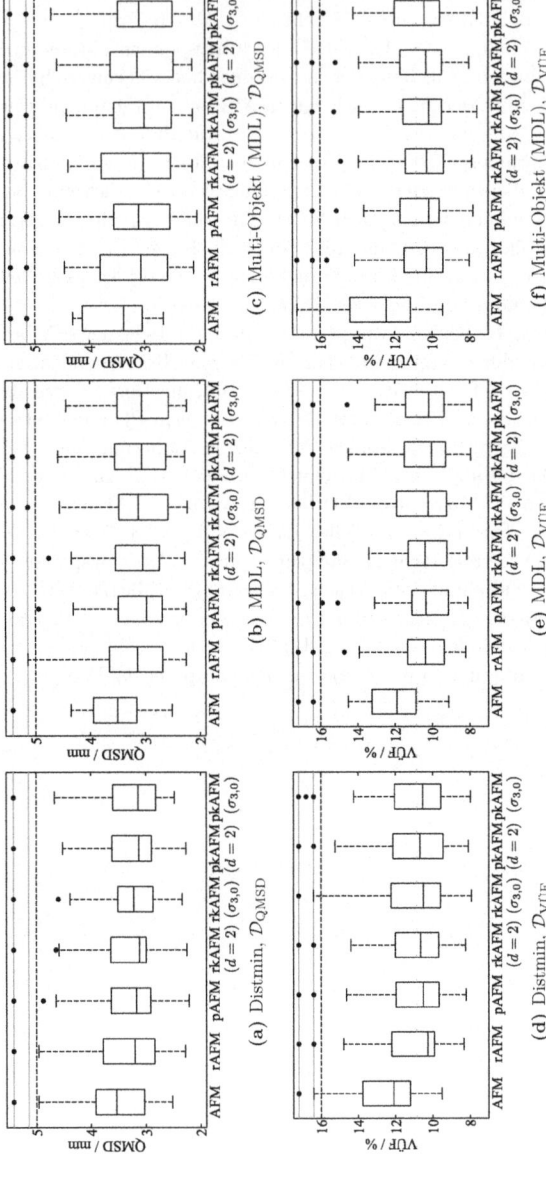

Abb. 6.21: Ergebnisse der Lebersegmentierung bei Verwendung unterschiedlicher Korrespondenzverfahren und Formmodelle. Es sind jeweils die Resultate für den quadratischen mittleren symmetrischen Oberflächenabstand (a) - (c) sowie den volumetrischen Überlappungsfehler (d) - (f) zu sehen.

6.2 Segmentierung abdominaler Organe

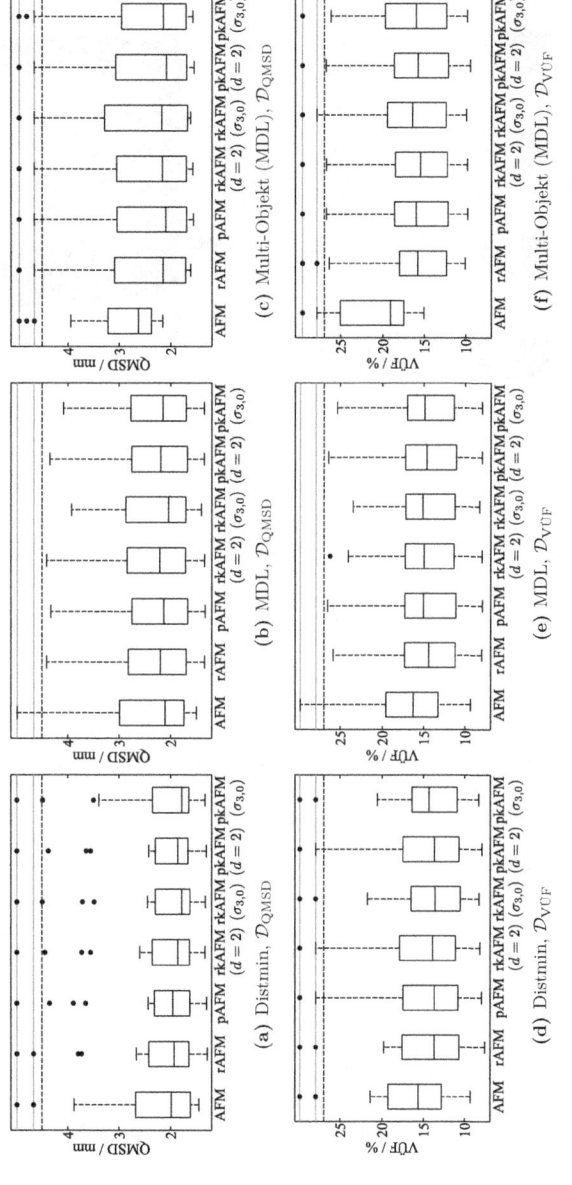

Abb. 6.22: Ergebnisse der Milzsegmentierung bei Verwendung unterschiedlicher Korrespondenzverfahren und Formmodelle. Es sind jeweils die Resultate für den quadratischen mittleren symmetrischen Oberflächenabstand (a) - (c) sowie den volumetrischen Überlappungsfehler (d) - (f) zu sehen.

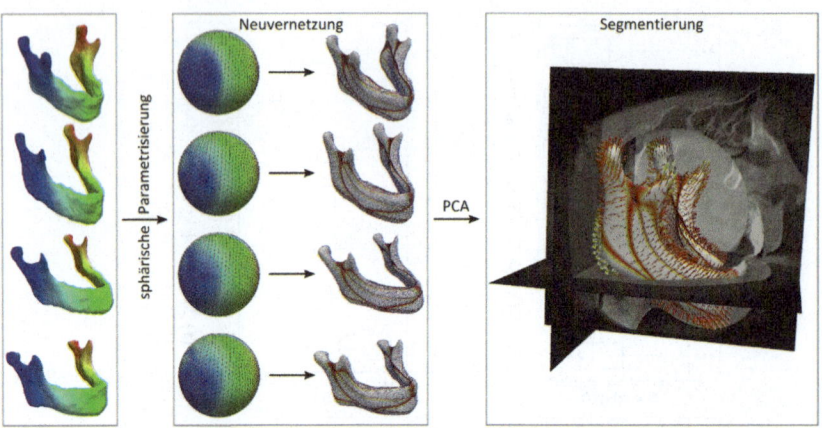

Abb. 6.23: Schematische Darstellung des vollautomatischen Ansatz für die SFM-basierte Unterkiefersegmentierung. Weder für die Modellerstellung noch für die Unterkieferlokalisation oder dessen Segmentierung ist eine manuelle Interaktion erforderlich.

6.3 Zusammenfassung und Schlussfolgerungen

In den Abschnitten 6.1 und 6.2 wurden die in dieser Arbeit entwickelten Methoden und Verfahren für die Segmentierung medizinischer 3D-Bilddaten eingesetzt und anhand von dieser Anwendung evaluiert. In Abschnitt 6.1 wurde ein neuartiger, vollautomatischer Ansatz für die Unterkiefersegmentierung vorgestellt, bei dem im Unterschied zu anderen Verfahren (z.B. [153, 254]) weder für die Korrespondenzfindung, noch für die Unterkieferlokalisation noch für die Segmentierung manuelle Interaktion erforderlich ist. Das prinzipielle Vorgehen ist in Abb. 6.23 schematisch dargestellt. Die dabei erzielten Ergebnisse sind mit denen anderer Gruppen vergleichbar und entsprechen dem derzeitigen Stand der Technik. Ein wesentlicher Faktor hierfür ist das in dieser Arbeit entwickelte relaxierte AFM (s. Abschnitt 5.2), welches statistisch signifikant bessere Ergebnisse als das Standard-AFM ermöglicht. Die Überlegenheit der Ergebnisse des relaxierten AFM gegenüber dem Standard-AFM lässt sich auch bei der Segmentierung abdominaler Organe in sämtlichen Experimenten feststellen (s. Abschnitt 6.2). Dabei erwies sich die größere Flexibilität des relaxierten AFM gegenüber dem Standard-AFM bei der simultanen Segmentierung unterschiedlicher Organe (Multi-Objekt) als besonders vorteilhaft: Die gleichzeitige Segmentierung von Leber und Milz gelingt mit dem relaxierten AFM für beide Organe statistisch signifikant besser als mit dem Standard-AFM, was die Eignung des relaxierten AFM für die Multi-Objekt-Segmentierung zeigt. Deren Robustheit sollte sich zukünftig durch die Berücksichtigung wechselseitiger Abhängigkeiten von Form, Lage und Bildintensitäten der unterschiedlichen Objekte verbessern lassen. Insbesondere

6.3 Zusammenfassung und Schlussfolgerungen

dann, wenn es sich um unmittelbar benachbarte anatomische Strukturen handelt, was bei den hier betrachteten Organen Leber und Milz typischerweise nicht der Fall ist.

Ein Ansatzpunkt für eine mögliche Verbesserung des Gesamtkonzepts bei der Unterkiefersegmentierung (Abschnitt 6.1) stellt die vergleichsweise einfach gehaltene, heuristische Kostenfunktion für Detektion der Bildmerkmale dar (vgl. Abschnitt 5.4.1). Andererseits konnte gezeigt werden (s. Abb. 5.3), dass diese in der vorliegenden Anwendung eine gute Detektion der Knochenoberfläche des Unterkieferknochens erlaubt. Weitere Vorteile sind, dass keine zusätzliche Trainingsphase erforderlich ist und die Auswertung sehr effizient erfolgen kann. Nichtsdestoweniger liegt hier der erste Ansatzpunkt zur weiteren Reduktion des maximalen Oberflächenabstandes. Hierbei stellt die Verwendung gelernter Merkmale eine prominente Möglichkeit dar (vgl. Abschnitt 5.4.2). Dies wird z.B. auch in [242] eingesetzt, allerdings sind die dort erzielten Segmentierungsergebnisse mit denen in dieser Arbeit vergleichbar (s. Tab. 6.4). Ein anderer Ansatz könnte die Verwendung dedizierter heuristischer Kostenfunktionen sein, wobei entweder die Schwellwerte in Gl. (5.24) lokal angepasst oder auch lokal unterschiedliche Heuristiken verwendet werden können. Die Kombination gelernter Bildmerkmale mit Vorwissen und/oder Heuristik könnte auch bei der Segmentierung abdominaler Organe die Robustheit der Detektion der Bildmerkmale verbessern. Zwar sind mit dem hier eingesetzten nichtlinearen Modell der Bildmerkmale (s. Abschnitt 5.4.2) gute Segmentierungsergebnisse möglich, diese reichen jedoch nicht an die in [154, 164, 197] heran. Im Unterschied zum allgemein gehaltenen Modell in der vorliegenden Arbeit wird dort jeweils durch heuristische Analyse der Intensitätsverteilung des zu segmentierenden Bildvolumens das tatsächliche Intensitätsintervall von Leber und/oder Milz sehr genau bestimmt. Angesichts der potenziellen Präsenz von Pathologien (z.B. Tumoren) sowie der Schwankungen der Organintensitäten zwischen verschiedenen Aufnahmen lässt sich die Anzahl der falsch positiven Bildmerkmalspositionen auf diese Weise deutlich reduzieren.

Methodische Aspekte dieses Kapitels, die in der Literatur bislang keine bis wenig Berücksichtigung fanden, sind die Beurteilung des Einflusses des Korrespondenzverfahrens sowie des zugrundeliegenden Modells (linear vs. nichtlinear). Generell ist festzuhalten, dass der Einfluss des Korrespondenzverfahrens durchaus relevant ist. Die Verwendung populationsoptimierter Korrespondenzen liefert insbesondere für komplexe Geometrien (Unterkiefer, Leber) bessere Ergebnisse, während einfachere Strukturen wie z.B. die Milz weniger davon profitieren. Dies stimmt mit der Beobachtung in Kapitel 3 überein, wobei im vorliegenden Abschnitt die Übertragung auf reale Applikationen sowie unter Verwendung unterschiedlicher Alternativen zum Standard-AFM erfolgte. Eine solche Evaluierung des Einflusses des Korrespondenzverfahrens auf die erzielbare Segmentierungsgüte erfolgte nach derzeitigem Wissensstand erstmals im Rahmen der vorliegenden Arbeit (s. auch [P9, P10]).

Hinsichtlich des Vergleichs der linearen (rAFM und pAFM) sowie nichtlinearen Modelle (rkAFM und pkAFM) ist festzuhalten, dass diese im Vergleich zum Standard-AFM weniger restriktiv sind und deshalb bessere Ergebnisse liefern. Untereinander unterscheiden sich die vier Modelle bei entsprechender Parameteroptimierung jedoch letztendlich nur unwesentlich. Ein Vorteil des neuartigen, in dieser Arbeit entwickelten rAFM (s. Abschnitt 5.2) ist, dass die beiden Terme in Gl. (5.13) unmittelbar balanciert sind. Dagegen muss beim pAFM, rkAFM und pkAFM der kaum intuitive Parameter γ aus einem mehreren Größenordnungen umfassenden Intervall vom Benutzer festgelegt und ggf. empirisch optimiert werden. Darüber hinaus ist es beim rAFM mit Hilfe der Gewichtungsmatrix **A** (Gl.(5.14)) möglich, Form- und Bildenergie der einzelnen Landmarken unabhängig voneinander unterschiedlich zu gewichten, während dies beim pAFM, rkAFM und pkAFM nicht unmittelbar möglich ist. Dies vereinfacht zum einen die Anwendung des rAFM erheblich im Vergleich zu anderen Modellen, welche die Bestimmung geeigneter Werte für mehrere Parameter gleichzeitig erfordern (z.B. [131, 154]). Zum anderen besteht die Möglichkeit, die Eingaben von einem Benutzer, welche dieser z.B. interaktiv mittels einer entsprechenden GUI vornimmt, unmittelbar in den Algorithmus einfließen zu lassen. So kann beispielsweise für die vom Benutzer platzierten bzw. verschobenen Landmarken der Einfluss der Formenergie aufgehoben und somit interaktiv zusätzliche Randbedingungen für die Lösung von Gl. (5.13) auferlegt werden. Tatsächlich ist neben der Robustheit die Bereitstellung von Möglichkeiten zur Korrektur automatischer Segmentierungsergebnisse ein wesentliches Kriterium für die Akzeptanz solcher Algorithmen beim Anwender. Dementsprechend stellt die Integration von interaktiven Korrekturmöglichkeiten mit sehr guter Software-Ergonomie bzw. „Usability" ein wichtiger Aspekt für zukünftige Erweiterungen formmodellbasierter Segmentierungsalgorithmen dar.

7 Zusammenfassung und Ausblick

Die vorliegende Arbeit beschäftigt sich mit der Segmentierung tomografischer Bilddaten unter Verwendung statistischer Formmodelle. Diesbezüglich wurden unterschiedliche, in der Literatur bislang nicht oder nur unzureichend betrachtete Fragestellungen der wechselseitigen Abhängigkeit von Modellerstellung bzw. Korrespondenzfindung, Formmodellierung und 3D-Bildsegmentierung adressiert. Diese drei Aspekte betreffend wurden jeweils neue Lösungsvorschläge entwickelt und implementiert.

Die Korrespondenzfindung als wesentliche Herausforderung und gleichzeitig Voraussetzung für die Modellerstellung wurde im zweiten Kapitel diskutiert und in diesem Zusammenhang das neu entwickelte Distmin-Verfahren eingeführt. Dessen Eignung für die Erstellung einer sphärischen Parametrisierung von anatomischen Strukturen unterschiedlichster Komplexität wurde in dieser Arbeit demonstriert. Im Unterschied zu bisherigen Verfahren aus der Literatur ermöglicht das Distmin-Verfahren selbst für komplexe Geometrien wie z.B. den Unterkieferknochen die automatische Erstellung von quasiverzerrungsfreien und gleichzeitig konsistenten Parametrisierungen, sodass die zukünftige Formmodellierung anderer Objektklassen ebenfalls von diesem Ansatz profitieren kann. Darüber hinaus kristallisierte sich das Distmin-Verfahren in einer intensiven experimentellen Evaluierungsstudie als besser geeignet für eine nachfolgende populationsbasierte Korrespondenzoptimierung heraus, als andere, bereits etablierte Verfahren aus der Literatur. In dieser Evaluierungsstudie wurde zudem die Abhängigkeit der Segmentierungsgüte von dem für die Formmodellerstellung verwendeten Korrespondenzverfahren systematisch untersucht und erstmals im Rahmen dieser Arbeit publiziert. Dabei gelang zum ersten Mal der Nachweis, dass durch die populationsbasierte Korrespondenzoptimierung eine bessere Segmentierungsgenauigkeit ermöglicht wird. Dies wurde sowohl mit der neuen, in dieser Arbeit entwickelten Segmentierungsevaluierung, als auch in realen Segmentierungsapplikationen jeweils anhand unterschiedlicher Datensätze experimentell verifiziert. Somit ist die Korrespondenzoptimierung für eine möglichst gute Segmentierung von praktischer Relevanz und kann sich vermutlich auch in anderen Applikationen als der Segmentierung, beispielsweise der Formextrapolation [97, 256], positiv auszahlen.

Ein potenzieller Schwachpunkt der populationsbasierten Korrespondenzoptimierung ist, dass die Reparametrisierung zu ausgeprägten (Flächen-)Verzerrungen führen kann und es infolgedessen zur lokalen Unterabtastung der ursprünglichen Formen kommt. Mit Hilfe der neuen, im Rahmen dieser Arbeit entwickelten Segmentierungsevaluierung konnte z.B. gezeigt werden, dass sich eine solche Unterabtastung insbesondere im Fall der eigentlichen Segmentierung mit dem aktiven Formmodell negativ auswirkt. Dieser Zusammenhang verdeutlicht exemplarisch, dass die Segmentierungsevaluierung die unmittelbare Quantifizierung des Einflusses der Korrespondenzen auf die erzielbare Segmentierungsgüte erlaubt. Mit den bisher etablierten Korrespondenzgütekriterien ist dagegen die Detektion dieses Zusammenhangs nicht möglich. Somit stellt die Segmentierungsevaluierung aus Anwendungssicht eine bedeutende Ergänzung zu den Korrespondenzgütekriterien dar. Um die genannten Probleme der populationsbasierten Korrespondenzoptimierung zu vermeiden, sollten zukünftige Arbeiten die explizite Erhaltung der Dichte der Abtastpunkte anstreben, beispielsweise durch die Integration eines entsprechenden Regularisierungsterms. Inwiefern in diesem Zusammenhang ein nichtparametrischer Regularisierungsansatz ähnlich zu [301] sinnvoll ist, bleibt zu untersuchen. In jedem Fall steht mit der hier entwickelten Segmentierungsevaluierung ein effizientes Verfahren für die Evaluierung einer solchen Erweiterung der Korrespondenzoptimierung zur Verfügung. Selbstverständlich können auch andere Segmentierungsverfahren bzw. deren Komponenten mit der neuen Segmentierungsevaluierung quantifiziert werden und dieses somit eine wichtige Rolle für die Bewertung zukünftiger Entwicklungen spielen.

Ein weiterer Aspekt dieser Arbeit ist die Verwendung nichtlinearer Formmodelle. Solche wurden in den vergangenen Jahren bereits in anderen Arbeiten eingesetzt, allerdings wurde dies dort qualitativ motiviert. Die formale Untersuchung der dem linearen Modell zugrundeliegenden Normalverteilungsannahme mittels unterschiedlicher univariater und multivariater statistischer Testverfahren erfolgte dagegen erstmals im Rahmen dieser Arbeit. Auf diese Weise konnte quantitativ gezeigt werden, dass die Formparameter häufig nicht normalverteilt sind und somit der Einsatz nichtlinearer Modelle methodisch fundiert werden. Tatsächlich konnte in sämtlichen Experimenten zur Segmentierung die Überlegenheit nichtlinearer Modelle gegenüber dem klassischen aktiven Formmodell demonstriert und somit die Ergebnisse der statistischen Testverfahren in einer realen Anwendung bestätigt werden. Andererseits konnten mit linearen Modellen gleichwertige Segmentierungsergebnisse wie mit den nichtlinearen Modellen erzielt werden, sofern die damit rekonstruierten Formen nicht, wie es beim klassischen aktiven Formmodell der Fall ist, auf den linearen Hauptkomponentenunterraum limitiert sind. Allerdings waren

Kapitel 7 Zusammenfassung und Ausblick

die in dieser Arbeit zur Verfügung stehenden Trainingspopulationen mit 30 bzw. 61 Datensätzen relativ klein. Somit bleibt zu untersuchen, inwiefern die bessere Spezifität der nichtlinearen Modelle im Fall einer größeren Datenbasis vorteilhaft zum Tragen kommt. Eventuell ist die bessere Spezifität der nichtlinearen Modelle für die Formextrapolation (z.B. [97, 256]) von größerer Relevanz, da die dort verfügbare Information häufig spärlicher ist als bei der Segmentierung. Ein etwas überraschender Aspekt in den hier durchgeführten Experimenten ist, dass sich die nichtlinearen Modelle in gleichem Maße vom Korrespondenzverfahren abhängig zeigten wie die linearen Modelle. Insbesondere die auf das lineare Modell zugeschnittene populationsbasierte Korrespondenzoptimierung erwies sich in beiden Fällen vorteilhaft. Es ist allerdings offen, inwiefern dies auch für nichtparametrische Modelle (z.B. [57, 188]) zutrifft, da solche kein Bestandteil dieser Arbeit waren. Für die hier betrachteten parametrischen Modelle unterstreicht es dagegen die praktische Relevanz der Korrespondenzoptimierung.

In Erweiterung des aktiven Formmodells stellt die Entwicklung des neuartigen relaxierten aktiven Formmodells (rAFM) einen wesentlichen Beitrag dieser Arbeit dar. Der Vergleich mit dem aktiven Formmodell belegt statistisch signifikant bessere Ergebnisse des rAFM in den Applikationen Unterkiefersegmentierung und Segmentierung abdominaler Organe. Im Unterschied zu anderen Modellen aus der Literatur ist die Anwendung des rAFM erheblich einfacher, da nur ein einziger Parameter aus dem Intervall [0, 1] festgelegt werden muss. Des Weiteren gelang der Nachweis für die unmittelbare und im Vergleich zum aktiven Formmodell signifikant bessere Eignung des rAFM für die Multi-Objekt-Segmentierung, d.h. die simultane Segmentierung unterschiedlicher anatomischer Strukturen mit Hilfe eines gemeinsamen Formmodells. Solche Multi-Objekt-Modelle eröffnen neue Möglichkeiten, um wechselseitige Abhängigkeiten von Form, Lage und Bildintensitäten benachbarter Objekte zu berücksichtigen. Das in dieser Arbeit eingeführte, aus Leber und Milz bestehende Multi-Objekt-Formmodell birgt zum einen das Potenzial, um diese Aspekte zukünftig verstärkt auszunutzen, und zum anderen zusätzliche Organe (z.B. Nieren, Bauchspeicheldrüse, Herz) bzw. anatomische Strukturen (z.B. Vena Cava, Gallenblase) zu integrieren. Die Beachtung von Nachbarschaftsbeziehungen kann jedoch auch bei der Unterkiefersegmentierung ausgenutzt werden, indem z.B. zusätzlich zur Formvariabilität des Unterkiefers die beiden Fossae mandibularis (Unterkiefergruben des Schläfenbeins) modelliert werden. Das Unterkiefergelenk spielt z.B. für die Diagnose und Therapie der kraniomandibulären Dysfunktion eine entscheidende Rolle. Diese spezielle medizinische Anwendung könnte somit in besonderer Weise von einer Verbesserung der Segmentierungsergebnisse gerade im Bereich des Kiefergelenks profitieren, indem die Fähigkeit des rAFM zur gleichzeitigen Segmentierung unterschiedlicher Objekte ausgenutzt wird.

Eine andere Möglichkeit der Erweiterung des aktiven Formmodells im Allgemeinen stellt die Kombination mit weniger intelligenten, aber dafür weitere oder gar sämtliche Bildelemente einbeziehenden Segmentierungsverfahren dar. So wurde beispielsweise in [188] für die Segmentierung von 2D-Bildern das Graph-Cut-Verfahren in einen formmodellbasierten Level-Set-Ansatz integriert. In weiterführenden Arbeiten könnten ähnliche Ansätze ebenfalls für die 3D-Bildsegmentierung mittels aktivem Formmodell entwickelt werden. Auf diese Weise könnte die Limitierung behoben werden, dass die Suche nach geeigneten Bildmerkmalen stets nur vom Formmodell ausgeht und aus diesem Grund relevante Bildmerkmale möglicherweise nicht gesehen werden.

Aus Anwendungssicht ist hervorzuheben, dass im Rahmen dieser Arbeit erstmals ein Verfahren zur vollautomatischen Unterkiefersegmentierung aus Niedrigdosis-CT-Aufnahmen entwickelt wurde. Im Unterschied zu bisherigen Verfahren ist bei diesem von der Korrespondenzfindung bis zur Segmentierung keinerlei manuelle Interaktion erforderlich. Zudem erwies sich dieses in seiner Anwendung auch im Vergleich zu nachfolgenden Entwicklungen [312] als sehr schnell. In Kombination mit dem relaxierten aktiven Formmodell konnten exzellente, dem Stand der Technik entsprechende Ergebnisse für die Unterkiefersegmentierung erzielt werden. Die genannte Automatisierung der Modellerstellung sowie die Effizienz des rAFM reduziert die Hürde in der Anwendung statistischer Formmodelle erheblich. Angesichts der sehr guten Segmentierungsergebnisse können die hier entwickelten Technologien somit zukünftig eine wesentliche Rolle für die Segmentierung anderer anatomischer Strukturen spielen.

Mit den derzeit als Medizinprodukt zugelassenen Softwarelösungen für die Unterkiefersegmentierung ist eine solche nur mit einem vergleichsweise hohen Zeitaufwand von mehreren Minuten und länger realisierbar. Die mit dem in dieser Arbeit entwickelten Verfahren mögliche Effizienzsteigerung könnte somit die Akzeptanz moderner Softwarelösungen bei Ärzten und Klinik- bzw. Praxispersonal deutlich verbessern. Weitere wichtige Aspekte für die Akzeptanz automatischer Verfahren in der klinischen Routine ist zum einen deren Robustheit gegenüber einem Fehlschlagen der Segmentierung, zum anderen die Integration von interaktiven Korrekturmöglichkeiten, welche sich durch eine sehr gute Software-Ergonomie bzw. „Usability" auszeichnen. Für die hier vorgestellte Unterkiefersegmentierung wurde ersteres bereits von unterschiedlichen Experten bestätigt, und somit im Rahmen dieser Arbeit ein wichtiger Beitrag zur zukünftigen Nutzung formmodellbasierter Segmentierungsalgorithmen in einer als Medizinprodukt zugelassenen Software geleistet. Zweiteres stellt ein wichtiger Aspekt der zukünftige Erweiterung sowohl der hier vorgestellten Unterkiefersegmentierung als auch von formmodellbasierten Segmentierungsalgorithmen im Allgemeinen dar.

Gradient der Kernfunktion

Allgemein lässt sich die Ableitung $\partial \tilde{k}(\mathbf{x},\mathbf{y})/\partial \mathbf{x}$ der zentrierten Kernfunktion (Gl. (4.26)) unter Berücksichtigung der Ableitung $\partial k(\mathbf{x},\mathbf{y})/\partial \mathbf{x}$ der Kernfunktion (Gl. (4.25)) berechnen:

$$\begin{aligned}
\frac{\partial \tilde{k}(\mathbf{x},\mathbf{y})}{\partial \mathbf{x}} &= \frac{\partial k(\mathbf{x},\mathbf{y})}{\partial \mathbf{x}} - \frac{1}{n_s}\sum_{i=1}^{n_s}\frac{\partial k(\mathbf{x},\mathbf{x}_i)}{\partial \mathbf{x}} - \frac{1}{n_s}\sum_{i=1}^{n_s}\frac{\partial k(\mathbf{y},\mathbf{x}_i)}{\partial \mathbf{x}} \\
&\quad + \frac{1}{n_s^2}\sum_{i=1}^{n_s}\sum_{j=1}^{n_s}\frac{\partial k(\mathbf{x}_i,\mathbf{x}_j)}{\partial \mathbf{x}} \\
&= \frac{\partial k(\mathbf{x},\mathbf{y})}{\partial \mathbf{x}} - \frac{1}{n_s}\sum_{i=1}^{n_s}\frac{\partial k(\mathbf{x},\mathbf{x}_i)}{\partial \mathbf{x}}.
\end{aligned} \tag{A.1}$$

Entsprechend gilt für $\partial \tilde{k}(\mathbf{x},\mathbf{x})/\partial \mathbf{x}$, wobei die Kernfunktion entsprechend dem Theorem von Mercer [216] symmetrisch ist:

$$\frac{\partial \tilde{k}(\mathbf{x},\mathbf{x})}{\partial \mathbf{x}} = \frac{\partial k(\mathbf{x},\mathbf{x})}{\partial \mathbf{x}} - \frac{2}{n_s}\sum_{i=1}^{n_s}\frac{\partial k(\mathbf{x},\mathbf{x}_i)}{\partial \mathbf{x}}. \tag{A.2}$$

A.1 RBF-Kern

Unter Berücksichtigung der Kettenregel berechnet sich die Ableitung des RBF-Kerns in Gl. (4.28) zu

$$\begin{aligned}\frac{\partial k(\mathbf{x},\mathbf{y})}{\partial \mathbf{x}} &= \frac{\partial \exp\left(-\frac{\|\mathbf{x}-\mathbf{y}\|^2}{2\sigma^2}\right)}{\partial \mathbf{x}} \\ &= \exp\left(-\frac{\|\mathbf{x}-\mathbf{y}\|^2}{2\sigma^2}\right)\left(-\frac{2\|\mathbf{x}-\mathbf{y}\|}{2\sigma^2}\right)\frac{\mathbf{x}-\mathbf{y}}{\|\mathbf{x}-\mathbf{y}\|} \\ &= \frac{1}{\sigma^2}\exp\left(-\frac{\|\mathbf{x}-\mathbf{y}\|^2}{2\sigma^2}\right)(\mathbf{y}-\mathbf{x}).\end{aligned} \quad (A.3)$$

Somit ergibt sich durch Einsetzen von Gl. (A.3) in Gl. (A.1)

$$\frac{\partial \tilde{k}(\mathbf{x},\mathbf{y})}{\partial \mathbf{x}} = \frac{1}{\sigma^2}\exp\left(-\frac{\|\mathbf{x}-\mathbf{y}\|^2}{2\sigma^2}\right)(\mathbf{y}-\mathbf{x}) + \frac{1}{n_s\sigma^2}\sum_{i=1}^{n_s}\exp\left(-\frac{\|\mathbf{x}-\mathbf{x}_i\|^2}{2\sigma^2}\right)(\mathbf{x}-\mathbf{x}_i), \quad (A.4)$$

und einsetzen in Gl. (A.2) führt auf

$$\frac{\partial \tilde{k}(\mathbf{x},\mathbf{x})}{\partial \mathbf{x}} = \frac{2}{n_s\sigma^2}\sum_{i=1}^{n_s}\exp\left(-\frac{\|\mathbf{x}-\mathbf{x}_i\|^2}{2\sigma^2}\right)(\mathbf{x}-\mathbf{x}_i). \quad (A.5)$$

A.2 Polynom-Kern

Für die Ableitung der Polynomfunktion (Gl. (4.29)) vom Grad $d \geq 1$ gilt

$$\begin{aligned}\frac{\partial k(\mathbf{x},\mathbf{y})}{\partial \mathbf{x}} &= \frac{\partial \left(\mathbf{x}^\mathsf{T}\mathbf{y}\right)^d}{\partial \mathbf{x}} \\ &= d\left(\mathbf{x}^\mathsf{T}\mathbf{y}\right)^{(d-1)}\mathbf{y}.\end{aligned} \quad (A.6)$$

Dementsprechend folgt durch Einsetzen von Gl. (A.6) in Gl. (A.1):

$$\frac{\partial \tilde{k}(\mathbf{x},\mathbf{y})}{\partial \mathbf{x}} = d\left(\mathbf{x}^\mathsf{T}\mathbf{y}\right)^{(d-1)}\mathbf{y} - \frac{1}{n_s}\sum_{i=1}^{n_s}d\left(\mathbf{x}^\mathsf{T}\mathbf{x}_i\right)^{(d-1)}\mathbf{x}_i. \quad (A.7)$$

Einsetzen von Gl. (A.6) in Gl. (A.2) liefert

$$\frac{\partial \tilde{k}(\mathbf{x},\mathbf{x})}{\partial \mathbf{x}} = 2d\left(\mathbf{x}^\mathsf{T}\mathbf{x}\right)^{(d-1)}\mathbf{x} - \frac{2}{n_s}\sum_{i=1}^{n_s}d\left(\mathbf{x}^\mathsf{T}\mathbf{x}_i\right)^{(d-1)}\mathbf{x}_i. \quad (A.8)$$

Abkürzungsverzeichnis

E	Einheitsmatrix
a.u.	willkürliche Einheiten, von engl.: arbitrary units
AEM	aktives Erscheinungsmodell (engl.: active appearance model, AAM)
AFM	aktives Formmodell (engl.: active shape model, ASM)
BHEP	statistisches Testverfahren nach Baringhaus, Henze, Epp und Pulley
CBCT	Computertomographie mit Kegelstrahlgeometrie, von engl.: cone beam computed tomography
CPS	Clamped-Plate-Splines
CT	Computertomographie
DFFS	Abstand zum Merkmalsraum, von engl.: distance from feature space
DIFS	Abstand im Merkmalsraum von engl.: distance in feature space
Distmin	Verfahren zur Korrespondenzfindung
DK	Dice-Koeffizient
FFD	Freiform-Deformation, engl.: free form deformation
FOV	Sichtfeld, von engl.: field of view
GOF	statistischer Anpassungstest, von engl.: goodness of fit
GPA	generalisierte Prokrustesanalyse, von engl.: generalized procrustes analysis
GUI	Graphische Benutzeroberfläche, von engl.: graphical user interface
GW	Reparametrisierung mittels gaußförmiger Einhüllender, von engl.: gaussian warps
HD	Hausdorff-Distanz
HU	Hounsfieldwerte, von engl.: Hounsfield units
i.i.d.	unabhängig und identisch verteilt, von engl.: independent and identically distributed

Abkürzungsverzeichnis

ICP	Iterative-Closest-Point
JK	Jaccard-Koeffizient
kNN	k-nächste-Nachbarn (engl.: k-Nearest-Neighbor)
KPCA	kernbasierte Hauptkomponentenanalyse, von engl.: kernel principal component analysis
L-BFGS	Approximation des Quasi-Newton-Optimierungsverfahrens nach Broyden, Fletcher, Goldfarb, Shanno (BFGS), von engl.: limited-memory BFGS
MDL	minimale Beschreibungslänge, von engl.: minimum description length
MNV	multivariate Normalverteilung
MR	Multiresolution
MRT	Magnetresonanztomographie
MSD	mittlere symmetrische Distanz
NV	Normalverteilung
PCA	Hauptkomponentenanalyse, von engl.: principal component analysis
pdf	(Wahrscheinlichkeits-)Dichtefunktion, von engl.: probability denisity function
PGA	Analyse der Hauptgeodäten, von engl.: principal geodesic analysis
QMSD	quadratische mittlere symmetrische Distanz
RAM	Hauptspeicher eines Computers, von engl.: random access memory
RBF	Radial-Basisfunktionen
ROI	Region von Interesse, von engl.: region of interest
SFM	statistisches Formmodell (engl.: statistical shape model, SSM) oder auch Punktverteilungsmodell (engl.: point distribution model, PDM)
SIFT	skaleninvariante Merkmalstransformation, von engl.: scale-invariant feature transform
SPHARM	Verfahren zur Korrespondenzfindung mittels SPhärischen HARMonischen (engl.: spherical harmonics)
SVM	support vector machine
VÜF	volumetrischer Überlappungsfehler
VR	virtuelle Realität (engl.: virtual reality)

Publikationen

Liste der Veröffentlichungen in Zeitschriften und Tagungsbänden die unter Mitarbeit des Autors entstanden sind.

[P1] BURMESTER, F. S.; GOLLMER, S. T.; BUZUG, T. M.: Untersuchung der Normalverteilungsannahme bei der statistischen Formmodellierung. In: MEINZER, H.-P.; DESERNO, T. M.; HANDELS, H.; TOLXDORFF, T. (Hrsg.): *Bildverarbeitung für die Medizin (BVM)*, Springer, 2013 (Informatik aktuell), S. 265–270. http://dx.doi.org/10.1007/978-3-642-36480-8_47. – DOI 10.1007/978-3-642-36480-8_47

[P2] GOLLMER, S.; LACHNER, R.; BUZUG, T. M.: Evaluation and Enhancement of a Procedure for Generating a 3D Bone Model using Radiographs. In: BUZUG, T. M.; HOLZ, D.; BONGARTZ, J.; KOHL-BAREIS, M.; HARTMANN, U.; WEBER, S. (Hrsg.): *Advances in Medical Engineering* Bd. 114, Springer, 2007 (Springer Proceedings in Physics), S. 163–168. http://dx.doi.org/10.1007/978-3-540-68764-1_27. – DOI 10.1007/978-3-540-68764-1_27

[P3] GOLLMER, S. T.; BUZUG, T. M.: Evaluierung und Verbesserung der initialen Landmarkenkonfiguration für statistische Formmodelle. In: FISCHER, S.; MAEHLE, E.; REISCHUK, R. (Hrsg.): *GI Jahrestagung* Bd. 154, GI, 2009 (LNI), S. 126

[P4] GOLLMER, S. T.; BUZUG, T. M.: Improved Landmark Initialization for 3D Statistical Shape Model Generation. In: DÖSSEL, O.; SCHLEGEL, W. C. (Hrsg.): *World Congress on Medical Physics and Biomedical Engineering* Bd. 25/IV, Springer, September 2009 (IFMBE Proceedings), S. 662–665. http://dx.doi.org/10.1007/978-3-642-03882-2_177. – DOI 10.1007/978-3-642-03882-2_177

[P5] GOLLMER, S. T.; BUZUG, T. M.: A Method for Quantitative Evaluation of Statistical Shape Models Using Morphometry. In: *2010 IEEE International Symposium on Biomedical Imaging: From Nano to Macro*, IEEE, 2010, S. 448–451. http://dx.doi.org/10.1109/ISBI.2010.5490312. – DOI 10.1109/ISBI.2010.5490312

[P6] GOLLMER, S. T.; BUZUG, T. M.: Statistische 3D Formmodellierung mittels quasiverzerrungsfreier sphärischer Parametrisierung. In: DESERNO, T. M.; HANDELS, H.; MEINZER, H.-P.; TOLXDORFF, T. (Hrsg.): *Bildverarbeitung für die Medizin* Bd. 574, CEUR-WS.org, 2010 (CEUR Workshop Proceedings), S. 286–290

[P7] GOLLMER, S. T.; BUZUG, T. M.: Verwendung oberflächenbasierter Metriken für die Quantifizierung der Güte statistischer Formmodelle. *Biomedical Engineering / Biomedizinische Technik* 55 (Suppl. 1) (2010), S. 208–211. http://dx.doi.org/10.1515/BMT.2010.701. – DOI 10.1515/BMT.2010.701

[P8] GOLLMER, S. T.; BUZUG, T. M.: On the Construction of Optimal 3D Statistical Shape Models of the Human Mandible. In: LEMKE, H. U.; INAMURA, K.; DOI, K.; VANNIER, M. W.; FARMAN, A. G. (Hrsg.): *Computer Assisted Radiology and Surgery (CARS 2011)*, Springer, 2011, S. 359. http://dx.doi.org/10.1007/s11548-011-0613-1. – DOI 10.1007/s11548-011-0613-1

[P9] GOLLMER, S. T.; BUZUG, T. M.: Formmodellbasierte Segmentierung des Unterkiefers aus Dental-CT-Aufnahmen. In: TOLXDORFF, T.; DESERNO, T. M.; HANDELS, H.; MEINZER, H.-P. (Hrsg.): *Bildverarbeitung für die Medizin*, Springer, 2012 (Informatik aktuell), S. 15–20. http://dx.doi.org/10.1007/978-3-642-28502-8_5. – DOI 10.1007/978-3-642-28502-8_5

[P10] GOLLMER, S. T.; BUZUG, T. M.: Fully Automatic Shape Constrained Mandible Segmentation from Cone-Beam CT Data. In: *9th IEEE International Symposium on Biomedical Imaging (ISBI)*, IEEE, 2012, S. 1272–1275. http://dx.doi.org/10.1109/ISBI.2012.6235794. – DOI 10.1109/ISBI.2012.6235794

[P11] GOLLMER, S. T.; BUZUG, T. M.: Triangulating Quadrilaterals on the Sphere: Application to Shape Analysis. *Biomedical Engineering / Biomedizinische Technik* 57 (Suppl. 1) (2012), S. 523. http://dx.doi.org/10.1515/bmt-2012-4418. – DOI 10.1515/bmt-2012-4418

[P12] GOLLMER, S. T.; BUZUG, T. M.: Relaxed Statistical Shape Models for 3D Image Segmentation – Application to Mandible Bone in Cone-beam CT Data. *Current Medical Imaging Reviews* 9(2) (2013), S. 129–137. http://dx.doi.org/10.2174/1573405611309020008. – DOI 10.2174/1573405611309020008

[P13] GOLLMER, S. T.; CURIE, A.; BUZUG, T. M.: Mandible Segmentation in Low-Dose Cone-Beam CT Using an Optimal Statistical Shape Model. *Biomedical Engineering / Biomedizinische Technik* 56 (Suppl. 1) (2011), S. 9. http://dx.doi.org/10.1515/bmt.2011.808. – DOI 10.1515/bmt.2011.808

[P14] GOLLMER, S. T.; KIRSCHNER, M.; BUZUG, T. M.; WESARG, S.: Using Image Segmentation for Evaluating 3D Statistical Shape Models Built With Groupwise Correspondence Optimization. *Computer Vision and Image Understanding* 125

(2014), S. 283–303. http://dx.doi.org/10.1016/j.cviu.2014.04.014. – DOI 10.1016/j.cviu.2014.04.014

[P15] GOLLMER, S. T.; LACHNER, R.; BUZUG, T. M.: Registration Algorithm for Statistical Bone Shape Reconstruction from Radiographs – An Accuracy Study. In: *29th Annual International Conference of the IEEE Engineering in Medicine and Biology Society*, IEEE, 2007, S. 6375–6378. http://dx.doi.org/10.1109/IEMBS.2007.4353814. – DOI 10.1109/IEMBS.2007.4353814

[P16] GOLLMER, S. T.; SIMON, M.; BISCHOF, A.; BARKHAUSEN, J.; BUZUG, T. M.: Multi-Object Active Shape Model Construction for Abdomen Segmentation: Preliminary Results. In: *2012 Annual International Conference of the IEEE Engineering in Medicine and Biology Society (EMBC)*, IEEE, 2012, S. 3990–3993. http://dx.doi.org/10.1109/EMBC.2012.6346841. – DOI 10.1109/EMBC.2012.6346841

[P17] GOLLMER, S. T.; SIMON, M.; BISCHOF, A.; BARKHAUSEN, J.; BUZUG, T. M.: Towards Segmentation of the Upper Abdomen Using a Multi-Object Active Shape Model. *Biomedical Engineering / Biomedizinische Technik* 57 (Suppl. 1) (2012), S. 466. http://dx.doi.org/10.1515/bmt-2012-4096. – DOI 10.1515/bmt-2012-4096

[P18] KIRSCHNER, M.; GOLLMER, S. T.; WESARG, S.; BUZUG, T. M.: Optimal Initialization for 3D Correspondence Optimization: An Evaluation Study. In: SZÉKELY, G.; HAHN, H. K. (Hrsg.): *Information Processing in Medical Imaging* Bd. 6801, Springer, 2011 (LNCS), S. 308–319. http://dx.doi.org/10.1007/978-3-642-22092-0_26. – DOI 10.1007/978-3-642-22092-0_26

[P19] SCHIERP, F.; GOLLMER, S. T.; BISCHOF, A.; BUZUG, T. M.; LUECKE, A.; BARKHAUSEN, J.; SIMON, M.: Geometrische Basisanalyse der Leber und Milz als Referenzmodell für pathologische Formanalysen und automatische Organsegmentierung. In: *RöFo - Fortschritte auf dem Gebiet der Röntgenstrahlen und der bildgebenden Verfahren* Bd. 183, 2011. http://dx.doi.org/10.1055/s-0031-1279207. – DOI 10.1055/s-0031-1279207

[P20] ZHENG, G.; GOLLMER, S.; SCHUMANN, S.; DONG, X.; FEILKAS, T.; BALLESTER, M. A. G.: A 2D/3D Correspondence Building Method for Reconstruction of a Patient-Specific 3D Bone Surface Model Using Point Distribution Models and Calibrated X-ray Images. *Medical Image Analysis* 13(6) (2009), S. 883–899. http://dx.doi.org/10.1016/j.media.2008.12.003. – DOI 10.1016/j.media.2008.12.003

Literaturverzeichnis

[1] ABDI, H.: The Bonferroni and Šidák Corrections for Multiple Comparisons. In: SALKIND, N. J. (Hrsg.): *Encyclopedia of Measurement and Statistics*. Thousand Oaks (CA): Sage, 2007

[2] ABRAHAMSEN, T. J.; HANSEN, L. K.: Regularized Pre-image Estimation for Kernel PCA De-noising. *Journal of Signal Processing Systems* 65(3) (2011), S. 403–412

[3] ABRAMOWITZ, M.; STEGUN, I. A. (Hrsg.): *Handbook of Mathematical Functions*. 10. Auflage. Washington: U.S. Department of Commerce, NIST, 1972

[4] AIZENBERG, I. N.; AIZENBERG, N. N.; VANDEWALLE, J.: *Multi-Valued and Universal Binary Neurons: Theory, Learning and Applications*. Dordrecht: Spinger US, 2000

[5] AIZERMAN, M. A.; BRAVERMAN, E. M.; ROZONOER, L. I.: Theoretical Foundations of the Potential Function Method in Pattern Recognition Learning. *Automation and Remote Control* 25 (1964), S. 821–837

[6] ALBRECHT, T.: *3D Statistical Shape Models of Human Bones their Construction using a Finite Element Registration Algorithm, Formulation on Hilbert Spaces, and Application to Medical Image Analysis*, Philosophisch-Naturwissenschaftliche Fakultät der Universität Basel, Diss., 2011

[7] ALEXA, M.: Linear Combination of Transformations. *ACM Transactions on Graphics (TOG) – Proceedings of ACM SIGGRAPH 2002* 21(1) (2000), S. 380–387

[8] ASPERT, N.; SANTA-CRUZ, D.; EBRAHIMI, T.: MESH: Measuring Errors between Surfaces using the Hausdorff Distance. In: *IEEE International Conference on Multimedia and Expo (ICME '02)*, 2002, S. 705–708

[9] BABALOLA, K.; COOTES, T. F.: AAM Segmentation of the Mandible and Brainstem. *The MIDAS Journal* (2009). http://hdl.handle.net/10380/3097

[10] BARINGHAUS, L.; HENZE, N.: A Consistent Test for Multivariate Normality Based on the Empirical Characteristic Function. *Metrika* 35(1) (1988), S. 339–348

[11] BASDOGAN, C.; HO, C.H.; SRINIVASAN, M. A.: Virtual Environments for Medical Training: Graphical and Haptic Simulation of Laparoscopic Common Bile Duct Exploration. *IEEE/ASME Transactions on Mechatronics* 6(3) (2001), S. 269–285

[12] BECKER, M.; KIRSCHNER, M.; FUHRMANN, S.; WESARG, S.: Automatic Construction of Statistical Shape Models for Vertebrae. In: FICHTINGER, G.; MARTEL, A.; PETERS, T. (Hrsg.): *Medical Image Computing and Computer-Assisted Intervention – MICCAI 2011* Bd. 6892, Springer, 2011 (LNCS), S. 500–507

[13] BENAMEUR, S.; MIGNOTTE, M.; PARENT, S.; LABELLE, H.; SKALLI, W.; GUISE, J. de: 3D/2D Registration and Segmentation of Scoliotic Vertebrae Using Statistical Models. *Computerized Medical Imaging and Graphics* 27(5) (2003), S. 312–337

[14] BERGH, J.; EKSTEDT, F.; LINDBERG, M.: *Wavelets mit Anwendungen in Signal- und Bildverarbeitung*. Berlin/Heidelberg: Springer, 2007

[15] BESL, P. J.; MCKAY, N. D.: A Method for Registration of 3-D Shapes. *IEEE Transaction on Pattern Analysis and Machine Intelligence* 14(2) (1992), S. 239–256

[16] BEYER, K. S.; GOLDSTEIN, J.; RAMAKRISHNAN, R.; SHAFT, U.: When Is "Nearest Neighbor" Meaningful? In: BEERI, C.; BUNEMAN, P. (Hrsg.): *7th International Conference on Database Theory* Bd. 1540, Springer, 1999 (LNCS), S. 217–235

[17] BLUM, H.: A New Model of Global Brain Function. *Perspectives in Biology and Medicine* 10(3) (1967), S. 381–408

[18] BLUM, H.: Biological Shape and Visual Science (Part I). *Journal of Theoretical Biology* 32(2) (1973), S. 205–287

[19] BOISVERT, J.; CHERIET, F.; PENNEC, X.; LABELLE, H.; AYACHE, N.: Geometric Variability of the Scoliotic Spine Using Statistics on Articulated Shape Models. *IEEE Transactions on Medical Imaging* 27(4) (2008), S. 557–568

[20] BOKSTEIN, F. L.: Principal Warps: Thin-Plate Splines and the Decomposition of Deformations. *IEEE Transactions on Pattern Analysis and Machine Intelligence* 11(6) (1989), S. 567–585

[21] BOOKSTEIN, F. L.: Landmark Methods for Forms Without Landmarks: Morphometrics of Group Differences in Outline Shape. *Medical Image Analysis* 1(3) (1997), S. 225–243

[22] BOSER, B. E.; GUYON, I. M.; VAPNIK, V. N.: A Training Algorithm for Optimal Margin Classifiers. In: *Annual Workshop on Computational Learning Theory (COLT '92)*, 1992, S. 144–152

[23] BOSSA, M. N.; OLMOS, S.: Statistical Model of Similarity Transformations: Building a Multi-Object Pose Model of Brain Structures. In: *Conference on Computer Vision and Pattern Recognition Workshop (CVPRW '06)*, 2006, S. 59

[24] BOWMAN, A. W.; FOSTER, P. J.: Adaptive Smoothing and Density-Based Tests of Multivariate Normality. *Journal of the American Statistical Association* 88(422) (1993), S. 529–537

[25] BOYD, S.; VANDENBERGHE, L.: *Convex Optimization*. 7. Auflage. Cambridge: Cambridge University Press, 2009

[26] BRACEWELL, R. N.: *The Fourier Transform and Its Applcations*. 3. Auflage. Mcgraw-Hill, 1999

[27] BRECHBÜHLER, C.: *Description and Analysis of 3-D Shapes by Parametrization of Closed Surfaces*, Eidgenössische Technische Hochschule Zürich, Diss., 1995

[28] BRECHBÜHLER, C.; GERIG, G.; KÜBLER, O.: Parametrization of Closed Surfaces for 3-D Shape Description. *Computer Vision and Image Understanding* 61(2) (1995), S. 154–170

[29] BRETT, A. D.; TAYLOR, C. J.: A Method of Automated Landmark Generation for Automated 3D PDM Construction. *Image and Vision Computing* 18 (2000), S. 739–748

[30] BURGES, C. J. C.: A Tutorial on Support Vector Machines for Pattern Recognition. *Data Mining and Knowledge Discovery* 2(2) (1998), S. 121–167

[31] BURMESTER, F.: *Nichtlineare statistische Formmodelle für die medizinische 3D-Bildsegmentierung*, Universität zu Lübeck, Institut für Medizintechnik, Masterarbeit, 2013

[32] BUZUG, T. M.: *Computed Tomography: From Phtoton Statistics to Modern Cone-Beam CT*. Berlin/Heidelberg: Springer, 2008

[33] CASELLES, V.; CATTÉ, F.; COLL, T.; DIBOS, F.: A Geometric Model for Active Contours in Image Processing. *Numerische Mathematik* 66(1) (1993), S. 1–31

[34] CASELLES, V.; KIMMEL, R.; SAPIRO, G.: Geodesic Active Contours. *International Journal of Computer Vision* 22(1) (1997), S. 61–79

[35] CATES, J.; FLETCHER, P. T.; STYNER, M.; SHENTON, M.; WHITAKER, R.: Shape Modeling and Analysis With Entropy-based Particle Systems. In: KARSSEMEIJER, N.; LELIEVELDT, B. (Hrsg.): *Information Processing in Medical Imaging* Bd. 4584, Springer, 2007 (LNCS), S. 333–345

[36] CHAN, T. F.; VESE, L. A.: Active Contours without Edges. *IEEE Transactions on Image Processing* 10(2) (2001), S. 56–277

[37] CHRISTENSEN, G. E.; RABBITT, R. D.; MILLER, M. I.: Deformable Templates Using Large Deformation Kinematics. *IEEE Transactions on Medical Imaging* 5(10) (1996), S. 1435–1447

[38] CIOCCA, L.; MAZZONI, S; FANTINI, M.; PERSIANI, F.; MARCHETTI, C; SCOTTI, R.: CAD/CAM Guided Secondary Mandibular Reconstruction of a Discontinuity Defect After Ablative Cancer Surgery. *Journal of Oral and Maxillofacial Surgery* (2012)

[39] COHEN-OR, D.; KAUFMAN, A.: Fundamentals of Surface Voxelization. *Graphical Models and Image Processing* 57(6) (1995), S. 453–461

[40] COOTES, T. F.; EDWARDS, G. J.; TAYLOR, C. J.: Active Appearance Models. In: BURKHARDT, H.; NEUMANN, B. (Hrsg.): *Computer Vision – ECCV'98* Bd. 1407, Sringer, 1998 (LNCS), S. 484–498

[41] COOTES, T. F.; EDWARDS, G. J.; TAYLOR, C. J.: Active Appearance Models. *IEEE Transactions on Pattern Analysis and Machine Intelligence* 23(6) (2001), S. 681–685

[42] COOTES, T. F.; HILL, A.; TAYLOR, C. J.; HASLAM, J.: The Use of Active Shape Models for Locating Structures in Medical Images. *Image and Vision Computing* 12(6) (1994), S. 355–366

[43] COOTES, T. F.; TAYLOR, C. J.: Active Shape Models – 'Smart Snakes'. In: *British Machine Vision Conference (BMVC)*, 1992, S. 266–275

[44] COOTES, T. F.; TAYLOR, C. J.: Active Shape Model Search using Local Grey-Level Models: A Quantitative Evaluation. In: *British Machine Vision Conference (BMVC)*, 1993, S. 639–648

[45] COOTES, T. F.; TAYLOR, C. J.: Combining Point Distribution Models with Shape Models Based on Finite Element Analysis. *Image and Vision Computing* 13(5) (1995), S. 403–409

[46] COOTES, T. F.; TAYLOR, C. J.: A Mixture Model for Representing Shape Variation. In: *British Machine Vision Conference (Vol.1)*, BMVA Press, 1997, S. 110–119

[47] COOTES, T. F.; TAYLOR, C. J.: A Mixture Model for Representing Shape Variation. *Image and Vision Computing* 17(8) (1999), S. 567–573

[48] COOTES, T. F.; TAYLOR, C. J.: Statistical Models of Appearance for Computer Vision / Imaging Science and Biomedical Engineering, University of Manchester. 2004. – Forschungsbericht

[49] COOTES, T. F.; TAYLOR, C. J.; COOPER, D. H.; GRAHAM, J.: Training Models of Shape from Sets of Examples. In: *British Machine Vision Conference (BMVC)*, 1992, S. 9–18

[50] COOTES, T. F.; TAYLOR, C. J.; LANITIS, A.: Active Shape Models: Evaluation of a Multi-Resolution Method for Improving Image Search. In: *British Machine Vision Conference (BMVC)*, 1994, S. 327–336

[51] COOTES, T. F.; WHEELER, G. V.; WALKER, K.N.; TAYLOR, C.J.: View-Based Active Appearance Models. *Image and Vision Computing* 20(9–10) (2002), S. 657–664

[52] COOTES, T.F.; TAYLOR, C.J.; COOPER, D.H.; GRAHAM, J.: Active Shape Models – Their Training and Application. *Computer Vision Image Understanding* 61(1) (1995), S. 38–59

[53] COVER, P. T. H. T. Hart: Nearest Neighbor Pattern Classification. *IEEE Transactions on Information Theory* 13(1) (1967), S. 21–27

[54] CREMERS, D.: *Statistical Shape Knowledge in Variational Image Segmentation*, Universität Mannheim, Diss., 2002

[55] CREMERS, D.; KOHLBERGER, T.; SCHNÖRR, C.: Nonlinear Shape Statistics via Kernel Spaces. In: RADIG, B.; FLORCZYK, S. (Hrsg.): *German National Conference on Pattern Recognition (DAGM)* Bd. 2191, Springer, 2001 (LNCS), S. 269–276

[56] CREMERS, D.; KOHLBERGER, T.; SCHNÖRR, C.: Shape Statistics in Kernel Space for Variational Image Segmentation. *Pattern Recognition* 36(9) (2003), S. 1929–1943

[57] CREMERS, D.; OSHER, S. J.; SOATTO, S.: Kernel Density Estimation and Intrinsic Alignment for Shape Priors in Level Set Segmentation. *International Journal of Computer Vision* 69(3) (2006), S. 335–351

[58] CREMERS, D.; ROUSSON, M.; DERICHE, R.: A Review of Statistical Approaches to Level Set Segmentation: Integrating Color, Texture Motion and Shape. *International Journal of Computer Vision* 72(2) (2007), S. 195–215

[59] CREMERS, D.; TISCHHÄUSER, F.; WEICKERT, J.; SCHNÖRR, C.: Diffusion Snakes: Introducing Statistical Shape Knowledge into the Mumford-Shah Functional. *International Journal of Computer Vision* 50(3) (2002), S. 295–313

[60] CSÖRGŐ, S.: Consistency of Some Tests for Multivariate Normality. *Metrika* 36(1) (1989), S. 107–116

[61] DALAL, P.; JU, L.; MCLAUGHLIN, M.; ZHOU, X.; FUJITA, H.; WANG, S.: 3D Open-surface Shape Correspondence for Statistical Shape Modeling: Identifying Topologically Consistent Landmarks. In: *12th IEEE International Conference on Computer Vision*, 2009, S. 1857–1864

[62] DALAL, P.; MUNSELL, B. C.; WANG, S.; TANG, J.; OLIVER, K.; NINOMIYA, H.; ZHOU, X.; FUJITA, H.: A Fast 3D Correspondence Method for Statistical Shape Modeling. In: *2007 IEEE Conference on Computer Vision and Pattern Recognition (CVPR '07)*, 2007, S. 1–8

[63] DALLAL, G. E.; WILKINSON, L.: An Analytic Approximation to the Distribution of Lilliefors's Test Statistic for Normality. *The American Statistician* 40(4) (1986), S. 294–296

[64] DAMBREVILLE, S.; RATHI, Y.; TANNENBAUM, A.: A Framework for Image Segmentation Using Shape Models and Kernel Space Shape Priors. *IEEE Transactions on Pattern Analysis and Machine Intelligence* 30(8) (2008), S. 1385–1399

[65] DAVATZIKOS, C.; TAO, X.; SHEN, D.: Hierarchical Active Shape Models, Using the Wavelet Transform. *IEEE Transactions on Medical Imaging* 22(3) (2003), S. 414–423

[66] DAVIES, R.; TWINING, C.; TAYLOR, C.: *Statistical Models of Shape*. London: Springer, 2008

[67] DAVIES, R. H.; TWINING, C. J.; ALLEN, P. D.; COOTES, T. F.; TAYLOR, C. J.: Shape Discrimination in the Hippocampus Using an MDL Model. In: *Information Processing in Medical Imaging*, 2003, S. 38–50

[68] DAVIES, R. H.; TWINING, C. J.; COOTES, T. F.; TAYLOR, C. J.: Building 3-D Statistical Shape Models by Direct Optimization. *IEEE Transactions on Medical Imaging* 29(4) (2010), S. 961–981

[69] DAVIES, R. H.; TWINING, C. J.; COOTES, T. F.; WATERTON, J. C.; TAYLOR, C. J.: 3D Statistical Shape Models Using Direct Optimisation of Description Length. In: HEYDEN, A.; SPARR, G.; NIELSEN, M.; JOHANSEN, P. (Hrsg.): *Computer Vision — ECCV 2002* Bd. 2352, Springer, 2002 (LNCS), 1–17

[70] DAVIES, R. H.; TWINING, C. J.; COOTES, T. F.; WATERTON, J. C.; TAYLOR, C. J.: A Minimum Description Length Approach to Statistical Shape Modeling. *IEEE Transactions on Medical Imaging* 21(5) (2002), S. 525–537

[71] DAVIES, R. H.; TWINING, C. J.; TAYLOR, C. J.: Consistent Spherical Parameterisation for Statistical Shape Modelling. In: *3rd IEEE International Symposium on Biomedical Imaging: Nano to Macro*, 2006, S. 1388–1391

[72] DAVIES, R. H.; TWINING, C. J.; TAYLOR, C. J.: Groupwise Surface Correspondence by Optimization: Representation and Regularization. *Medical Image Analysis* 12(6) (2008), S. 787–796

[73] DAVIES, R.H.: *Learning Shape: Optimal Models for Analysing Natural Variability*, University of Manchester, Diss., 2002

[74] DELINGETTE, H.: Simplex Meshes: A General representation for 3D Shape Reconstruction. In: *1994 IEEE Computer Society Conference on Computer Vision and Pattern Recognition (CVPR '94)*, 1994, S. 856–859

[75] DELINGETTE, H.; HÉRBERT, M.; IKEUCHI, K.: Shape Representation and Image Segmentation Using Deformable Surfaces. *Image and Vision Computing* 10(3) (1992), S. 132–144

[76] DEMPSTER, A. P.; LAIRD, N. M.; RUBIN, D. B.: Maximum Likelihood from Incomplete Data via the EM Algorithm. *Journal of the Royal Statistical Society. Series B (Methodological)* 39(1) (1977), S. 1–38

[77] DEVROYE, L.: *Non-Uniform Random Variate Generation*. New York: Springer, 1986

[78] DICE, L. R.: Measures of the Amount of Ecologic Association Between Species. *Ecology* 26(3) (1945), S. 297–302

[79] DONOHO, D.: Wedgelets: Nearly Minimax Estimation of Edges. *Annals of Statistics* 27(3) (1999), S. 859–897

[80] DÖSSEL, O.: *Bildgebende Verfahren in der Medizin: Von der Technik zur medizinischen Anwendung*. Berlin/Heidelberg/New York: Springer, 2000

[81] DRYDEN, I. L.; MARDIA, K. V.: *Statistical Shape Analysis*. London: John Wiley & Sons, 1998

[82] DUISTERMAAT, J. J.; KOLK, J. A. C.: *Lie Groups*. Berlin/Heidelberg/New York: Springer, 2000

[83] EPPS, T. W.; PULLEY, L. B.: A Test for Normality Based on the Empirical Characteristic Function. *Biometrika* 70(3) (1983), S. 723–726

[84] ERICSSON, A.: *Automatic Shape Modelling and Applications in Medical Imaging*, Center for Mathematical Sciences, Lund University, Diss., 2003

[85] ERICSSON, A.; ÅSTRÖM, K.: Minimizing the Description Length Using Steepest Descent. In: *British Machine Vision Conference (BMVC)*, 2003, S. 93–102

[86] ERICSSON, A.; KARLSSON, J.: Aligning Shapes by Minimising the Description Length. In: KALVIAINEN, H.; PARKKINEN, J.; KAARNA, A. (Hrsg.): *Image Analysis* Bd. 3540, Springer, 2005 (LNCS), S. 709–718

[87] ERICSSON, A.; KARLSSON, J.: Measures for Benchmarking of Automatic Correspondence Algorithms. *Journal of Mathematical Imaging and Vision* 28(3) (2007), S. 225–241

[88] ESSIG, H.; RANA, M.; KOKEMUELLER, H.; SEE, Constantin von; RUECKER, M.; TAVASSOL, F.; GELLRICH, N.-C.: Pre-operative Planning for Mandibular Reconstruction – A Full Digital Planning Workflow Resulting in a Patient Specific Reconstruction. *Head & Neck Oncology* 3(45) (2011)

[89] EUFINGER, H.; WEHMÖLLER, M.; MACHTENS, E.: Individual Prostheses and Resection Templates for Mandibular Resection and Reconstruction. *British Journal of Oral and Maxillofacial Surgery* 35(6) (1997), S. 413–418

[90] EUFINGER, Harald; WEHMÖLLER, Michael: Individual Prefabricated Titanium Implants in Reconstructive Craniofacial Surgery: Clinical and Technical Aspects of the First 22 Cases. *Plastic & Reconstructive Surgery* 102(2) (1998), S. 300–308

[91] FELZENSZWALB, P. F.; HUTTENLOCHER, D. P.: Pictorial Structures for Object Recognition. *International Journal of Computer Vision* 61(1) (2005), S. 55–79

[92] FISCHLER, M. A.; ELSCHLAGER, R. A.: The Representation and Matching of Pictorial Structures. *IEEE Transactions on Computer* 22(1) (1973), S. 67–92

[93] FISHER, R. A.: The Use of Multiple Measurements in Taxonomic Problems. *Annals of Eugenics* 7 (1936), S. 179–188

[94] FLETCHER, P. T.; JOSHI, S.; LU, C.; PIZER, S.: Gaussian Distributions on Lie Groups and Their Application to Statistical Shape Analysis. In: TAYLOR, C.; NOBLE, J. A. (Hrsg.): *Information Processing in Medical Iaging* Bd. 2732, Springer, 2003 (LNCS), S. 450–462

[95] FLETCHER, P. T.; LU, C.; PIZER, S. M.; JOSHI, S.: Principal Geodesic Analysis for the Study of Nonlinear Statistics of Shape. *IEEE Transactions on Medical Imaging* 23(8) (2004), S. 995–1005

[96] FLETCHER, P.T.; LU, C.; JOSHI, S.: Statistics of Shape via Principal Geodesic Analysis on Lie Groups. In: *Proceedings of the 2003 IEEE Computer Society Conference on Computer Vision and Pattern Recognition*, 2003, S. 95–101

[97] FLEUTE, M.; LAVALLÉE, S.: Building a Complete Surface Model from Sparse Data Using Statistical Shape Models: Application to Computer Assisted Knee Surgery. In: WELLS, W. M.; COLCHESTER, A.; DELP, S. (Hrsg.): *Medical Image Computing and Computer Assisted Intervention – MICCAI'98* Bd. 1496, Springer, 1998 (LNCS), S. 879–887

[98] *Kapitel* Surface Parameterization: A Tutorial and Survey. In: FLOATER, M. S.; HORMANN, K.: *Advances in Multiresolution for Geometric Modelling*. Springer, 2005 (Mathematics and Visualization), 157–186

[99] FRANGI, A. F.; RUECKERT, D.; SCHNABEL, J. A.; NIESSEN, W. J.: Automatic 3D ASM Construction via Atlas-Based Landmarking and Volumetric Elastic Registration. In: INSANA, M. F.; LEAHY, R. M. (Hrsg.): *Information Processing in Medical Imaging* Bd. 2082, Springer, 2001 (LNCS), S. 78–91

[100] FRANGI, A. F.; RUECKERT, D.; SCHNABEL, J. A.; NIESSEN, W. J.: Automatic Construction of Multiple-Object Three-Dimensional Statistical Shape Models: Application to Cardiac Modeling. *IEEE Transactions on Medical Imaging* 21(9) (2002), S. 1151–1166

[101] FRIPP, J.; CROZIER, S.; WARFIELD, S.K.; OURSELIN, S.: Automatic Segmentation of the Bone and Extraction of the Bone-cartilage Interface from Magnetic Resonance Images of the Knee. *Physics in Medicine and Biology* 52(6) (2007), S. 1617–1631

[102] FRIPP, Jürgen; BOURGEAT, Pierrick; MEWES, Andrea J.; WARFIELD, Simon K.; CROZIER, Stuart; OURSELIN, Sébastien: 3D Statistical Shape Models to Embed Spatial Relationship Information. In: *Computer Vision for Biomedical Image Applications* Bd. 3765, 2005 (LNCS), S. 51–60

[103] GERIG, G.; STYNER, M.; SHENTON, M. E.; LIEBERMAN, J. A.: Shape versus Size: Improved Understanding of the Morphology of Brain Structures. In: *Medical Image Computing and Computer Assisted Intervention – MICCAI 2001* Bd. 2208, Springer, 2001 (LNCS), 24–32

[104] GIBSON, S. F.; FYOCK, C.; GRIMSON, E.; KANADE, T.; KIKINIS, R.; LAUER, H.; MCKENZIE, N.; MOR, A.; NAKAJIMA, S.; OHKAMI, H.; OSBORNE, R.; SAMOSKY, J.; SAWADA, A.: Simulating Surgery using Volumetric Object Representations, Real-Time Volume Rendering and Haptic Feedback / Mitsubishi Electrics Research Laboratories. 1997 (TR97-02). – Forschungsbericht

[105] GIESSEN, M. v. d.; FOUMANI, M.; VOS, F. M.; STRACKEE, S. D.; MAAS, M.; VLIET, L. J.; GRIMBERGEN, C. A.; STREEKSTRA, G. J.: A 4D Statistical Model of Wrist Bone Motion Patterns. *IEEE Transactions on Medical Imaging* 31(3) (2012), S. 613–625

[106] GINNEKEN, B. V.; FRANGI, A. F.; STAAL, J. J.; HAAR ROMENY, B. M. t.; VIERGEVER, M. A.: Active Shape Model Segmentation with Optimal Features. *IEEE Transactions on Medical Imaging* 21(8) (2002), S. 924–933

[107] GOLDBERG, D.: *Genetic Algorithms in Search, Optimization and Machine Learning.* Boston: Addison-Wesley Professional, 1989

[108] GOLLMER, S. T.: *A Unified Framework for Automatic Construction and Evaluation of 3D Statistical Shape Models*, Universität zu Lübeck, Institut für Medizintechnik, Masterarbeit, 2009

[109] GOLUB, G. H.; LOAN, C. F. V.: *Matrix Computations.* 3. Auflage. Baltimore/London: Johns Hopkins University Press, 1996

[110] GOODALL, C.: Procrustes Methods in the Statistical Analysis of Shape. *Journal of the Royal Statistical Society. Series B (Methodological)* 53(2) (1991), S. 285–339

[111] GOOSSEN, A.; PETERS, D.; GERNOTH, T.; PRALOW, T.; GRIGAT, R.-R.: Intelligent Feature Selection for Model-Based Bone Segmentation in Digital Radiographs. In: *9th International Conference on Information Technology and Applications in Biomedicine (ITAB 2009)*, 2009, S. 1–4

[112] GOOSSEN, André; HERMANN, E.; WEBER, G. M.; GERNOTH, T.; PRALOW, T.; GRIGAT, R.-R.: Model-Based Segmentation of Pediatric and Adult Joints for Orthopedic Measurements in Digital Radiographs of the Lower Limbs. *Computer Science - Research and Development* 26(1–2) (2010), S. 107–116

[113] GORCZOWSKI, K.; STYNER, M.; JEONG, J.-Y.; MARRON, J. S.; PIVEN, J.; HAZLETT, H. C.; PIZER, S. M.; GERIG, G.: Statistical Shape Analysis of Multi-Object Complexes. In: *IEEE Conference on Computer Vision and Pattern Recognition (CVPR '07)*, 2007, S. 1–8

[114] GOWER, J. C.: Generalized Procrustes Analysis. *Psychometrika* 40(1) (1975), March, S. 33–51

[115] GRENANDER, U.; MILLER, M. I.: Representations of Knowledge in Complex Systems. *Journal of the Royal Statistical Society. Series B (Methodological)* 56(4) (1994), S. 549–603

[116] GRÜNWALD, P. D.; MYUNG, I. J.; PITT, M. A. (Hrsg.): *Advances in Minimum Description Length: Theory and Applications.* Cambridge: MIT Press, 2005

[117] GU, X.; WANG, Y.; CHAN, T. F.; THOMPSON, P. M.; YAU, S. T.: Genus Zero Surface Conformal Mapping and its Application to Brain Surface Mapping. *IEEE Transactions on Medical Imaging* 23(8) (2004), S. 949–958

[118] HAAR, A.: Zur Theorie der orthogonalen Funktionensysteme. *Mathematische Annalen* 69(3) (1910), S. 331–371

[119] HAN, X.; HIBBARD, L.; O'CONNEL, N.; WILLCUT, V.: Automatic Segmentation of Head and Neck CT Images by GPU-Accelerated Multi-Atlas Fusion. *The MIDAS Journal* (2009). http://hdl.handle.net/10380/3111

[120] HANDELS, H.: *Medizinische Bildverarbeitung*. 2. Auflage. Wiesbaden: Vieweg + Teubner, 2009

[121] HARALICK, R. M.; SHANMUGAM, K.; DINSTEIN, I.: Textural Features for Image Classification. *IEEE Transactions on Systems, Man and Cybernetics* SMC-3(6) (1973), S. 610–621

[122] HASTIE, T.; STUETZLE, W.: Principal Curves. *Journal of the American Statistical Association* 84(406) (1989), S. 502–516

[123] HEDDERICH, J.; SACHS, L.: *Angewandte Statistik: Methodensammlung imit R*. 14. Auflage. Heidelberg/Dordrecht/London/New York: Springer, 2012

[124] HEIMANN, T.: *Statistical Shape Models fpr 3D Medical Image Segmentation*, Universität Heidelberg, Diss., 2008

[125] HEIMANN, T.; GINNEKEN, B. van; STYNER, M.; ET AL.: Comparison and Evaluation of Methods for Liver Segmentation From CT Datasets. *IEEE Transactions on Medical Imaging* 28 (2009), S. 1251–1265

[126] HEIMANN, T.; MEINZER, H.-P.: Statistical Shape Models for 3D Medical Image Segmentation: A Review. *Medical Image Analysis* 13(4) (2009), S. 5431–563

[127] HEIMANN, T.; MÜNZING, S.; MEINZER, H.-P.; WOLF, I.: A Shape-Guided Deformable Model with Evolutionary Algorithm Initialization for 3D Soft Tissue Segmentation. In: KARSSEMEIJER, N.; LELIEVELDT, B. (Hrsg.): *Information Processing in Medical Imaging* Bd. 4584, Springer, 2007 (LNCS), S. 1–12

[128] HEIMANN, T.; OGUZ, I.; WOLF, I.; STYNER, M. ; MEINZER, H.-P.: Implementing the Automatic Generation of 3D Statistical Shape Models with ITK. *The Insight Journal – 2006 MICCAI Open Science Workshop* (2006)

[129] HEIMANN, T.; WOLF, I.; MEINZER, H.-P.: Active Shape Models for a Fully Automated 3D Segmentation of the Liver – An Evaluation on Clinical Data. In: LARSEN, R.; NIELSEN, M.; SPORRING, J. (Hrsg.): *Medical Image Computing and Computer-Assisted Intervention – MICCAI 2006*, Springer, 2006 (LNCS 4191), S. 41–48

[130] HEIMANN, T.; WOLF, I.; MEINZER, H.-P.: Optimal Landmark Distributions for Statistical Shape Model Construction. In: REINHARDT, J.M.; PLUIM, J.P. (Hrsg.): *Proc. SPIE 6144, Medical Imaging 2006: Image Processing*, 2006 (61441J)

[131] HEIMANN, T.; WOLF, I.; MEINZER, H.-P.: Automatic Generation of 3D Statistical Shape Models with Optimal Landmark Distributions. *Methods of Information in Medicine* 46(3) (2007), S. 275–281

[132] HEIMANN, T.; WOLF, I.; WILLIAMS, T.; MEINZER, H.P.: 3D Active Shape Models using Gradient Descent Optimization of Description Length. In: CHRISTENSEN, G. E.; SONKA, M. (Hrsg.): *Information Processing in Medical Imaging* Bd. 3565, Springer, 2005 (LNCS), S. 566–577

[133] HENZE, N.: Invariant Tests for Multivariate Normality: A Critical Review. *Statistical Papers* 43(4) (2002), S. 467–506

[134] HENZE, N.; WAGNER, T.: A New Approach to the BHEP Tests for Multivariate Normality. *Journal of Multivariate Analysis* 62(1) (1997), S. 1–23

[135] HENZE, N.; ZIRKLER, B.: A Class of Invariant Consistent Tests for Multivariate Normality. *Communications in Statistics – Theory and Methods* 19(10) (1990), S. 3595–3617

[136] HERMAN, G. T.; LIU, H. K.: Three-Dimensional Display of Human Organs from Computed Tomograms. *Computer Graphics and Image Processing* 9(1) (1979), S. 1–21

[137] HILL, A.; TAYLOR, C. J.; BRETT, A. D.: A Framework for Automatic Landmark Identification Using a New Method of Nonrigid Correspondence. *IEEE Transactions on Pattern Analysis and Machine Intelligence* 22(3) (2000), S. 241–251

[138] HLADŮVKA., J.; BÜHLER, K.: MDL Spline Models: Gradient and Polynomial Reparameterisations. In: *British Machine Vision Conference (BMVC)*, 2005

[139] HORKAEW, P; YANG, G. Z.: Optimal Deformable Surface Models for 3D Medical Image Analysis. In: TAYLOR, C.; NOBLE, J. A. (Hrsg.): *Information Processing in Medical Imaging* Bd. 2732, 2003 (LNCS), S. 13–24

[140] HORKAEW, P.; YANG, G.-Z.: Construction of 3D Dynamic Statistical Deformable Models for Complex Topological Shapes. In: BARILLOT, C.; HAYNOR, D. R.; HELLIER, P. (Hrsg.): *Medical Image Computing and Computer-Assisted Intervention – MICCAI 2004* Bd. 3216, Springer, 2004 (LNCS), S. 217–224

[141] HORN, B. K. P.: Closed-form Solution of Absolute Orientation Using Unit Quaternions. *Journal of the Optical Society of America A* 4(4) (1987), S. 629–642

[142] HOTELLING, H.: Analysis of a complex of statistical variables into principal components. *Journal of Educational Psychology* 24(6) (1933), S. 417–441

[143] HUFNAGEL, H.; PENNEC, X.; EHRHARDT, J.; AYACHE, N.; HANDELS, H.: Generation of a Statistical Shape Model With Probabilistic Point Correspondences and the Expectation Maximization-Iterative Closest Point Algorithm. *International Journal of Computer Assisted Radiology and Surgery* 2(5) (2008), S. 265–273

[144] HUFNAGEL, H.; PENNEC, X.; EHRHARDT, J.; AYACHE, N.; HANDELS, H.: Computation of a Probabilistic Statistical Shape Model in a Maximum-a-posteriori Framework. *Methods of Information in Medicine* 48(4) (2009), S. 314–319

[145] J., Koenderink J.; DOORN, A. J. v.: The Structure of Locally Orderless Images. *International Journal of Computer Vision* 31(2/3) (1999), S. 159–168

[146] JACCARD, Paul: Étude Comparative de la Distribution Florale dans une Portion des Alpes et des Jura. *Bulletin de la Société Vaudoise des Sciences Naturelles* 37 (1901), S. 547–579

[147] JOHNSON, H. J.; MCCORMICK, M.; IBÁNEZ, L.; INSIGHT SOFTWARE CONSORTIUM: *The ITK Software Guide*. 3. Auflage. New York: Kitware, Inc., 2013

[148] JOLLIFFE, I. T.: *Principal Component Analysis*. 2. Aulfage. New York/Berlin/Heidelberg: Springer, 2002

[149] JOSHI, S.; PIZER, S. M.; FLETCHER, P. T.; THALL, A.; TRACTON, G. S.: Multi-Scale 3-D Deformable Model Segmentation Based on Medial Description. In: INSANA, M. F.; LEAHY, R. M. (Hrsg.): *Information Processing in Medical Imaging* Bd. 2082, Springer, 2001 (LNCS), S. 64–77

[150] JUNG, F.; KIRSCHNER, M.; WESARG, S.: A Generic Approach to Organ Detection Using 3D Haar-Like Features. In: MEINZER, H.-P.; DESERNO, T. M.; HANDELS, H.; TOLXDORFF, T. (Hrsg.): *Bildverarbeitung für die Medizin*, Springer, 2013 (Informatik aktuell), S. 320–325

[151] KAICK, O. v.; ZHANG, H.; HAMARNEH, G.; COHEN-OR, D.: A Survey on Shape Correspondence. *Computer Graphics Forum* 30(6) (2011), S. 1681–1707

[152] KAINMUELLER, D.; LAMECKER, H.; SEIM, H.; ZACHOW, S.: Multi-Object Segmentation of Head Bones. *The MIDAS Journal* (2009). http://hdl.handle.net/10380/3099

[153] KAINMUELLER, D.; LAMECKER, H.; SEIM, H.; ZINSER, M.; ZACHOW, S.: Automatic Extraction of Mandibular Nerve and Bone from Cone-Beam CT Data. In:

YANG, G.-Z.; HAWKES, D.; RÜCKERT, D.; NOBLE, A.; TAYLOR, C. (Hrsg.): *Medical Image Computing and Computer-Assisted Intervention – MICCAI 2009* Bd. 5762, Springer, 2009 (LNCS), S. 76–83

[154] KAINMÜLLER, D.; LANGE, T.; LAMECKER, H.: Shape Constrained Automatic Segmentation of the Liver Based on a Heuristic Intensity Model. In: *MICCAI Workshop on 3D Segmentation in the Clinic*, 2007, S. 109–116

[155] KALENDER, W. A.: *Computertomographie*. München: Publicis MCD, 2000

[156] KALMAN, D.: A Singularly Valuable Decomposition: The SVD of a Matrix. *The College Mathematics Journal* 27(1) (1996), S. 2–23

[157] KARHUNEN, K.: Über lineare Methoden in der Wahrscheinlicheitsrechnung. *Annals Academia Scientarum Fennicae, Series A 1* 37 (1947), S. 3–79

[158] KASS, M.; WITKIN, A.; TERZOPOULOS, D.: Snakes: Active Contour Models. *International Journal of Computer Vision* 1(4) (1988), S. 321–331

[159] KAUS, M.R.; PEKAR, V.; LORENZ, C.; TRUYEN, R.; LOBREGT, S.; WEESE, J.: Automated 3-D PDM Construction from Segmented Images Using Deformable Models. *IEEE Transactions on Medical Imaging* 22(8) (2003), S. 1005–1013

[160] KELEMEN, A.; SZÉKELY, G.; GERIG, G.: Elastic Model-Based Segmentation of 3-D Neuroradiological Data Sets. *IEEE Transactions on Medical Imaging* 18(10) (1999), S. 828–839

[161] KENDALL, D. G.: The Diffusion of Shape. *Advances in Applied Probability* 9(3) (1977), S. 428–430

[162] KIRA, K.; RENDELL, L. A.: The Feature Selection Problem: Traditional Methods and a New Algorithm. In: *Proceedings of the 10th National Conference on Artificial Intelligence*, AAAI Press, 1992, S. 129–134

[163] KIRKPATRICK, S.; JR., C. D. G.; VECCHI, M. P.: Optimization by Simulated Annealing. *Science* 220(4598) (1983), S. 671–680

[164] KIRSCHNER, M: *The Probabilistic Active Shape Model: From Model Construction to Flexible Medical Image Segmentation*, TU Darmstadt, Diss., 2013

[165] KIRSCHNER, M.; BECKER, M.; WESARG, S.: 3D Active Shape Model Segmentation With Nonlinear Shape Priors. In: FICHTINGER, G.; MARTEL, A. L.; PETERS, T. M. (Hrsg.): *Medical Image Computing and Computer-Assisted Intervention – MICCAI 2011* Bd. 6892, Springer, 2011 (LNCS), S. 492–499

[166] KIRSCHNER, M.; JUNG, F.; WESARG, S.: Automatic Prostate Segmentation in MR Images with a Probabilistic Active Shape Model. In: *PROMISE12 – MICCAI 2012 Grand Challenge on Prostate MR Image Segmentation*, 2012

[167] KIRSCHNER, M.; WESARG, S.: 3D Statistical Shape Model Building Using Consistent Parameterization. In: DESERNO, T. M.; HANDELS, H.; MEINZER, H.-P.; TOLXDORFF, T. (Hrsg.): *Bildverarbeitung für die Medizin 2010* Bd. 574, CEUR-WS.org, 2010 (CEUR Workshop Proceedings), S. 291–295

[168] KIRSCHNER, M.; WESARG, S.: Construction of Groupwise Consistent Shape Parameterizations by Propagation. In: *Proc. SPIE 7623, Medical Imaging 2010: Image Processing*, 2010 (762352)

[169] KIRSCHNER, M.; WESARG, S.: Active Shape Models Unleashed. In: *Proc. SPIE 7962, Medical Imaging 2011: Image Processing*, 2011 (796211)

[170] KIRSCHNER, M; WESARG, S.: Regularisierung lokaler Deformation im probabilistischen Active Shape Model. In: TOLXDORFF, T.; DESERNO, T. M.; HANDELS, H.; MEINZER, H.-P. (Hrsg.): *Bildverarbeitung für die Medizin*, Springer, 2012 (Informatik aktuell), S. 328–333

[171] KOENDERINK, J. J.: The Structure of Images. *Biological Cybernetics* 50(5) (1984), S. 363–370

[172] KOENDERINK, J. J.; DOORN, A. J. v.: Representation of Local Geometry in the Visual System. *Biological Cybernetics* 55(6) (1987), S. 367–375

[173] KOIKKALAINEN, J.; TÖLLI, T.; LAUERMA, K.; ANTILA, K.; MATTILA, E.; LILJA, M.; LÖTJÖNEN, J.: Methods of Artificial Enlargement of the Training Set for Statistical Shape Models. *IEEE Transactions on Medical Imaging* 27(11) (2008), S. 1643–1654

[174] KONONENKO, I.; ŠIMEC, E.; ROBNIK-ŠIKONJA, M.: Overcoming the Myopia of Inductive Learning Algorithms with RELIEFF. *Applied Intelligence* 7(1) (1997), S. 39–55

[175] KOTCHEFF, A. C. W.; TAYLOR, C. J.: Automatic Construction of Eigenshape Models by Direct Optimization. *Medical Image Analysis* 2(4) (1998), S. 303–314

[176] KRAMER, M. A.: Nonlinear Principal Component Analysis Using Autoassociative Neural Networks. *AIChE Journal* 37(2) (1991), S. 233–243

[177] KROON, D.-J.: *Segmentation of the Mandibular Canal in Cone-Beam CT Data*, Universiteit Twente, Diss., 2011

[178] KULLBACK, S.; LEIBLER, R. A.: On Information and Sufficiency. *Annals of Mathematical Statistics* 22(1) (1951), S. 79–86

[179] KURTEK, S.; KLASSEN, E; DING, Z.; JACOBSON, S. W.; JACOBSON, J. L.; AVISON, M. J.; SRIVASTAVA, A.: Parameterization-Invariant Shape Comparisons of Anatomical Surfaces. *IEEE Transactions on Medical Imaging* 30(3) (2011), S. 849–858

[180] KURTEK, S.; KLASSEN, E.; DING, Z.; SRIVASTAVA, A.: A Novel Riemannian Framework for Shape Analysis of 3D Objects. In: *2010 IEEE Conference on Computer Vision and Pattern Recognition (CVPR)*, IEEE, 2010, S. 1625–1632

[181] LAMECKER, H.; LANGE, T.; SEEBASS, M.: A Statistical Shape Model for the Liver. In: *Medical Image Computing and Computer-Assisted Intervention - MICCAI 2002* Bd. 2489, Springer, 2002 (LNCS), S. 421–427

[182] LAMECKER, H.; LANGE, T.; SEEBASS, M.: Segmentation of the Liver Using a 3D Statistical Shape Model / Konrad-Zuse-Zentrum für Informationstechnik Berlin. Berlin, Germany, 2004 (ZIB-Report 04-09). – Forschungsbericht

[183] LAMECKER, H.; SEEBASS, M.; HEGE, H. C.; DEUFLHARD, P.: A 3D Statistical Shape Model of the Pelvic Bone for Segmentation. In: *Proc. SPIE 5370, Medical Imaging 2004: Image Processing*, 2004 (1341)

[184] LAMECKER, H.; ZACHOW, S.; WITTMERS, A.; WEBER, B.; HEGE, H.-C.; ELSHOLTZ, B.; STILLER, M.: Automatic Segmentation of Mandibles in Low-Dose CT-Data. *International Journal of Computer Assisted Radiology and Surgery* 1(1) (2006), S. 393–395

[185] LARSEN, R.: L_1 Generalized Procrustes 2D Shape Alignment. *Journal of Mathematical Imaging and Vision* 31(2–3) (2008), S. 189–194

[186] LARSEN, R.; STEGMANN, M. B.; DARKNER, S.; FORCHHAMMER, S.; COOTES, T. F.; ERSBØLL, B. K.: Texture Enhanced Appearance Models. *Computer Vision and Image Understanding* 106(1) (2007), S. 20–30

[187] LEE, John A.; VERLEYSEN, Michael: *Nonlinear Dimensionality Reduction*. New York: Springer, 2007

[188] LEMPITSKY, V.; BLAKE, A.; ROTHER, C.: Branch-and-Mincut: Global Optimization for Image Segmentation with High-Level Priors. *Journal of Mathematical Imaging and Vision* 44(3) (2012), S. 315–329

[189] LEVANDOWSKY, M.; WINTER, D.: Distance Between Sets. *Nature* 234(5) (1971), S. 34–35

[190] LEVENTON, M. E.; GRIMSON, W. E. L.; FAUGERAS, O.: Statistical Shape Influence in Geodesic Active Contours. In: *IEEE Conference on Computer Vision and Pattern Recognition* Bd. 1, 2000, S. 316–323

[191] LI, K.; MILLINGTON, S.; WU, X.; SONKA, D. Z. Chenand M.: Simultaneous Segmentation of Multiple Closed Surfaces Using Optimal Graph Searching. In: CHRISTENSEN, G. E.; SONKA, M. (Hrsg.): *Information Processing in Medical Imaging* Bd. LNCS, Springer, 2005, S. 406–417

[192] LI, K.; WU, X.; CHEN, D. Z.; SONKA, M.: Optimal Surface Segmentation in Volumetric Images–A Graph-Theoretic Approach. *IEEE Transactions on Pattern Analysis and Machine Intelligence* 28(1) (2006), S. 119–134

[193] LIANG, J.; LI, R.; FANG, H.; FANG, K.-T.: Testing Multinormality Based on Low-Dimensional Projection. *Journal of Statistical Planning and Inference* 86(1) (2000), S. 129–141

[194] LIANG, J.; TANG, M.-L.; CHAN, P. S.: A Generalized Shapiro-Wilk W Statistic for Testing High-Dimensional Normality. *Computational Statistics & Data Analysis* 53(11) (2009), S. 3883–3891

[195] LIENHART, R.; MAYDT, J.: An Extended Set of Haar-like Features for Rapid Object Detection. In: *2002 International Conference on Image Processing*. Bd. 1, 2002, S. I-900–I-903

[196] LILLEFORS, H. W.: On the Kolmogorov-Smirnov Test for Normality with Mean and Variance Unknown. *Journal of the American Statistical Association* 62(318) (1967), S. 399–402

[197] LINGURARU, M. G.; SANDBERG, J. K.; LI, Z.; SHAH, F.; SUMMERS, R. M.: Automated Segmentation and Quantification of Liver and Spleen from CT Images Using Normalized Probabilistic Atlases and Enhancement Estimation. *Medical Physics* 37(2) (2010), S. 771–783

[198] LIPKUS, A. H.: A Proof of the Triangle Inequality for the Tanimoto Distance. *Journal of Mathematical Chemistry* 26(1–3) (1999), S. 263–265

[199] LIU, D. C.; NOCEDAL, J.: On the Limited Memory BFGS Method for Large Scale Optimization. *Mathematical Programming: Series A and B* 54(3) (1989), S. 503–528

[200] LOÈVE, M.: Fonctions Aléatoires de Second Ordre. In: LÉVY, P. (Hrsg.): *Processus Stochastiques et Mouvement Brownien*, 1948

[201] LORENSEN, W. E.; CLINE, H. E.: Marching Cubes: A High Resolution 3D Surface Construction Algorithm. *SIGGRAPH Computer Graphics* 21(4) (1987), S. 163–169

[202] LOWE, D. G.: Distinctive Image Features from Scale-Invariant Keypoints. *International Journal of Computer Vision* 60(2) (2004), S. 91–110

[203] MAH, P.; REEVES, T. E.; MCDAVID, W. D.: Deriving Hounsfield Units Using Grey Levels in Cone Beam Computed Tomography. *Dentomaxillofacial Radiology* 39(6) (2010), S. 323–335

[204] MALLADI, R.; SETHIAN, J. A.: A Real-time Algorithm for Medical Shape Recovery. In: *Sixth International Conference on Computer Vision*, 1998, S. 304–310

[205] MALLADI, R.; SETHIAN, J. A.; C., Vemuri B.: Shape Modeling with Front Proagation: A Level Set Approach. *IEEE Transaction on Pattern Analysis and Machine Intelligence* 17(2) (1995), S. 158–175

[206] MARDIA, K. V.; KENT, J. T.; BIBBY, J. M.: *Multivariate Analysis*. 10. Auflage. London/San Diego: Academic Press, 1995

[207] MARDIA, K. V.; KENT, J. T.; WALDER, A. N.: Statistical Shape Models in Image Analysis. In: *23rd Symposium on the Interface*, 1991, S. 550–557

[208] MARDIA, K.V.: Measures of Multivariate Skewness and Kurtosis with Applications. *Biometrika* 57(3) (1970), S. 519–530

[209] MASSEY, F. J. J.: The Kolmogorov-Smirnov Test for Goodness of Fit. *Journal of the American Statistical Association* 46(253) (1951), S. 68–78

[210] MASTMEYER, A.; HECHT, T.; FORTMEIER, D.; HANDELS, H.: Ray-Casting-Based Evaluation Framework for Needle Insertion Force Feedback Algorithms. In: MEINZER, H.-P.; DESERNO, T. M.; HANDELS, H.; TOLXDORFF, T. (Hrsg.): *Bildverarbeitung für die Medizin 2013*, Springer, 2013 (Informatik aktuell), S. 3–8

[211] MCINERNEY, T.; TERZOPOULOS, D.: Topologically Adaptable Snakes. In: *Fifth International Conference on Computer Vision*, 1995, S. 840–845

[212] MCINERNEY, T.; TERZOPOULOS, D.: Deformable Models in Medical Image Analysis: A Survey. *Medical Image Analysis* 1(2) (1996), S. 91–108

[213] MCROBBIE, D. W.; MOORE, E. A.; GRAVES, M. J.; PRINCE, M. R.: *MRI from Picture to Proton*. 2. Auflage. Cambridge: Cambridge University Press, 2007

[214] MECKLIN, C. J.; MUNDFROM, D. J.: An Appraisal and Bibliography of Tests for Multivariate Normality. *International Statistical Review* 72(1) (2004), S. 123–138

[215] MECKLIN, C. J.; MUNDFROM, D. J.: A Monte Carlo Comparison of the Type I and Type II Error Rates of Tests of Multivariate Normality. *Journal of Statistical Computation and Simulation* 75(2) (2005), S. 93–107

[216] MERCER, J.: Functions of Positive and Negative Type, and Their Connection with the Theory of Integral Equations. *Philosophical Transactions of the Royal Society of London. Series A* 209 (1909), S. 415–446

[217] MIKA, S.; RÄTSCH, G.; WESTON, J.; SCHÖLKOPF, B.; MÜLLER, K.-R.: Fisher Discriminant Analysis with Kernels. In: *Proceedings of the 1999 IEEE Signal Processing Society Workshop Neural Networks for Signal Processing IX*, 1999, S. 41–48

[218] MIKA, S.; SCHÖLKOPF, B.; SMOLA, A.; MÜLLER, K.-R.; SCHOLZ, M.; RÄTSCH, G.: Kernel PCA and De-noising in Feature Spaces. In: KEARNS, M. S.; SOLLA, S. A.; COHN, D. A. (Hrsg.): *Proceedings of the 1998 Conference on Advances in Neural Information Processing Systems II*, MIT Press, 1999, S. 536–542

[219] MILLER, L. H.: Table of Percentage Points of Kolmogorov Statistics. *Journal of the American Statistical Association* 51(273) (1956), S. 111–121

[220] MOGHADDAM, B.; PENTLAND, A.: Probabilistic Visual Learning for Object Representation. *IEEE Transactions on Pattern Analysis and Machine Intelligence* 19(7) (1997), S. 696–710

[221] MONTAGNAT, J.; H., Delingette; N., Ayache: A Review of Deformable Surfaces: Topology, Geometry and Deformation. *Image and Vision Computing* 19(14) (2001), S. 1023–1040

[222] MONTGOMERY, D. C.; RUNGER, G. C.: *Applied Statistics and Probability for Engineers*. 3. Auflage. New York: John Wiley & Sons, 2003

[223] MORNEBURG, H. (Hrsg.): *Bildgebende Systeme für die medizinische Diagnostik*. 3. Auflage. Erlangen: Publicis Publishing, 1995

[224] MUELLER, D.: Cuberille Implicit Surface Polygonization for ITK. *Insight Journal* (2010). http://hdl.handle.net/10380/3186

[225] MUNSELL, B. C.; DALAL, P.; WANG, S.: Evaluating Shape Correspondence for Statistical Shape Analysis: A Benchmark Study. *IEEE Transaction on Pattern Analysis and Machine Intelligence* 30(11) (2008), S. 2023–2039

[226] MUNSELL, B. C.; TEMLYAKOV, A.; STYNER, M.; WANG, S.: Pre-organizing Shape Instances for Landmark-Based Shape Correspondence. *International Journal of Computer Vision* 97(2) (2012), S. 210–228

[227] NAIN, D.; HAKER, S.; BOBICK, A.; TANNENBAUM, A.: Multiscale 3-D Shape Representation and Segmentation Using Spherical Wavelets. *IEEE Transactions on Medical Imaging* 26(4) (2007), S. 598–618

[228] NELDER, J. A.; MEAD, R.: A Simplex Method for Function Minimization. *Computer Journal* 7 (1965), S. 308–.313

[229] NOCEDAL, J.: Updating Quasi-Newton Matrices with Limited Storage. *Mathematics of Computation* 35(151) (1980), S. 773–782

[230] OKADA, T.; LINGURARU, M. G.; HORI, M.; SUZUKI, Y.; SUMMERS, R. M.; TOMIYAMA, N.; SATO, Y.: Multi-Organ Segmentation in Abdominal CT Images. In: *2012 Annual International Conference of the IEEE Engineering in Medicine and Biology Society (EMBC)*, IEEE Press, 2012, S. 3986–3989

[231] OKADA, T.; YOKOTA, K.; HORI, M.; NAKAMOTO, M.; NAKAMURA, H.; SATO, Y.: Construction of Hierarchical Multi-Organ Statistical Atlases and Their Application to Multi-Organ Segmentation from CT Images. In: METAXAS, D.; AXEL, L.; FICHTINGER, G.; SZÉKELY, G. (Hrsg.): *Medical Image Computing and Computer-Assisted Intervention – MICCAI 2008* Bd. 5241, 2008 (LNCS), S. 502–509

[232] OSHER, S.; SETHLAN, J. A.: Front Propagating with curvature-dependent speed: Algorithms based on Hamilton-Jacobi Formulations. *Journal of Computational Physics* 79 (1988), S. 12–49

[233] PAPAGEORGIOU, C. P.; OREN, M.; POGGIO, T.: A General Framework for Object Detection. In: *Sixth International Conference on Computer Vision*, 1998, S. 555–562

[234] PARAGIOS, N.; DERICHE, R.: Geodesic Active Regions and Level Set Methods for Supervised Texture Segmentation. *International Journal of Computer Vision* 46(3) (2002), S. 223–247

[235] PARZEN, E.: On Estimation of a Probability Density Function and Mode. *Annals of Mathematical Statistics* 33(3) (1962), S. 1065–1076

[236] PEARSON, K.: On Lines and Planes of Closest Fit to a System of Points in Space. *Philosophical Magazine* 2(6) (1901), S. 559–572

[237] PEKAR, V.; ALLAIRE, S.; KIM, J.; JAFFRAY, D. A.: Head and Neck Auto-Segmentation Challenge. *The MIDAS Journal* (2009). http://hdl.handle.net/10380/3136

[238] PENNEC, X.: Probabilities and Statistics on Riemannian Manifolds: Basic Tools for Geometric Measurements. In: ÇETIN, A. E.; AKARUN, L.; ERTÜZÜN, A.;

GURCAN, M. N.; YARDIMCI, Y. (Hrsg.): *IEEE Workshop on Nonlinear Signal and Image Processing*, Bogaziçi University Printhouse, 1999, S. 194–198

[239] PENTLAND, A.; SCLAROFF, S.: Closed-Form Solutions for Physically Based Shape Modeling and Recognition. *IEEE Transactions on Pattern Analysis and Machine Intelligence* 13(7) (1991), S. 715–729

[240] PIZER, S. M.; FRITSCH, D. S.; YUSHKEVITCH, P. A.; JOHNSON, V. E.; CHANEY, E. L.: Segmentation, Registration, and Measurement of Shape Variation via Image Object Shape. *IEEE Transactions on Medical Imaging* 18(10) (1999), S. 851–865

[241] PRAUN, E.; HOPPE, H.: Spherical Parametrization and Remeshing. *ACM Transactions on Graphics* 22(3) (2003), S. 340–349

[242] QAZI, A. A.; PEKAR, V.; KIM, J.; XIE, J.; BREEN, S. L.; JAFFRAY, D. A.: Auto-Segmentation of Normal and Target Structures in Head and Neck CT Images: A Feature-Driven Model-Based Approach. *Medical Physics* 38(11) (2011), S. 6160–6170

[243] RAO, C. R.: *Lineare Statistical Interference and its Applications*. 2. Auflage. New York: John Wiley & Sons, 1973

[244] RENCHER, A. C.; CHRISTENSEN, W. F.: *Methods of Multivariate Analysis*. 2. Auflage. New York: John Wiley & Sons, 2002

[245] RINNE, H.: *Taschenbuch der Statistik*. 4. Auflage. Frankfurt am Main: Deutsch, Harri, Verlag GmbH, 2008

[246] RISSANEN, J.: Modeling by Shortest Data Description. *Automatica* 14(3) (1978), S. 465–471

[247] RISSANEN, J.: A Universal Prior for Integers and Estimation by Minimum Description Length. *The Annals of Statistics* 11(3) (1983), S. 416–431

[248] ROGERS, M.; GRAHAM, J.: Robust Active Shape Model Search. In: HEYDEN, A.; SPARR, G.; NIELSEN, M.; JOHANSEN, P. (Hrsg.): *Computer Vision – ECCV 2002* Bd. 2353, Springer, 2002 (LNCS), S. 517–530

[249] ROMDHANI, S.; GONG, S.; PSARROU, A.: A Multi-View Nonlinear Active Shape Model Using Kernel PCA. In: *British Machine Vision Conference (BMVC)*, 1999, S. 483–492

[250] ROYSTON, J. P.: An Extension of Shapiro and Wilk's W Test for Normality to Large Samples. *Journal of the Royal Statistical Society. Series C (Applied Statistics)* 31(2) (1982), S. 115–124

[251] ROYSTON, J. P.: Some Techniques for Assessing Multivarate Normality Based on the Shapiro- Wilk W. *Journal of the Royal Statistical Society. Series C (Applied Statistics)* 32(2) (1983), S. 121–133

[252] ROYSTON, J. P.: Remark AS R94: A Remark on Algorithm AS 181: The W-test for Normality. *Journal of the Royal Statistical Society. Series C (Applied Statistics)* 44(4) (1995), S. 547–551

[253] RUECKERT, D.; FRANGI, A. F.; SCHNABEL, J. A.: Automatic Construction of 3-D Statistical Deformation Models of the Brain using Nonrigid Registration. *IEEE Transactions on Medical Imaging* 22(8) (2003), S. 1014–1025

[254] RUEDA, S.; GIL, J. A.; PICHERY, R.; ALCANIZ, M.: Automatic Segmentation of Jaw Tissues in CT Using Active Appearance Models and Semi-Automatic Landmarking. In: LARSEN, R.; NIELSEN, M.; SPORRING, J. (Hrsg.): *Medical Image Computing and Computer-Assisted Intervention – MICCAI 2006* Bd. 4190, Springer, 2006 (LNCS), S. 167–174

[255] RUSKÓ, L.; BEKES, G.; FIDRICH, M.: Automatic Segmentation of the Liver from Multi- and Single-Phase Contrast-Enhanced CT Images. *Medical Image Analysis* 13(6) (2009), S. 871–882

[256] SADOWSKY, O.; LEE, J.; SUTTER, E.G.; WALL, S. J.; PRINCE, J. L.; TAYLOR, R. H.: Hybrid Cone-Beam Tomographic Reconstruction: Incorporation of Prior Anatomical Models to Compensate for Missing Data. *IEEE Transactions on Medical Imaging* 30(1) (2011), S. 60–83

[257] SARHAN, A. E.; GREENBERG, B. G.: Estimation of Location and Scale Parameters by Order Statistics from Singly and Doubly Censored Samples. *Annals of Mathematical Statistics* 27(2) (1956), S. 427–451

[258] SCHMID, C.; MOHR, R.: Local Grayvalue Invariants for Image Retrieval. *IEEE Transactions on Pattern Analysis and Machine Intelligence* 19(5) (1997), S. 530–535

[259] SCHÖLKOPF, B.; MIKA, S.; BURGES, C. J. C.; KNIRSCH, P.; MÜLLER, K.-R.; RATSCH, G.; SMOLA, A. J.: Input Space Versus Feature Space in Kernel-Based Methods. *IEEE Transactions on Neural Networks* 10(5) (1999), S. 1000–1017

[260] SCHÖLKOPF, B.; MIKA, S.; SMOLA, A. J.; RÄTSCH, G.; MÜLLER, K.-R.: Kernel PCA Pattern Reconstruction via Approximate Pre-images. In: NIKLASSON, L.; BODÉN, M.; ZIEMKE, T. (Hrsg.): *ICANN 98: Proceedings of the 8th International Conference on Artificial Neural Networks*, Springer, 1998 (Perspectives in Neural Computing), S. 147–152

[261] SCHÖLKOPF, B.; MÜLLER, K.-R.; SMOLA, A. J.: Lernen mit Kernen. *Informatik Forschung und Entwicklung* 14(3) (1999), S. 154–163

[262] SCHÖLKOPF, B.; SMOLA, A.: *Learning with Kernels: Support Vector Machines, Regularization, Optimization, and Beyond*. Cambridge: MIT Press, 2002

[263] SCHÖLKOPF, B.; SMOLA, A.; MÜLLER, K.-B.: Nonlinear Component Analysis as a Kernel Eigenvalue Problem. *Neural Computation* 10(5) (1998), S. 1299–1319

[264] SCHROEDER, W.; MARTIN, K.; LORENSEN, B.: *The Visualization Toolkit: An Object-Oriented Approach to 3D Graphics*. 4. Auflage. New York: Kitware, Inc., 2006

[265] SCHWARZ, H. R.; KÖCKLER, N.: *Numerische Mathematik*. 7. Auflage. Wiesbaden: Vieweg+Teubner, 2009

[266] SEIFERT, S.; BARBU, A.; ZHOU, S. K.; LIU, D.; FEULNER, J.; HUBER, M.; SUEHLING, M.; CAVALLARO, A.; COMANICIU, D.: Hierarchical Parsing and Semantic Navigation of Full Body CT Data. In: *Proc. SPIE 7259, Medical Imaging 2009: Image Processing*, 2009 (725902)

[267] SEVERINI, T. A.: *Likelihood Methods in Statistics*. Oxford: Oxford University Press, 2000

[268] SHAPIRO, S. S.; WILK, M. B.: An Analysis of Variance Test for Normality (Complete Samples). *Biometrika* 52(3/4) (1965), S. 591–611

[269] SHIMIZU, A.; OHNO, R.; IKEGAMI, T.; KOBATAKE, H.; NAWANO, S.; SMUTEK, D.: Segmentation of Multiple Organs in Non-contrast 3D Abdominal CT Images. *International Journal of Computer Assisted Radiology and Surgery* 2(3–4) (2007), S. 135–142

[270] SINNOTT, R. W.: Virtues of the Haversine. *Sky and Telescope* 68(2) (1984), S. 159

[271] SOLER, L.; DELINGETTE, H.; MALANDAIN, G.; MONTAGNAT, J.; AYACHE, N.; KOEHL, C.; DOURTHE, O.; MALASSAGNE, B.; SMITH, M.; MUTTER, D.; MARESCAUX, J.: Fully Automatic Anatomical, Pathological, and Functional Segmentation from CT Scans for Hepatic Surgery. *Computer Aided Surgery* 6 (2001), S. 131–142

[272] SØRENSEN, T.: A Method of Establishing Groups of Equal Amplitude in Plant Sociology Based on Similarity of Species and Its Application to Analyses of the Vegetation on Danish Commons. *Kongelige Danske Videnskabernes Selskab* 5(4) (1948), S. 1–34

[273] SOZOU, P. D.; COOTES, T. F.; TAYLOR, C. J.; MAURO, E. C. D.: A Non-Linear Generalisation of PDMs Using Polynomial Regression. In: *British Machine Vision Conference (BMVC)*, BMVA Press, 1994, S. 397–406

[274] SOZOU, P. D.; COOTES, T. F.; TAYLOR, C. J.; MAURO, E. C. D.: Non-Linear Generalization of Point Distribution Models Using Polynomial Regression. *Image and Vision Computing* 13(5) (1995), S. 451–457

[275] SOZOU, P. D.; COOTES, T. F.; TAYLOR, C. J.; MAURO, E. C. D.: Non-Linear Point Distribution Modelling Using a Multi-Layer Perceptron. In: *British Machine Vision Conference (BMVC)*, BMVA Press, 1995, S. 107–116

[276] SOZOU, P. D.; COOTES, T. F.; TAYLOR, C. J.; MAURO, E. C. D.; LANITIS, A.: Non-Linear Point Distribution Modelling Using a Multi-Layer Perceptron. *Image and Vision Computing* 15(6) (1997), S. 457–463

[277] *Kapitel* Ch. 24. Goodness-of-Fit Tests for Univariate and Multivariate Normal Models. In: SRIVASTAVA, D. K.; MUDHOLKAR, G. S.: *Handbook of Statistics*. Bd. 22. Elsevier, 2003, S. 869–906

[278] STAIB, L. H.; S., Duncan J.: Model-based Deformable Surface Finding for Medical Images. *IEEE Transactions on Medical Imaging* 15(5) (1996), S. 720–731

[279] STEGER, S.; KIRSCHNER, M.; WESARG, S.: Articulated Atlas for Segmentation of the Skeleton from Head & Neck CT Datasets. In: *9th IEEE International Symposium on Biomedical Imaging (ISBI)*, 2012, S. 1256–1259

[280] STOLLNITZ, E. J.; DEROSE, T. D.; SALESIN, D. H.: Wavelets for Computer Graphics: A Primer Part 1. *IEEE Computer Graphics and Applications* 15(3) (1995), S. 76–84

[281] STUDHOLME, C.; HILL, D. L. G.; HAWKES, D. J.: An Overlap Invariant Entropy Measure of 3D Medical Image Alignment. *Pattern Recognition* 32(1) (1999), S. 71–86

[282] STYNER, M.; LIEBERMAN, J. A.; PANTAZIS, D.; GERIG, G.: Boundary and Medial Shape Analysis of the Hippocampus in Schizophrenia. *Medical Image Analysis* 8(3) (2004), S. 197–203

[283] STYNER, M.; OGUZ, I.; HEIMANN, T.; GERIG, G.: Minimum Description Length with Local Geometry. In: *5th IEEE International Symposium on Biomedical Imaging: From Nano to Macro*, IEEE, 2008, S. 1283–1286

[284] STYNER, M.; XU, S.; EL-SAYED, M.; GERIG, G.: Correspondence Evaluation in Local Shape Analysis and Structural Subdivision. In: *4th IEEE International Symposium on Biomedical Imaging: From Nano to Macro*, IEEE, 2007, S. 1192–1195

[285] STYNER, M. A.; RAJAMANI, K. T.; NOLTE, L. P.; ZSEMLYE, G.; SZÉKELY, G.; TAYLOR, C. J.; DAVIES, R. H.: Evaluation of 3D Correspondence Methods for Model Building. In: TAYLOR, C.; NOBLE, J. A. (Hrsg.): *Information Processing in Medical Imaging* Bd. 2732, 2003 (LNCS), S. 63–75

[286] SUKNO, F. M.; ORDAS, S.; BUTAKOFF, C.; CRUZ, S.; FRANGI, A. F.: Active Shape Models with Invariant Optimal Features: Application to Facial Analysis. *IEEE Transactions on Pattern Analysis and Machine Intelligence* 29(7) (2007), S. 1105–1117

[287] SZÉKELY, G.; KELEMEN, A.; BRECHBÜHLER, C.; GERIG, G.: Segmentation of 2-D and 3-D Objects from MRI Volume Data Using Constrained Elastic Deformation of Flexible Fourier Contour and Surface Models. *Medical Image Analysis* 1(1) (1996), S. 19–34

[288] TAUBIN, G.: Curve and Surface Smoothing Without Shrinkage. In: *Fifth International Conference on Computer Vision*, IEEE, 1995, S. 852–857

[289] TAUBIN, G.; ZHANG, T.; GOLUB, G.: Optimal Surface Smoothing as Filter Design. In: BUXTON, B.; CIPOLLA, R. (Hrsg.): *Computer Vision – ECCV '96* Bd. 1064, Springer, 1996 (LNCS), S. 283–292

[290] TEJOS, C.; IRARRAZAVAL, P.; CÁRDENAS-BLANCO, A.: Simlex Mesh Diffusion Snakes: Integrating 2D and 3D Deformable Models and Statistical Shape Knowledge in a Variational Framework. *International Journal of Computer Vision* 85(1) (2009), S. 19–34

[291] TENREIRO, C.: An Affine Invariant Multiple Test Procedure for Assessing Multivariate Normality. *Computational Statistics & Data Analysis* 55(2) (2011), S. 1980–1992

[292] TERZOPOULOS, D.; WITKIN, A.; KASS, M.: Constraints on Deformable Models: Reconering 3D Shape and Nonrigid Motion. *Artificial Intelligence* 36(1) (1988), S. 91–123

[293] THODBERG, H. H.: Minimum Description Length Shape and Appearance Models. In: TAYLOR, C.; NOBLE, J. A. (Hrsg.): *Information Processing in Medical Imaging* Bd. 2732, Springer, 2003 (LNCS), 51–62

[294] THODBERG, H. H.; OLAFSDOTTIR, H.: Adding Curvature to Minimum Description Length Shape Models. In: HARVEY, R.; BANGHAM, A. (Hrsg.): *Proceedings of the British Machine Vision Conference*, 2003, S. 26.1–26.10

[295] THOMPSON, D'Arcy W.: *On Growth and Form*. Cambridge: Cambridge University Press, 1917

[296] TIBSHIRANI, R.: Principal Curves Revisited. *Statistics and Computing* 2(4) (1992), S. 183–190

[297] TIPPING, M. E.: Sparse Kernel Principal Component Analysis. In: *Advances in Neural Information Processing Systems*, 2000, S. 633–639

[298] TIPPING, M. E.; BISHOP, C. M.: Probabilistic Principal Component Analysis. *Journal of the Royal Statistical Society: Series B (Statistical Methodology)* 61(3) (1999), S. 611–622

[299] TOMA, A.: *Modellierung zellulärer Gliomwachstumsprozesse in ihrer Mikroumgebung*. Springer, 2014 (Aktuelle Forschung Medizintechnik)

[300] TSAI, A.; YEZZI, A.; WELLS, W.; TEMPNY, C.; TUCKER, D.; FAN, A.; GRIMSON, E.; WILLSKY, A.: A Shape-Based Approach to the Segmentation of Medical Imagery Using Level Sets. *IEEE Transcations on Medical Imaging* 22(2) (2003), S. 137–154

[301] TWINING, C.; DAVIES, R.; TAYLOR, C.: Non-Parametric Surface-Based Regularisation for Building Statistical Shape Models. In: KARSSEMEIJER, N.; LELIEVELDT, B. (Hrsg.): *Information Processing in Medical Imaging* Bd. 4584, Springer, 2007 (LNCS), S. 738–750

[302] TWINING, C. J.; COOTES, T.; MARSLAND, S.; PETROVIC, V.; SCHESTOWITZ, R.; TAYLOR, C. J.: A Unified Information-Theoretic Approach to Groupwise Nonrigid Registration and Model Building. In: G. E. CHRISTENSEN, M. S. (Hrsg.): *Information Processing in Medical Imaging* Bd. 3565, Springer, 2005 (LNCS), S. 1–14

[303] TWINING, C. J.; TAYLOR, C. J.: Kernel Principal Component Analysis and the Construction of Non-Linear Active Shape Models. In: COOTES, T.; TAYLOR, C. (Hrsg.): *BMVC 2001: Proceedings of the British Machine Vision Conference*, 2001, S. 23–32

[304] TWINING, C. J.; TAYLOR, C. J.: Specificity: A Graph-Based Estimator of Divergence. *IEEE Transactions on Pattern Analysis and Machine Intelligence* 33(12) (2011), S. 2492–2504

[305] TWINNING, C. J.; TAYLOR, C. J.: The Use of Kernel Principal Component Analysis to Model Data Distributions. *Pattern Analysis* 36(1) (2003), S. 217–227

[306] VAPNIK, V. N.: *The Nature of Statistical Learning Theory*. 2. Auflage. New York: Springer, 2000

Literaturverzeichnis 181

[307] VAPNIK, V. N.; CHERVONENKIS, A.: *Teoriya Raspoznavaniya Obrazov: Statisticheskie Problemy Obucheniya. (Russian) [Theory of pattern recognition: Statistical problems of learning]*. Moskau: Nauka, 1974

[308] VERCRUYSSEN, M.; JACOBS, R.; ASSCHE, V. van; STEENBERGHE, D. van: The Use of CT Scan Based Planning for Oral Rehabilitation by Means of Implants and Its Transfer to the Surgical Field: A Critical Review on Accuracy. *Journal of Oral Rehabilitation* 35(6) (2008), S. 454–474

[309] VIOLA, P.; JONES, M.: Rapid Object Detection Using a Boosted Cascade of Simple Features. In: *Proceedings of the 2001 IEEE Computer Society Conference on Computer Vision and Pattern Recognition (CVPR)* Bd. 1, IEEE, 2001, S. I-511–I-518

[310] VOLLMER, J.; MENCL, R.; MÜLLER, H.: Improved Laplacian Smoothing of Noisy Surface Meshes. *Computer Graphics Forum* 18(3) (1999), S. 131–138

[311] VOS, F. M.; BRUIN, P. W.; AUBEL, J. G. M.; STREEKSTRA, G. J.; MAAS, M.; VLIET, L. J.; VOSSEPOEL, A. M.: A Statistical Shape Model Without Using Landmarks. In: *Proceedings of the 17th International Conference on Pattern Recognition (ICPR)* Bd. 3, IEEE, 2004, S. 714–717

[312] WANG, L; CHEN, K. C.; GAO, Y.; SHI, F.; LIAO, S.; LI, G.; SHEN, S. G. F.; YAN, J.; LEE, P. K. M.; CHOW, B.; LIU, N. X.; XIA, J. J.; SHEN, D.: Automated Bone Segmentation from Dental CBCT Images using Patch-based Sparse Representation and Convex Optimization. *Medical Physics* 41(4) (2014), S. 043503

[313] WANG, Y.; PETERSON, B. S.; STAIB, L. H.: Shape-Based 3D Surface Correspondence Using Geodesics and Local Geometry. In: *IEEE Conference on Computer Vision and Pattern Recognition* Bd. 2, 2000, S. 644–651

[314] WANG, Y.; STAIB, L. H.: Boundary Finding With Prior Shape and Smoothness Models. *IEEE Transactions on Pattern Analysis and Machine Intelligence* 22(7) (2000), S. 738–743

[315] WEESE, J.; KRAUS, M.; LORENZ, C.; LOBREGT, S.; TRUYEN, R.; PEKAR, V.: Shape Constrained Deformable Models for 3D Medical Image Segmentation. In: INSANA, M. F.; LEAHY, R. M. (Hrsg.): *Information Processing in Medical Imaging* Bd. 2082, Springer, 2001 (LNCS), S. 380–387

[316] WESARG, S.; NOWAK, S.: An Automated 4D Approach for Left Ventricular Assessment in Clinical Cine MR Images. In: *GI Jahrestagung (1)* Bd. 93, GI, 2006 (LNI), S. 483–490

[317] WESTBROOK, C.: *Handbook of MRI Technique*. 3. Auflage. Wiley-Blackwell, 2008

[318] WIMMER, A.; SOZA, G.; HORNEGGER, J.: A Generic Probabilistic Active Shape Model for Organ Segmentation. In: YANG, G.-Z.; HAWKES, D. J.; RUECKERT, D.; NOBLE, A.; TAYLOR, C. (Hrsg.): *Medical Image Computing and Computer-Assisted Intervention – MICCAI 2009*, Springer, 2009 (LNCS 5762), S. 26–33

[319] WITKIN, A. P.: Scale-Space Filtering. In: *Proceedings of the Eighth International Joint Conference on Artificial Intelligence – Volume 2*, Morgan Kaufmann Publishers Inc., 1983, S. 1019–1022

[320] WU, X.; KUMAR, V.; QUINLAN, R.; ET AL.: Top 10 Algorithms in Data Mining. *Knowledge and Information Systems* 14(1) (2008), S. 1–37

[321] XU, Z.; LI, B.; PANDA, S.; ASMAN, A. J.; MERKLE, K. L.; SHANAHAN, P. L.; ABRAMSON, R. G.; LANDMAN, B. A.: Shape-Constrained Multi-Atlas Segmentation of Spleen in CT. In: *Proc. SPIE 9034, Medical Imaging 2014: Image Processing*, 2014 (903446)

[322] YAGOU, H.; OHTAKE, Y.; BELYAEV, A.: Mesh Smoothing via Mean and Median Filtering Applied to Face Normals. In: *Proceedings of the Geometric Modeling and Processing – Theory and Applications (GMP'02)*, IEEE Computer Society, 2002, S. 124–131

[323] YAMANAKA, J.; SAITO, S.; IIMURO, Y.; HIRANO, T.; OKADA, T.; KURODA, N.; SUGIMOTO, T.; FUJIMOTO, J.: The Impact of 3-D Virtual Hepatectomy Simulation in Living-Donor Liver Transplantation. *Journal of Hepato-Biliary-Pancreatic Surgery* 13(5) (2006), S. 363–369

[324] YAXIONG, Liu; DICHEN, Li; BINGHENG, Lu; SANHU, He; GANG, Li: The Customized Mandible Substitute Based on Rapid Prototyping. *Rapid Prototyping Journal* 9(3) (2003), S. 167–174

[325] YEO, B. T. T.; SABUNCU, M. R.; VERCAUTEREN, T.; AYACHE, N.; FISCHL, B.; GOLLAND, P.: Spherical Demons: Fast Diffeomorphic Landmark-Free Surface Registration. *IEEE Transations on Medical Imaging* 29(3) (2010), S. 650–668

[326] ZACHOW, S.; LAMECKER, H.; ELSHOLTZ, B.; STILLER, M.: Reconstruction of Mandibular Dysplasia Using a Statistical 3D Shape Mode. In: LEMKE, H. U.; INAMURA, K.; DOI, K.; VANNIER, M. W.; FARMAN, A. G. (Hrsg.): *CARS 2005: Computer Assisted Radiology and Surgery* Bd. 1281, Elsevier, 2005 (ICS), S. 1238–1243

[327] ZHANG, S; LIU, X.; XU, Y.; YANG, C.; UNDT, G.; CHEN, M.; HADDAD, M. S.; YUN, B.: Application of Rapid Prototyping for Temporomandibular Joint Reconstruction. *Journal of Oral and Maxillofacial Surgery* 69(2) (2010), S. 432–843

[328] ZHANG, X.; FUJITA, H.; QINA, T.; ZHAOD, J.: A Novel Method for Extraction of Spleen by Using Thin-plate Splines (TPS) Deformation and Edge Detection from Abdominal CT Images. In: *International Conference on BioMedical Engineering and Informatics*, IEEE, 2008, S. 830–834

[329] ZHANG, X.; TIAN, J.; WU, Y.; ZHENG, J.; DENG., K.: Segmentation of Head and Neck CT Scans Using Atlas-Based Level Set Method. *The MIDAS Journal* (2009). http://hdl.handle.net/10380/3094

[330] ZHENG, W.-S.; LAI, J.; YUEN, P. C.: Penalized Preimage Learning in Kernel Principal Component Analysis. *IEEE Transactions on Neural Networks* 21(4) (2010), S. 551–570

[331] ZHOU, D.; PETROVSKA-DELACRETAZ, D.; DORIZZI, B.: Automatic landmark location with a Combined Active Shape Model. In: *IEEE 3rd International Conference on Biometrics: Theory, Applications, and Systems (BTAS '09)*, IEEE, 2009, S. 1–7

Aktuelle Forschung Medizintechnik – Latest Research in Medical Engineering

Herausgeber: Prof. Dr. Thorsten M. Buzug
Institut für Medizintechnik, Universität zu Lübeck

Editorial Board:
Prof. Dr. Olaf Dössel, Karlsruhe Institute for Technology; Prof. Dr. Heinz Handels, Universität zu Lübeck; Prof. Dr.-Ing. Joachim Hornegger, Universität Erlangen-Nürnberg; Prof. Dr. Marc Kachelrieß, German Cancer Research Center (DKFZ), Heidelberg; Prof. Dr. Edmund Koch, TU Dresden; Prof. Dr.-Ing. Tim C. Lüth, TU München; Prof. Dr.-Ing. Dietrich Paulus, Universität Koblenz-Landau; Prof. Dr.-Ing. Bernhard Preim, Universität Magdeburg; Prof. Dr.-Ing. Georg Schmitz, Universität Bochum.

Themen
Werke aus folgenden Themengebieten werden gerne in die Reihe aufgenommen: Biomedizinische Mikro- und Nanosysteme, Elektromedizin, biomedizinische Mess- und Sensortechnik, Monitoring, Lasertechnik, Robotik, minimalinvasive Chirurgie, integrierte OP-Systeme, bildgebende Verfahren, digitale Bildverarbeitung und Visualisierung, Kommunikations- und Informationssysteme, Telemedizin, eHealth und wissensbasierte Systeme, Biosignalverarbeitung, Modellierung und Simulation, Biomechanik, aktive und passive Implantate, Tissue Engineering, Neuroprothetik, Dosimetrie, Strahlenschutz, Strahlentherapie.

Autorinnen und Autoren
Autoren der Reihe sind in der Regel junge Promovierte und Habilitierte, die exzellente Abschlussarbeiten verfasst haben.

Leserschaft
Die Reihe wendet sich einerseits an Studierende, Promovenden und Habilitanden aus den Bereichen Medizintechnik, Medizinische Ingenieurwissenschaft, Medizinische Physik, Medizinische Informatik oder ähnlicher Richtungen. Andererseits stellt die Reihe aktuelle Arbeiten aus einem sich schnell entwickelnden Feld dar, so dass auch Wissenschaftlerinnen und Wissenschaftler sowie Entwicklerinnen und Entwickler an Universitäten, in außeruniversitären Forschungseinrichtungen und der Industrie von den ausgewählten Arbeiten in innovativen Gebieten der Medizintechnik profitieren werden.

Begutachtungsprozess
Die Qualitätssicherung erfolgt in drei Schritten. Zunächst werden nur Arbeiten angenommen die mindestens magna cum laude bewertet sind. Im zweiten Schritt wird ein Mitglied des Editorial Boards die Annahme oder Ablehnung des Werkes empfehlen. Im letzten Schritt wird der Reihenherausgeber über die Annahme oder Ablehnung entscheiden sowie Änderungen in der Druckfassung empfehlen. Die Koordination übernimmt der Reihenherausgeber.

Kontakt
Prof. Dr. Thorsten M. Buzug
Institut für Medizintechnik
Universität zu Lübeck
Ratzeburger Allee 160
23538 Lübeck, Germany

Tel.: +49 (0) 451 / 500-5400
Fax: +49 (0) 451 / 500-5403
E-Mail: buzug@imt.uni-luebeck.de
Web: http://www.imt.uni-luebeck.de

Stand: November 2014. Änderungen vorbehalten.
Erhältlich im Buchhandel oder beim Verlag.

Abraham-Lincoln-Straße 46
D-65189 Wiesbaden
Tel. +49 (0)6221. 345 - 4301
www.springer-vieweg.de

Aktuelle Forschung Medizintechnik –
Latest Research in Medical Engineering

Herausgeber: Prof. Dr. Thorsten M. Buzug
Institut für Medizintechnik, Universität zu Lübeck

The manufacturer's authorised representative in the EU is Springer Nature Customer Service Centre GmbH, Europaplatz 3, 69115 Heidelberg, Germany. If you have any concerns regarding our products, please contact ProductSafety@springernature.com

Printed and bound by CPI Group (UK) Ltd, Croydon, CR0 4YY

25/03/2026

02078211-0001